工业和信息化部"十四五"规划教材

浙江省普通本科高校"十四五"重点立项建设教材

韧性城市生态规划

李咏华　华　晨　黄国平　黄　杉　编著

国家自然科学基金面上项目资助（51878593）

科　学　出　版　社

北　京

内 容 简 介

　　本教材以韧性导向下的生态规划为核心，旨在帮助读者深入理解韧性和韧性城市等概念、理论基础和方法论，从生态系统服务、气候变化适应、资源管理到社会公平与正义等方面探讨韧性导向下的生态规划，涵盖了多个关键主题，并提供了丰富的案例分析、实用工具和技术方法。本教材是中国大学慕课课程"韧性城市生态规划"配套教材，可支撑高校的线上线下翻转式课堂等教学创新。另外，本教材独创知识宝盒（BOX）的栏目，教材中出现的知识点、重要人物、标志性事件等，均以"BOX"的形式进行诠释和拓展阅读。

　　本教材适用于高等学校城乡规划、生态规划、风景园林、自然资源管理等相关专业的本科生、研究生，也可供从事规划建设与管理的研究学者、规划师、决策者和实践者参考。

图书在版编目（CIP）数据

　韧性城市生态规划 / 李咏华等编著. -- 北京 ：科学出版社，2024.6. --（工业和信息化部"十四五"规划教材）（浙江省普通本科高校"十四五"重点立项建设教材）. -- ISBN 978-7-03-079017-0

Ⅰ. X321

中国国家版本馆 CIP 数据核字第 2024DN2559 号

责任编辑：文　杨　郑欣虹 / 责任校对：何艳萍
责任印制：张　伟 / 封面设计：迷底书装

科 学 出 版 社 出版
北京东黄城根北街 16 号
邮政编码：100717
http://www.sciencep.com

北京富资园科技发展有限公司印刷
科学出版社发行　各地新华书店经销
*

2024 年 6 月第 一 版　开本：787×1092　1/16
2024 年 6 月第一次印刷　印张：12
字数：315 000
定价：58.00 元
（如有印装质量问题，我社负责调换）

编著者简介

李咏华　浙江大学建筑工程学院教授，博士生导师，区域与城市规划系副主任，风景园林中心副主任；浙江大学平衡建筑研究中心智慧城市规划与治理研究所副所长；中国城市规划学会理事；中国城市规划学会城市生态规划学术委员会委员；中国城市规划学会流域空间规划委员会委员；国际韧性联盟成员。

华晨　浙江大学建筑工程学院教授，博士生导师；浙江大学建筑设计研究院有限公司总规划师；中国城市规划学会常务理事。

黄国平　美国南加利福尼亚大学副教授，博士生导师，在文理学院和建筑学院分别教授地理信息技术、景观规划设计、地理设计及自然灾害管理等相关课程。现任国际地理设计合作指导委员会委员，国际韧性潟湖研究会成员。

黄杉　浙江大学建筑设计研究院规划院副院长，副总规划师；教授级高级工程师，博士生导师；浙江省国土空间规划学会理事。

序

  谈起韧性，我想起法国古典作家让·德·拉·封丹（Jean de La Fontaine）的那篇寓言故事《橡树与芦苇》。在这个古老而朴素的寓言中，作者用狂风骤雨中的橡树与芦苇做比喻，讨论了韧性这个既传统又现代的话题。不论人类已经或者未来将取得多少成就，韧性永远是人类生存与发展的安全底线。1918 年爆发全球大流感疫情后，时隔 100 多年，人类在新冠疫情面前仍然是极度脆弱的。何止于此，风险无处不在，世界充满不确定性。不确定性来自不断变异的病毒，来自以 AI 为代表的智能科技和技术，来自瞬息万变的国际局势和冲突，也来自极端气候和灾害。各种类型的"黑天鹅"事件和"灰犀牛"事件可能随时降临，世界进入更加频繁的动荡变革期。如何在动荡、不确定的大时代里谋求生存与发展？韧性成为这个时代之问的核心所在。

  效率是经济学的基石之一。长期以来，效率一直被认为是资本主义理论和实践的指挥棒，追求效率曾经被认为是神圣不可侵犯的。在进步时代，效率是组织时间和资源的黄金标准，追求流量最大化和存量最小化，刺激人们以更快的速度、更短的时间前进。效率意味着消除一切不必要的摩擦，并将冗余作为反义词。在韧性时代，一定的冗余度和多样性给人们提供了备选方案，效率开始让位于适应性，人类社会从偏好增长转向生态繁荣，从金融资本转向生态资本，从生产力转向可再生性，从过度消费转向生态管理，从全球化转向全球本土化。加拿大生态学家克劳福德·斯坦利·霍林（Crawford Stanley Holling）于 1973 年发表论文《生态系统的韧性和稳定性》，在生态系统理论中引入了适应性管理和韧性的概念，对传统经济理论的指导原则和实践发起挑战。至此，开启了在社会生态、区域与城市规划、气候变化与环境可持续等领域对韧性的深度探索。

  我国素有"天人合一"、崇尚自然的朴素生态价值观。《管子·乘马》记载了城市选址的韧性思维，"凡立国都，非于大山之下，必于广川之上；高毋近旱，而水用足；下毋近水，而沟防省"。郑国渠是我国古代最长的人工灌溉渠道，它利用渭北西高东低、北高南低的自然地势，采用分水技术，开支渠引径灌溉，改良盐碱土壤，如此伟大的水利工程，与韧性规划中的"基于自然的解决方案"异曲同工。此外，还有很多案例不胜枚举。在快速城镇化过程中，城市规划也曾在对短期利益和效率的追求中迷失，走了很多的弯路。

  2020 年 4 月，习近平总书记在中央财经委员会第七次会议上提出："城市发展不能只考虑规模经济效益，必须把生态和安全放在更加突出的位置……在生态文明思想和总体国家安全观指导下制定城市发展规划，打造宜居城市、韧性城市、智能城市，建立高质量的城市生态系统和安全系统。"这标志着作为城市发展重要理念的韧性城市，在我国已经由学术层面的讨论转变为地方性的实践探索和区域性的发展战略。

  李咏华等编著的《韧性城市生态规划》为读者打开了全新的视角，带领大家思考和探索培育、保持韧性的生态机制和路径。该教材没有追求包罗万象，而是从韧性与生态两个紧密相连的概念出发，结合国际社会和学术层面最受关注的气候变化适应性议题，提出有启发的多元视角，鼓励读者积极主动思考。几位编著者或以观察者的视角解读纽约和旧金山韧性挑战赛，或以指导教师的第一人称视角分享加纳维纳巴的整体韧性小镇，或以城市规划师的实践视角分享我国优秀的韧性城市规划案例，为我们打开了一个洞察和探索韧性城市生态规划的崭新视角和广阔维度。

新形态教材有诸多优越和创新之处，文字与生动形象的慕课讲授相得益彰，内容与动态更新的网络信息链接起来，那摆在面前的就不仅仅是一本纸质书，而是一扇通往韧性城市生态规划研究最前沿的窗口。相比于纸媒而言，这也算是一种韧性吧。韧性思维的确在改变我们的生活方式、行为习惯甚至价值观。

是以为序。

中国城市规划学会第五届理事会副理事长
中国区域科学协会副监事长
中国城市科学研究会常务理事
北京大学城市与环境学院教授、博士生导师
2024 年春于北京大学燕园

前　言

《说文解字》中说："韧，柔而固也"，与"脆"相对。韧性（resilience）一词在西方来源于拉丁语"resilio"，其本意是"恢复到原始状态"。16 世纪左右，法语借鉴了这个词汇"résiler"，含有"撤回"或者"取消"的意味。这一单词后来演化为现代英语中的"resile"，并被沿用至今。现如今，这个古老的词汇被广泛应用于现代的社会-生态领域，并被赋予更加丰富的内涵。韧性城市已成为当今社会发展的重要议题和国际学术热点，在我国中长期经济社会发展战略、第十四个五年规划等国家层面的文件中作为关键词高频出现。

与韧性在同一个语境里的，还有脆弱性、不确定性、"黑天鹅"风险和"灰犀牛"风险等词汇。"生活中最大的确定性就是不确定性"，这句流行语幽默而无助地诠释了 2020 年的新冠疫情。在城市这个人类塑造的最复杂又最典型的社会生态系统中，尽早地领悟和实践韧性城市的理念和措施，才能最大程度地避免"黑天鹅"风险和"灰犀牛"风险，不至于使整个社会措手不及。面对这种不确定性的挑战和冲击，城乡规划应以主动适应、与灾共存的韧性理念，重新思考新时期城乡生态规划的研究范式与价值定位。

本教材是在中国大学慕课课程"韧性城市生态规划"的基础上编著而成。"韧性城市生态规划"在平台上线后，首次选课人数超过 1000，更有许多同仁和同学留言呼吁纸质教材尽快出版，这给了编著团队很大的信心与动力。在教材的编写过程中，国内外涌现出了很多韧性城市的理论探讨和实践，许多典型案例也被及时收录在教材中。本教材与慕课课程结合起来，既是在新冠疫情时期应对线上教学的韧性措施，也是为今后的翻转式课堂创新提供有力支撑。

本教材还有个小小的创新点，即特设了"BOX"栏目，类似于知识宝盒，将教材中出现的知识点、重要人物、标志性事件等均以"BOX"的形式进行诠释和拓展解读。读者不需要中断阅读去翻阅工具书和网络资料，从而获得连续、流畅的阅读体验。

本教材主要内容分为四个部分：

第一部分，认识韧性和韧性城市。

在这一部分探讨什么是韧性；什么是韧性城市；它们有哪些特征；韧性的演变历程是怎样的；为什么城市需要韧性；如何看待韧性城市与可持续发展、生态城市、宜居城市的关系；在不同的语境下，韧性城市有哪些研究范畴。

第二部分，解析韧性城市和韧性城市生态规划。

在这一部分探讨韧性规划的理论基础有哪些；有哪些典型的韧性研究框架和评估框架；韧性规划与生态规划的契合点在哪里；韧性规划有哪些规划思想及技术方法。

第三部分，不同维度下的韧性城市生态规划。

从社会生态系统的复杂性出发，分别以生态韧性、社会韧性、气候韧性、经济韧性及复合韧性等视角，探讨韧性思维在城市生态规划中的具体表达。为了帮助大家理解，有些讲解会结合案例，如旧金山湾区的韧性设计挑战赛、The BIG U 项目、荷兰空间规划体系中的韧性思维等，这里面既有对经典案例的解读，也有获得美国景观设计师协会弗吉尼亚分会 2020

规划分析类学生设计奖的指导教师的心得分享，还有在发展中国家加纳维纳巴韧性规划的实践经历。此外，放眼国际学术与实践领域，这部分还收录了国际组织与政府间的韧性实践、欧美等发达国家及中国鲜活的生态韧性实践案例。

第四部分，结合韧性城市在社会、生态、经济生活中的应用前景，展望韧性城市生态规划的未来。

本教材在编写过程中得到浙江大学本科生院和研究生院、建筑工程学院韧性城市研究中心、浙江大学平衡建筑研究中心的资助和大力支持。全书的研究框架、技术方法、主要观点和核心内容由慕课"韧性城市生态规划"主讲教师团队李咏华、华晨、黄国平和黄杉共同完成。在教材编写过程中，课题组成员参与了资料收集、数据校核、图表修改和文字修订等工作。做出以上贡献的成员包括：高欣芸、姚松、丁心仪、冉秦川、江和洲、王华荣、丁安琪、赵书捷、何哲慧和郑艳艳。教材历经数稿，其中有的同学已经毕业走上工作岗位了。在此，一并感谢他们的贡献。

作为前沿性宏大命题的探索，本教材有很大的提升空间。编著团队希望这些成果能够为韧性导向下的城市生态规划理论与实践探索做一个阶段性总结，并能够支撑我国城乡规划、国土空间规划、生态及风景园林、资源管理等学科的教育教学。由于水平和时间限制，书中存在不足之处，尚祈国内外学者和同行不吝赐教！

李咏华

2023 年 11 月

目　　录

第 1 章　绪　　论

作为近年来社会-生态领域蓬勃发展的新理念，韧性城市已成为当今社会发展的重要议题和学术热点。面对未来不确定性的风险与冲击，城乡规划应以主动适应、与灾共存的韧性理念，重新思考新时期城乡生态规划的研究范式与价值定位。"不确定性"是现代城市最难应对的风险因素之一，而传统的应对思路——放大冗余或者制定预案，均不能有效应对不确定性风险。因此，韧性城市就成了应对不确定性分析的必然选择。

1.1　课　程　背　景

1.1.1　世界城镇化的发展概况

城镇化是人类社会在 21 世纪最具有变革性的趋势之一。在联合国人类住区规划署（United Nations Human Settlements Programme，UN Habitat）2022 年发布的《2022 年世界城市报告：展望城市未来》（World Cities Report 2022：Envisaging the Future of Cities）中，到 2050 年全球城市人口将增长 22 亿人，而近 75% 的碳排放和能源消耗也集中在城市。城市与文明相伴相生，城市是差异化文明集聚的空间性存在。从某种意义上讲，人类文明史就是城市文明发展史、演进史。

从世界城镇化发展进程来看，发达国家最早开始工业化和城镇化，率先完成了从传统农业社会到现代城市社会的转型。18 世纪的工业革命使英国成为世界上第一个开启城镇化进程的国家。随着第一次工业革命的完成，城镇化和工业化在发达国家全面普及。而在随后的第二次产业革命中，以电气、石油和钢铁为主的重工业迅速取代了轻工业成为发达国家的主导产业，并持续带动了更多国家和地区的城镇化发展。20 世纪中叶之后，第三次科技革命在以美国为主的发达国家展开，新兴产业对发达国家的城镇化产生了显著的影响，其城镇化水平在原有基础上继续提升。

发达国家的城镇化，是工业化推动人口向城镇集聚的城镇化，具有自发的内生性。相比而言，大部分发展中国家的城镇化带有很强的被动性，与经济和产业发展并不协调。当前，亚洲和非洲有着世界上经济增长最快的一些发展中国家。随着经济的增长，从乡村向城市迁移的人口数量也有所增加。

从新中国成立到今天，中国经历了大规模工业化与城镇化的发展历程。直至 2022 年，中国的常住人口城镇化率为 65.22%（国家统计局，2023），同时中国的第一、第二、第三产业就业人口的比重分别为 24.1%、28.8%、47.1%（国家统计局，2023）。但与发达国家相比，中国就业结构的转变还没有完成，城镇化仍然有较长的路要走。

1995 年，联合国环境规划署（United Nations Environment Programme，UNEP）指出：城镇化既可能是无可比拟的未来之光明前景所在，也可能是前所未有的灾难凶兆。在城市给人类社会带来舒适生活的同时，城镇化的风险和代价也与日俱增。人类并未进入理想中的诗意化栖居，反而不断遭遇因人类实践（特别是科学技术的发展）所导致的各种全球性风险和危机，给全人类的生存和发展带来了根本性的威胁（陈明珠，2016）。例如，城镇化是全球气候变暖的重要原因。不合理的城市布局可能阻碍城镇空气流动，导致热量疏散减慢。城镇化排放的温室气体及大气污染物也会通过大气环流影响全球气候变化。城镇化进程中化石燃料燃烧及汽车尾气排放导致大气氮氧化物浓度超高，这会直接引起局部地区的气候变化，也能通过影响全球气候间接作用于局部地区的气候变化，产生尺度叠加效应。再如，2020年初爆发的新冠病毒疫情作为典型的城市风险，为全人类的身体健康和生命安全带来了严重威胁（祁文博，2020）。

城镇化是一把双刃剑，是什么因素导致以上问题的出现，人类应选择何种方式去规避客观存在的城市风险，已成为城市规划不得不思考的问题。

1.1.2　城市脆弱性及背后的推动力

随着人口资源和生产要素不断向城市聚集，城市成为复杂的"环境-经济-社会"巨系统，人口密度高、资源要素集中、生态环境脆弱等特性使得城市注定要面对难以预测的自然冲击与经济社会问题的挑战。另外，城市社会管理能力的发展并不能有效地与现代经济发展的速度相匹配，极大增加了城市生态系统和社会系统的脆弱性。一旦某一隐性风险因素转化为显性事件，将极有可能导致整个城市系统的崩溃，演化为严重的城市重大突发事件（杜蕾，2020）。

1. 城市脆弱性的概念

脆弱性（vulnerability）的概念起源于自然灾害领域的研究，美国地理学家吉尔伯特·福勒·怀特（Gilbert F. White）于1945年首次提出了脆弱性的概念。20世纪80年代，英国地理学家Westgate（1979）在自然灾害研究领域大力推广对脆弱性的研究。从此之后，脆弱性研究引起各国学者、科学研究机构的广泛关注，成为自然环境变化领域和人类可持续发展研究中的前沿话题。21世纪以来，脆弱性研究范围开始由自然灾害向生态、经济、社会等多个领域拓展，脆弱性概念的应用范围更加广泛。

"城市脆弱性"概念是"脆弱性"概念在城市发展领域的延伸，是指城市作为一个复杂系统，其环境、社会、经济等子系统或系统的组成部分具有一定的敏感性，在内外部扰动和压力的作用下产生崩溃，进而导致整个城市系统的崩溃。随着对城市脆弱性研究的不断完善，城市脆弱性的概念研究逐渐不仅仅只考虑单一的自然环境系统，而是纳入经济、社会等人文因素，由一元结构向多元结构演变（李燕喃，2021）。

Box 1.1　吉尔伯特·福勒·怀特（Gilbert F. White）

Gilbert F. White（1911—2006）是著名的美国地理学家，被称为"洪泛区管理之父"和"20世纪重要的环境地理学家"，主要因其在自然灾害方面，特别是洪水治理、水管理方面的工作而闻名。

Gilbert F. White 年轻时在芝加哥大学学习，1942年获得博士学位。1946~1955年担任哈弗福德学院（Haverford College）院长，之后回到芝加哥大学担任地理学教授，并成为"芝加哥学派"自然灾害研究的核心人物。他在著作《人类与洪水相适应》（*Human Adjustment to Floods*，1945年）中提出"洪水是天灾，但洪水造成的损失在很大程度上是人祸"——这被认为是20世纪北美地理学最重要的观点之一（Hinshaw，2006；Kates，2011）。

2. 城市脆弱性的推动力

1）人与自然的对立是导致全球环境危机的根源

人与自然的关系是一个历久弥新的话题。可以说，人与自然的对立，是导致全球环境危机的根源。21 世纪以来，全球重大自然灾害频繁爆发，给世界各国带来极为严重的人员伤亡与经济损失。我国幅员辽阔，人口密集，是世界上自然灾害爆发最为频繁的国家之一。随着全球工业化和现代化的快速发展，自然灾害对人类社会的挑战将持续存在。在地震、飓风和高温等自然灾害的冲击下，城市的自然、经济和社会等系统都不可避免地遭受了严重影响。然而，不同的城市系统面对各种扰动做出的反应却存在差异。如何实现城市在不确定扰动中的长治久安，是城市管理者和规划师需要思考的关键问题（李燕楠，2021）。

2）城市是一个脆弱的复杂系统

城市作为人类塑造的最复杂又最典型的社会生态系统，成为脆弱性的重灾区。其背后的推动力是城镇化、气候变化和全球化。在这种现实背景下，有必要将人类生存和发展与地球生态环境演变建立关联，力求在这种宏观背景下思考并寻求解决之道。

随着城市人口、功能和规模的不断扩大，各种灾害风险也在不断增加。频繁的公共安全事件，如传染病流行、环境污染、风暴潮等，给城市带来巨大的生命财产损失。除了棘手的突发危机，还有长期存在而且日益加剧的慢性压力，如食物和水、土地资源的短缺，生态环境恶化，生物多样性下降等。

城市作为包含环境、经济、社会多个维度的复杂巨系统，其规模越庞大，结构越复杂，在遭受自然冲击与内部扰动时往往脆弱性越显著。任何子系统在冲击中遭受破坏或失去稳定，都可能使整个城市系统陷入危机甚至导致整个系统直接走向毁灭。面对难以预测的内外部自然灾害和人为干扰，如何提高城市系统识别、应对、抵御干扰的能力，如何使城市系统能够保持自身稳定状态，从不利影响中快速复苏，是追求城市稳定健康可持续发展的重点课题（李燕楠，2021）。

3）"黑天鹅"与"灰犀牛"风险

《黑天鹅：如何应对不可知的未来》（*The Black Swan: The Impact of the Highly Improbable*）（2008 年）一书中指出，"黑天鹅"是指那些出乎意料发生的小概率、高风险事件，一旦发生，其造成的冲击和影响足以颠覆人类已有的经验，具有不可预测性和偶发性。

《灰犀牛：如何应对大概率危机》（*The Gray Rhino: How to Recognize and Act on the Obvious Dangers We Ignore*）（2016 年）一书中提出，"灰犀牛"事件是比喻大概率的、影响巨大的潜在危机——"灰犀牛"事件并不神秘，甚至是可预测的，但长期来看却更危险。

"黑天鹅"风险与"灰犀牛"风险轮番在城市的各个领域上演，例如，2020 年席卷全球的新冠疫情就是一种"黑天鹅"风险，而全球气候变化、生态退化、土地资源短缺等危机则是巨大的"灰犀牛"风险。

1.1.3　韧性思维带来新的发展机遇

城市韧性研究是 21 世纪城市可持续发展领域重要的研究内容之一，是地理学、城市规划学及其相关学科相互交叉而形成健康城市的新研究领域。城市是人类社会经济活动的空间载体，近几十年来快速的城镇化和工业化发展，导致了各种城市病的叠加，如交通拥堵、空气污染和频发的自然灾害等，严重影响着城市的高质量发展和可持续发展。因此，在全球城镇化背景下，如何提升城市可持续发展的能力，如何测度城市韧性，如何有针对性地提出提升路径策略，这些皆是韧性城市规划需要思考的问题（赵瑞东，2021）。

城市韧性就是要重点关注城市功能维持平稳运作、城市结构快速恢复机能与秩序的能力。随着全球城镇化的继续，可持续发展越来越依赖于对城市安全的成功管理，尤其是一些发展中国家或中低收入的国家，建设可持续、韧性的城市是实现城市可持续发展的关键，也是城市规划、地理学等相关学科领域前沿的重大科学问题（图1.1）。

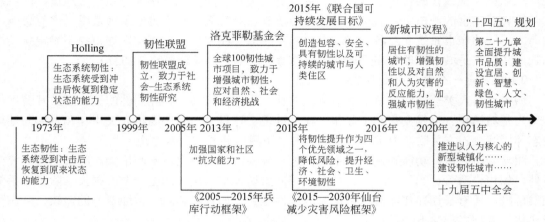

图 1.1　城市韧性研究的时间线（赵瑞东，2021）

1.2　教材内容及目标

1.2.1　教材框架及内容

作为近年来社会-生态领域蓬勃发展的新理念，韧性城市已成为当今社会发展的重要议题和学术热点。本教材主要从四个部分来展开对韧性城市生态规划课程的探讨。

第一部分，认识韧性和韧性城市：试图回答什么是韧性，什么是韧性城市，它们有哪些特征，韧性的演变历程是怎样的，为什么城市需要韧性，如何看待韧性城市与可持续发展、生态城市、宜居城市的关系，在不同的语境下韧性城市有哪些研究范畴。

第二部分，解析韧性城市和韧性城市生态规划：试图回答韧性规划的理论基础有哪些，有哪些典型的韧性研究框架和评估框架，韧性规划与生态规划的契合点在哪里，韧性规划有哪些规划思想及技术方法。

第三部分，不同维度下的韧性城市生态规划：基于社会生态系统的复杂性，从生态韧性、社会韧性、气候韧性、经济韧性及复合韧性等视角出发，探讨韧性思维在城市生态规划中的具体应用形式。案例将涵盖欧美发达国家的典型实践，还将以北京、上海和雄安新区为例，介绍韧性城市的中国经验。

第四部分，结合韧性城市在社会、生态、经济生活中的应用前景，展望韧性城市生态规划的未来：对韧性城市生态规划的发展历程进行梳理和总结，并从拥抱未来的不确定性、辩证看待社会科技的发展、韧性城市生态规划如何融入国土空间规划、规划视角的转变四个维度展望韧性城市生态规划的未来。

1.2.2　课程定位及教学目标

　　本教材旨在为城乡规划、生态规划、风景园林、建筑学、人文与经济地理、城市社会学、城市建设与管理等专业的学生及相关领域的研究者提供韧性城市生态规划的理论和实践指导。

　　作为中国大学慕课（MOOC）的配套教材，本教材从学科融合的视角，将 2020 年的突发疫情、未来疫情常态化、"十四五"规划等社会发展热点和趋势相结合，旨在引发读者深入的思考，从而更好地理解在面对未来不确定风险时确立韧性思维的必要性。

1.3　全球韧性研究相关课程

　　不同学科（如地理学、生态学、建筑学等）对韧性城市进行了大量研究，虽然研究视角不同、观点也有所差异，但总体上对韧性的基本内涵和特点有了一定认知。因此，在吸收借鉴多学科研究成果的基础上，掌握国际知名大学开设的韧性相关课程内容（表 1.1），也有助于在远期提升对于韧性研究不同方向上侧重点的理解。

表 1.1　全球韧性研究相关课程

序号	课程名称		开设机构
1	Urban climate adaptation	城市气候适应	麻省理工学院建筑规划学院
2	Confronting climate change：a foundation in science	应对气候变化：科学基础	哈佛大学设计研究生院
3	Lost and alternative nature：vertical mapping of urban subterrains for climate change mitigation	遗失与可替代的自然要素：用于减缓气候变化的城市地下垂直测绘	
4	Climate by design	气候设计	
5	Resilient urban systems	城市韧性系统	哥伦比亚大学建筑、规划与保护研究生院
6	Design and Planning for risk，crisis and disaster	风险、危机和灾难的设计和规划	
7	Urban resilience studio	城市韧性研究	宾夕法尼亚大学设计学院
8	Design with risk	风险设计	
9	Public health，cities and the climate crisis join with the master of public health program	公共健康硕士课程中的公共健康、城市和气候危机	宾夕法尼亚大学环境创新学院
10	Environmental science for sustainable development	可持续发展下的环境科学	加利福尼亚大学伯克利分校环境设计学院
11	Restoration of rivers and streams	河流与溪流的恢复	
12	Hydrology for planners	水文学规划者	
13	Sustainable landscapes and cities	可持续景观与城市	
14	Environmental planning studio	环境规划研究	
15	Climate change solutions	气候变化的解决方案	加利福尼亚大学伯克利分校环境科学、政策和管理学院
16	Island and coral reef resilience and ecosystem services	岛屿和珊瑚礁韧性和生态系统服务	
17	Toward the resilient city	迈向韧性城市	弗吉尼亚大学城市与环境规划学院
18	Urban contingency practice and planning	城市应急实践与规划	挪威科技大学建筑与规划系

序号	课程名称		开设机构
19	Planning for natural hazards and climate change adaptation	自然灾害规划与气候变化适应	北卡罗来纳大学教堂山分校区域与城市规划系
20	Climate change impacts and adaptation	气候变化的影响和适应	
21	Natural hazards resilience speaker series seminar	自然灾害韧性讲座系列研讨会	
22	Sustainability and environmental design	可持续性和环境设计	剑桥大学建筑系研究生院
23	Energy and climate change	能源与气候变化	剑桥大学土地经济系研究生院
24	Sustainable urban engineering of territory	领土可持续城市工程	代尔夫特理工大学建筑与建成环境研究生院
25	Climate proof sustainable renovation: energy use, envir impact, health and comfort, life-cycle cost	耐气候可持续改造：能源使用、环境影响、健康和舒适、生命周期成本	
26	Social sustainability in human habitats	人居环境的社会可持续性	
27	Sustainability project-design and elaboration	可持续项目的设计和编制	
28	Zero-energy design	零能耗设计	
29	Green futures	绿色未来	伦敦大学巴特莱特规划学院

本节将国际知名大学开设的韧性相关课程按照其课程内容分类，分为概念类课程、工程类课程、灾害应对类课程、气候适应类课程。

1.3.1 概念类课程

1. 城市韧性系统

哥伦比亚大学建筑、规划与保护研究生院为城市规划理学硕士开设了"城市韧性系统"（Resilient urban systems）课程。该课程包括讲座（讲师与受邀演讲者）、图书馆研究、实地考察、学生主导的案例研究和阅读介绍及即时的讨论。在上半学期，学生将通过一系列的讲座和阅读来讨论建筑环境中的韧性和适应性含义。在研讨会期间，该课程为学生案例研究提供方法论框架。在学期结束时，课程将汇编所有案例研究。

2. 迈向韧性城市

弗吉尼亚大学城市与环境规划学院开设了"迈向韧性城市"（Toward the resilient city）。该课程研究可持续社区及其背后的环境、社会、经济、政治和设计标准。重点回顾反映可持续发展原则的城市、城镇和发展项目的案例研究。研究生课程将有额外的课程要求。

1.3.2 工程类课程

1. 河流与溪流的恢复

加利福尼亚大学伯克利分校环境设计学院开设了"河流与溪流的恢复"（Restoration of rivers and streams）课程，回顾了河流和溪流恢复项目的基本目标和假设，以及这些工作中采用的技术，并强调了项目成功的评估策略。课程的重点是与恢复和提高淡水系统的水生和河岸生境有关的地貌和水文分析。

2. 岛屿和珊瑚礁韧性和生态系统服务

加利福尼亚大学伯克利分校环境科学、政策和管理学院开设了"岛屿和珊瑚礁韧性和生态系统服务"（Island and coral reef resilience and ecosystem services）课程。该课程概述了影响岛屿和珊瑚礁形成和功能的过程，以及人类从这些系统创造的资源中获得的利益。

1.3.3 灾害应对类课程

1. 风险、危机和灾难的设计和规划

哥伦比亚大学建筑、规划与保护研究生院开设了"风险、危机和灾难的设计和规划"（Design and planning for risk, crisis and disaster）课程。学生将探讨计划者和城市设计师如何与社区合作以了解风险，建立韧性，适应不断变化的危险景观及从灾难中恢复过来。通过每周的讲座、阅读、简短的写作作业和课堂讨论，该研讨会将使学生能够在一个越来越多的由不稳定和不确定性定义的世界中探索规划和城市设计的实践和道德。

2. 风险设计

宾夕法尼亚大学设计学院开设了"风险设计"（Design with risk）课程，探讨了有关风险的设计，特别是与气候适应和韧性有关的问题。角色设计在管理风险方面的作用在很大程度上是未知的领域。课程目标是探索设计的潜在作用和工具，作为应对空间、基础设施和政策项目风险的一种手段，以提高各种尺度设计中的韧性。

3. 公共健康硕士课程中的公共健康、城市和气候危机

宾夕法尼亚大学环境创新学院开设了"公共健康硕士课程中的公共健康、城市和气候危机"（Public health, cities and the climate crisis join with the master of public health program）课程，探讨了气候变化要求人们考虑公共健康和城市设计的交叉问题。该课程由公共健康硕士项目和设计学院联合提供，探讨了与气候变化相关的健康和设计之间的关系。以社区为基础的跨学科设计项目将着眼于提高跨学科的气候变化风险意识，并确定战略（政策、计划、项目），以改善或适应这些风险，将健康结果用作成功的基准，并将设计思维作为框架。

1.3.4 气候适应类课程

1. 城市气候适应

麻省理工学院的建筑规划学院开设了"城市气候适应"（Urban climate adaptation）课程。该课程对气候变化相关灾害对低收入租房者的影响进行持续研究，包括洪水灾害对租金、驱逐和公共补贴经济适用房建设地点的影响。该课程的重点是确定经济适用房政策和气候变化之间关键的环境正义层面。在全球各个角落开展城市气候适应研究，并参与从地方一级的适应规划研究，到创建国家和地区角色扮演模拟及实施情景规划的工作，以及与国际组织和机构就其适应计划进行合作。

2. 应对气候变化：科学基础

哈佛大学设计研究生院开设了"应对气候变化：科学基础"（Confronting climate change: a foundation in science）课程。该课程围绕人们要如何应对气候变化的问题。学生将学习气候变化的基础知识，包括地球辐射收支、碳循环，以及海洋与大气的物理与化学。该课程将以地球历史提供的背景来重现气候变化，以思考现在和将来可能发生的变化。该课程还将审视用以预测气候变化的模型，并讨论它们的优缺点，评估哪些预测更可靠、哪些更偏向猜测等。

3. 遗失与可替代的自然要素：用于减缓气候变化的城市地下垂直测绘

哈佛大学设计研究生院开设了"遗失与可替代的自然要素：用于减缓气候变化的城市地下垂直测绘"（Lost and alternative nature: vertical mapping of urban subterrains for climate change mitigation）课程。该课程意在通过平面和垂直的地图绘制手法，探索高度城市化的城市中丢失的地貌（地形、水体、下层土、地下水、碳循环等）。这些信息将用于设计地面与地下相关联的、自然与人造资源的排布，以找出应对气候变化的策略。这一系列资源排布策略会成为设计者与决策者的有力工具，以应对对地面以下的不可避免的干扰。

4. 气候设计

哈佛大学设计研究生院开设了"气候设计"（Climate by design）课程。该课程通过一系列的案例研究来探索面对气候危机的设计范例，包括适应型（社区保留在原地或是迁移）和减缓型（增加碳清除与减排）。以更为脆弱的星球为背景，这些范例会成为理解与阐述景观设计与相关领域不断进化的手段。由此，该课程不仅会探索景观设计如何回应气候危机，更会讨论这些回应所反映出的设计特性。

5. 气候变化的解决方案

加利福尼亚大学伯克利分校环境科学、政策和管理学院开设了"气候变化的解决方案"（Climate change solutions）课程。该课程由 23 位加利福尼亚大学研究人员和学者的 18 个原创视频讲座组成。学生提前观看指定的讲座，然后到课堂上参加由教师主持的研讨会。内容既强调气候知识，又强调跨学科的解决方案，并使学生能够在特定项目中对学习成果进行展示。

6. 自然灾害规划与气候变化适应

北卡罗来纳大学教堂山分校区域与城市规划系开设了"自然灾害规划与气候变化适应"（Planning for natural hazards and climate change adaptation）课程。该课程介绍人类视角下的自然灾害和气候变化适应。该课程让学生思考：人们可以做些什么来减少洪水、火灾和其他极端天气事件的损失？如何将气候变化的影响降到最低？该课程同时让学生了解相关的管理机构、政策、政治，以及从个人到世界，对社区面临的风险有何影响。

7. 能源与气候变化

剑桥大学土地经济系研究生院开设了"能源与气候变化"（Energy and climate change）课程，向学生介绍与能源政策相关的问题，强调从能源和技术的角度学习减缓和适应气候变化所涉及的学科交叉问题；向学生介绍能源经济、可再生与非可再生资源等相关概念，探讨政策工具如何有助于低碳经济发展。课程最后一次讲座（能源、气候政策和韧性：建立应对气候相关风险的韧性）涉及韧性内容。

主要参考文献

陈明珠. 2016. 发达国家城镇化中后期城市转型及其启示. 北京: 中共中央党校博士学位论文

杜蕾. 2020. 城市重大突发事件协同应急网络研究. 哈尔滨: 哈尔滨工程大学博士学位论文

国家统计局. 2023. 王萍萍: 人口总量略有下降 城镇化水平继续提高. (2022-01-18) [2023-01-18]. https://www. stats.gov.cn/ xxgk/jd/sjjd2020/202301/t20230118_1892285.html

李燕喃. 2021. 基于"压力-敏感-适应"模型的城市脆弱性时空格局演变研究. 重庆: 重庆大学硕士学位论文

祁文博. 2020. 复杂现代性视域下城市风险治理研究. 苏州: 苏州大学硕士学位论文

伊恩·伦诺克斯·麦克哈格. 2006. 设计结合自然. 芮经纬, 译. 天津: 天津大学出版社

赵瑞东. 2021. 中国城市韧性的时空格局演变、影响机制及提升路径研究. 乌鲁木齐: 新疆大学博士学位论文

Kates R W. 2011. Gilbert F. White, 1911-2006, A Biographical Memoir. Washington D.C.: The National Academies

Kotkin J. 2005. The City: A Global History. New York: Modern Library

Northam R M. 1979. Urban Geography. New York: Chichester, Wiley

Westgate K. 1979. Land-Use Planning, Vulnerability and the Low-Income Dwelling. Disasters, 3: 244-248

Hinshaw R E. 2006. Living with Nature's Extremes: The Life of Gilbert Fowler White. Boulder: Johnson Books

Ruddiman W F. 2003. The anthropogenic greenhouse era began thousands of years ago. Clim. Change, 61: 261-293

第2章 韧性与韧性城市

2.1 韧性认知及发展演变

2.1.1 韧性概念的起源及发展演变

韧性（resilience）一词，从语源学角度分析，最早源自于拉丁语"resilio"，本意是"恢复到原始状态"。16 世纪左右，经法语借鉴形成词汇"résiler"，含有"撤回"或者"取消"的意味。这一单词后来演化为现代英语中的"resile"，并被沿用至今。韧性概念随着时代的演进也被应用到了不同的学科领域。

1. 萌芽阶段——基于"弹回"的特定领域学术概念

McAslan 研究认为，韧性的学术概念最早起源于材料学领域。1818 年，Tredgold 用 resilience 描述木材特性以解释为什么有些类型的木材能够适应突然且剧烈的荷载而不断裂。在后来的百余年间，Fairbairn、Mallet、Merriman、Gere 及 Goodno 等学者都在该领域对韧性概念做了相关探讨，其基本含义变化不大，均强调物体抵抗外力冲击而不折断的能力。

19 世纪中叶，伴随着西方工业发展进程，韧性被广泛应用于机械学（mechanics），用于描述某些金属在外力作用下发生形变，能够迅速复原的能力。随后，科学界和工程界对机械在极限作用下的断裂韧性做了大量研究。

也就是说，最初的韧性意为简单弹回，柔韧性、伸缩性，即工程韧性，这种认知观点最接近人们日常理解的韧性概念。

2. 孕育阶段——基于"适应"的多领域学术概念

随着学界对系统特征及作用机制的探索，学者们逐渐认识到传统的工程韧性过于僵化单一。

20 世纪 70 年代，加拿大不列颠哥伦比亚大学教授、生态学家 Holling（1973）首次将韧性的思想应用到系统生态学（systems ecology）的研究领域，修正了之前关于韧性的概念界定。他在 1973 年发布的著作《生态系统韧性和稳定性》（*Resilience and Stability of Ecological Systems*）中提出"生态系统韧性"的概念，即"自然系统应对自然或人为因素引起的生态系统变化时的持久性"，并认为扰动的存在可以促使系统从一个平衡状态向另一个新的平衡状态转化，韧性应当包含系统在改变自身的结构之前能够吸收的扰动量级。由于这个观点是从生态系统运行规律中得到启发的，因此被称为生态韧性。随后他于 1996 年在《工程韧性与生态韧性》（*Engineering Resilience Versus Ecological Resilience*）一书中进一步辨析了"生态韧性"区别于传统"工程韧性"概念的特殊之处，指出这两种不同的韧性定义源于对"稳定性"和"平衡"等概念的不同理解。

Box 2.1　克劳福德·斯坦利·霍林 (Crawford Stanley Holling)

克劳福德·斯坦利·霍林 (Crawford Stanley Holling，1930—2019)，加拿大生态学家，佛罗里达大学生态科学的名誉杰出学者和教授。Holling 是生态经济学的概念创始人之一。

Holling 将系统理论和生态学与模拟模型和政策分析相融合，开发出具有实际效用的综合变化理论。他在生态学和进化论的应用中引入了重要的理念，包括韧性、适应性管理、适应性循环和泛政治化。

1988 年，韧性被首次引入社会科学领域，Wildavsky（1988）在其经典著作《寻找安全》（*Searching for Safety*）中使用了韧性一词，将其作为决策者应对风险和不确定性的一种策略或者解决方案。

3. 深化阶段——强调"动态"的生态、社会、经济系统概念

20 世纪 90 年代，随着人们对生态系统、社会系统和经济系统的整体性认知加强，社会经济制度学界的学者对韧性进行了大量研究。他们认为，在这三个系统中协同进行适当的政策干预，就可以实现韧性。斯德哥尔摩韧性中心（Stockholm Resilience Centre，SRC）提出：韧性是一种应对变化继续发展的能力。

2001 年，Holling 和 Gunderson（2001）在著作《扰沌：理解人类和自然系统中的转变》（*Panarchy: Understanding Transformations in Human and Natural Systems*）中将生态系统韧性的概念运用于人类社会系统，在此基础上提出"适应性循环"模型，描述社会-生态系统中干扰和重组之间的相互作用及其韧性变化。

同时，韧性也成为一个新概念出现在防灾和气候变化领域。城市和区域规划学者、生态学者、环境学者陆续开始关注城市系统应对灾害的韧性问题。传统防灾多使用预防（prevention）、准备（preparedness）、抵抗（resistance）、缓解（mitigation）、响应（response）等术语来描述各种降低风险的工作。气候变化主要涉及缓解和适应（adaptation）两个术语。在近 20 年的时间里，两者均开始关注韧性的概念，并对建立、培育和提高韧性的方法进行了深入研究。

韧性的概念逐渐被多种学科运用，具有从技术语汇到概念隐喻的多重定义。研究对象从生态系统拓展至社会-生态系统。韧性成为一个理解社会-生态系统动力学的有效途径，用于解释城市系统面临急性冲击和慢性压力的适应性问题。

4. 拓展阶段——应对"不确定"的多领域交叉性研究与应用

从 2008 年开始，随着人们对金融危机、全球气候变暖、极端灾害、城市恐怖袭击等危机认识的深入和应对意识的提升，世界各国来自工程学、公共管理学、计算机科学、社会学、经济学、政策学等更多学科背景的研究者加入到韧性的研究队伍中。在实践领域，韧性概念由于具有动态性、共同进化及"弹向更好的状态"等内涵特征，开始被广泛运用，特别是城市系统面对未来不可完全预测的、跨尺度、大量的、多样化的气候变化的适应性策略研究，已经成为目前研究的重点。例如，2010 年 3 月，联合国国际减灾战略（United Nations International Strategy for Disaster Reduction，UNISDR）发起"让城市更具韧性"（Making Cities Resilient，MCR）运动，发表了《2005—2015 年兵库行动框架》和一系列韧性评价方法；2011 年，英国伦敦发布"管理风险和提高韧性"（Managing Risks and Increasing Resilience）适应规划，以应对持续洪水、干旱和极端高温给伦敦带来的风险，提高城市的韧性与安全性；2013

年，美国纽约发布《纽约规划：更强大、更有韧性的纽约》（*PlaNYC：A Stronger，More Resilient New York*）总体规划，提出了受 2012 年飓风"桑迪"严重影响的社区的恢复重建计划，以及提高整个城市基础设施与建筑韧性的行动建议，等等。

5. 总结

韧性概念的演进经历了从单一视角的生态韧性或工程韧性向综合视角的社会-生态系统韧性、人地系统韧性转变；从原来只注重生态环境破坏导致的韧性降低转向关注人类活动对韧性的影响；从被动治理和评价对社会经济的损失演变为积极主动应对和规避韧性的对策的过程。

当前韧性概念主要从以下几方面进行区分：①强调系统对扰动的适应性；②注重系统自身对灾害的响应能力；③强调韧性特征的表征，即韧性包含着复杂系统的适应性、敏感性和恢复力等能力；④强调韧性系统内部结构和功能在遭受风险扰动时能保持较好的稳定性，关键功能和结构不被破坏的系统属性。

研究内容涉及自然灾害和风险管理、危害、气候变化适应、国际发展、能源系统、工程系统和城市规划等多个方面，并根据所研究对象的差异，形成"韧性概念群"。

2.1.2　韧性认知的三种观点及其发展转型

韧性的概念自提出以来，经历了两次较为彻底的概念修正。从最初的工程韧性（engineering resilience）到生态韧性（ecological resilience），再到演进韧性（evolutionary resilience），每一次修正和完善都丰富了韧性概念的外延和内涵，标志着学术界对韧性的认知逐步加深。

1. 工程韧性

工程韧性是最早被提出的认知韧性的观点，其概念、定义和理论较为简洁和直观。该思想来源于工程力学，韧性被视为一种恢复原状的能力（ability to bounce back）。

Holling 在著作《生态系统韧性和稳定性》（*Resilience and Stability of Ecological Systems*）（1973 年）中把工程韧性的概念定义为，在施加扰动之后，一个系统恢复到平衡或者稳定状态的能力（the ability of a system to return to an equilibrium state after a temporary disturbance）。在这个定义中，稳态是系统的属性，是围绕特定状态的波动程度的结果（stability is the property of the system and the degree of fluctuation around specific states the result）。在之后的研究中，学者对此进行了延展。McCarthy（1998）认为工程韧性强调在既定的平衡状态周围的稳定性，因而其可以通过系统对扰动的抵抗能力和系统恢复到平衡状态的速度来衡量。Wang 和 Blackmore（2009）认为与这种韧性观点相适应的是系统较低的失败概率，以及在失败状况下能够迅速恢复正常运行水准的能力。

总而言之，工程韧性强调系统有且只有一个稳态，在扰动发生前后系统的结构和功能没有发生根本变化，其基本内涵是物理系统的稳定性。这种韧性取决于四种特性：坚固性（robustness），即系统在扰动后不会产生功能退化；冗余性（redundancy），即系统各部分的可替换性；应变性（resourcefulness），即发现问题并调动所需资源的能力；快速性（rapidity），即及时恢复系统功能的能力（Bruneau et al.，2003）。

工程韧性概念现主要应用于机械学、物理学等学科，经常与低故障率联系在一起。

2. 生态韧性

在 20 世纪 80 年代前，工程韧性一直被认为是韧性的主流观点。然而，随着学界对系统和环境特征及其作用机制认识的加深，传统的工程韧性论逐渐呈现出僵化、单一的缺点。人们对于韧性的认知出现了一次根本性的转变。

1）生态韧性的概念及应用

在生态学领域，Holling 研究发现，一些生态系统由于经常受到扰动，从未处于稳定状态。即使生态系统从扰动中恢复稳定，稳定的状态却与之前不同，表示有多重平衡点的存在。这意味着生态系统具有不同结构和过程，复原到之前的生态系统极其困难，甚至不可能。基于这种多重平衡或不平衡模式，Holling 在《工程韧性与生态韧性》（*Engineering Resilience versus Ecological Resilience*）（1996 年）一文中修正了之前关于韧性的概念界定，认为韧性应当包含系统在改变自身的结构之前能够吸收的扰动量级。由于这种观点是从生态系统的运行规律中得到的启发，因而被称为生态韧性。随后，伯克斯和福尔克也认为系统可以存在多个而非之前提出的唯一的平衡状态。这一认知的根本性转变使很多学者意识到韧性不仅可能使系统恢复到原始状态的平衡，而且可以促使系统形成新的平衡状态。

生态韧性概念认为系统具有多重均衡状态，表示当系统受到干扰后可以有多个状态，冲击扰动超过其最大承受阈值时，即超过"回弹门槛"（elasticity threshold），系统会从一个均衡稳定状态进入另一个均衡稳定状态，其状态可能提升、持平或退步。

生态韧性着重系统的持续性，或是系统维持相同的体制——由同一套机制、结构、反馈和特质所定义的体制（Walker et al.，2004）。系统的运行不以追求平衡为终极模式，韧性关乎系统在改变其结构和功能进入另一个均衡稳定状态前所能够吸收最大冲击的能力，或是重组后更新的能力。因此，韧性的大小可以由系统在转换至不同的机制或平衡状态突变前所能承受的扰动幅度来衡量。通常而言，吸收冲击越大，其韧性越高。

生态韧性概念主要应用于生态学学科，研究体系包括系统从平衡态到失去恢复能力的幅度（latitude）、系统受外力扰动保持平衡态的抵抗能力（resistance）、系统当前状态接近崩溃临界值的程度（precariousness）和受干扰系统内部组分层级的关联性（panarchy）四个方面。

2）工程韧性与生态韧性的本质区别

Gunderson 杯球模型（图 2.1）简洁地展示了工程韧性与生态韧性的本质区别。在该模型中，黑色的小球代表一个小型的系统，单箭头代表对系统施加的扰动，杯形曲面代表系统可以实现的状态，曲面底部代表相对平衡的状态阈值。

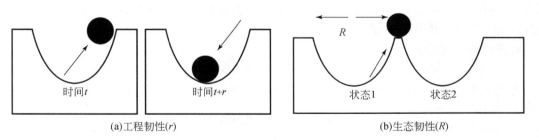

(a)工程韧性(*r*)　　　　　　　　(b)生态韧性(*R*)

图 2.1　Gunderson 杯球模型（Gunderson，2003）

在工程韧性的前提下，系统在时刻 *t* 被施予了一个扰动，系统状态因而脱离相对平衡的范围。在可以预见的 *t* + *r* 时刻，系统状态会重新回到相对的平衡。因此，工程韧性可以看作两个时刻的差值 *r*。由此可见，*r* 值越小，系统会越迅速地回归初始的平衡状态，工程韧性也越大。所以工程韧性的大小由系统恢复到平衡或稳定状态的速度决定。

在生态韧性的前提下，系统状态既有可能达成之前的平衡状态，也有可能在越过某个门槛之后达成全新的一个或者数个平衡状态。因此，生态韧性 *R* 可以被视为系统即将跨越门槛前往另外一个平衡状态的瞬间能够吸收的最大的扰动量级。换句话说，生态韧性有两个或者多个稳定状态，可以适应扰动，强调缓冲能力，也可以塑造新的稳定状态。

3. 演进韧性

在生态韧性的基础上，随着对系统构成和变化机制认知的进一步加深，学者又提出了一种全新的韧性观点。

1）演进韧性的概念及应用

Walker 等（2004）认为，韧性不应该仅仅被视为系统对初始状态的一种恢复，它同样适用于描述复杂的社会生态系统为了回应压力和限制条件而激发的一种变化、适应、改变的能力。这种韧性被称为演进韧性。演进韧性事实上是生态韧性在经济、社会维度的拓展和应用，又称为社会-经济韧性。

演进韧性强调系统的适应学习能力。目前，该动态韧性观念已经被学界普遍接受，并广泛应用于城市发展、产业经济、社会问题、灾害防治、管理学等领域研究。

2）演进韧性的核心理论

Holling 和 Gunderson（2001）提出的适应性循环（adaptive cycle）理论是演进韧性的核心理论。适应性循环的本质来源于一种全新的系统认知理念，它摒弃了对平衡态的追求，取而代之的是持续不断的适应过程，强调学习能力和创新性。适应性循环包括四个阶段：快速生长阶段（exploitation phase）、稳定守恒阶段（conservation phase）、释放阶段（release phase）和重组阶段（reorganization phase）。

在快速生长阶段，系统不断吸收元素并且通过建立元素间的联系而获得增长，由于选择多样性和元素组织的相对灵活性，系统呈现较高的韧性量级。但随着元素组织的固定，其系统韧性逐渐被削减。在稳定守恒阶段，元素间的连接性进一步强化，使得系统逐渐成形，但其增长潜力转为下降，此时系统具有较低的韧性。在释放阶段，由于系统内的元素联系变得程式化，需要打破部分的固有联系以取得新的发展，此时潜力逐渐增长，直到混沌性崩溃（chaotic collapse）出现。在这一阶段，系统韧性量级较低却呈现增长趋势。在重组阶段，韧性强的系统通过创新获得重构的机会来支撑进一步发展，再次进入快速生长阶段，往复实现适应性循环。或者，在重组阶段系统缺少必要的能力储备，从而脱离循环，导致系统的失败。具体内容会在韧性的理论基础章节进行阐述。

4. 三种韧性概念对比

工程韧性、生态韧性和演进韧性所代表的韧性观点体现了学界对系统运行机制认知的飞跃，为进一步理解城市韧性做好了铺垫。可以从四个方面对三种韧性概念进行对比（表 2.1）。

表 2.1　工程韧性、生态韧性和演进韧性的对比

对比项	工程韧性	生态韧性	演进韧性
平衡状态	稳定的单一平衡	多重平衡	动态非平衡
稳定态	恢复到初始稳定状态	塑造新的稳定状态	放弃对平衡稳定状态的追求
强调能力	强调回弹能力	强调缓冲能力	强调学习能力和创新性
对干扰的态度	把干扰视为负面影响	把干扰视为负面影响	把干扰看作创造新事物和创新发展的机会

对于均衡（equilibrium）的认知和系统论基础是三种韧性概念的核心差异所在。工程韧性是一种向心式的稳定性，认为平衡是封闭式、单中心的终极状态；生态韧性受广义达尔文主

义的影响，引入"进化"思维，认为平衡是多中心、递进式的发展阶段，可以达到多重平衡，并且塑造新的稳定态；演进韧性则处于持续动态变化中，放弃了对平衡稳定态的追求，认为平衡是一种去中心、循环式的演进过程。从能力上看，工程韧性强调回弹能力，生态韧性强调缓冲能力，因此二者均把对回弹和缓冲有影响的干扰视为负面影响；而演进韧性强调的是学习能力和创新性，干扰对系统来说就是创造新事物和创新发展的机会，此时韧性视角已从试图控制假设稳定状态下的系统变化转向管理系统应对、适应和塑造变化的能力。

值得注意的是，虽然工程韧性和生态韧性最早源于对工程项目和生态系统的描述，但不能等同于工程韧性就是工程项目的韧性、生态韧性就是城市生态系统的韧性。工程、生态和演进三个词用于修饰韧性时起到限定城市韧性议题的作用，其含义已经有了非常大的转变。

2.2 韧性的定义与特征

2.2.1 不同组织对韧性的定义与比较

在当今快速城镇化的背景下，系统所面临的风险及其处理机制不断变化，韧性的概念也在不断演进，不同的组织对于韧性的定义也有所不同。本节汇总了八个来自于城市规划相关的国际组织和学术研究机构的定义，他们从抵御风险能力、城市可持续发展能力、应对未来冲击的抗灾能力这三个角度，尝试解析韧性概念的内涵。

1. 从抵御风险能力的角度

联合国人类住区规划署在《2017 年城市韧性趋势》（*Trends in Urban Resilience 2017*）报告中提出：韧性是人居环境能够抵御任何可能的危险并迅速恢复的能力。抵御风险不仅指抵御风险带来的风险和危害，还包括迅速恢复到一种稳定状态的能力，特定的风险降低措施仅仅针对特定灾害，在面对其他类型的灾害时仍存在风险和脆弱性，但韧性抗灾方法采用了一种应对多种灾害的方法，考虑抵御各种可能危险的能力。

从这一视角，突出风险的多样化与不确定性，并采用多重风险方法途径应对。其目标是提高城市抵御自然和人为危机的能力，这一目标的一个关键支柱是确保城市能够承受灾难性事件并从中快速恢复。

2. 从城市可持续发展能力的角度

洛克菲勒基金会（The Rockefeller Foundation）资助的"100 韧性城市"（100 Resilient Cities，100RC）委员会 2015 年在《韧性城市框架》（*The City Resilience Framework*）报告中指出：韧性是指城市中的个人、社区、机构、企业和系统无论经历何种长期压力和剧烈冲击，都能生存、适应和发展的能力。

韧性联盟（Resilience Alliance，RA）2010 年在《评估社会生态系统的韧性：从业者工作手册》（*Assessing Resilience in Social-Ecological Systems*：*Workbook for Practitioners*）报告中提出：韧性城市为能够帮助其社会、经济、技术系统和基础设施吸收未来的冲击和压力，从而使城市仍然能够保持基本相同的功能、结构、系统和独特性。

城市韧性中心（Urban Resilience Hub）2018 年在世界城市日发布的《城市韧性分析工具》（*City Resilience Profiling Tool*）报告中提出：韧性是任何城市系统及其居民在所有冲击和压力下保持连续性的可衡量能力，同时积极适应和向可持续性转变。

这一视角更强调韧性定义中城市的生存、适应、发展等可持续发展能力，认为韧性是可持续城市发展的催化剂。它确保当城市面临冲击时，发展成果不会丧失，并且城市居民能够在安全的环境中繁荣发展，同时应对气候变化和快速城市化等重大挑战。

3. 从应对未来冲击的抗灾能力角度

经济合作与发展组织（Organization for Economic Co-operation and Development，OECD）2018 年在"韧性城市"（Resilient Cities）专题网的电子公告中提出：韧性城市是指有能力吸收、恢复和为未来冲击（经济、环境、社会和体制）做好准备的城市，韧性城市可以促进可持续发展、福祉和包容性增长。目前经济合作与发展组织正在研究如何提高城市的抗灾能力。

ICLEI——倡导地区可持续发展国际理事会（ICLEI—Local Governments for Sustainability）2019 年在"韧性城市"（Resilient Cities）专题网的电子公告中提出：一个有韧性的城市要准备好从任何冲击和压力中吸收和恢复，同时保持其基本功能、结构和独特性，并适应和在持续变化的框架中成长。建立抗灾能力需要识别和评估灾害风险，降低脆弱性和暴露性，最后提高抗灾能力、适应能力和应急准备。

C40 城市气候领导联盟（C40 Cities Climate Leadership-Group）2017 年发布的《应对气候风险提高韧性行动》（*Take Action to Increase Resiliency to Climate Risk*）报告中认为：城市处于经历一系列气候影响的前沿，包括沿海和内陆的洪水、热浪、干旱和野火。因此，市政机构普遍需要了解降低气候对城市基础设施和服务以及它们所服务社区的风险。

联合国国际减灾战略（United Nations International Strategy for Disaster Reduction，UNISDR）2009 年发布的《有关降低灾害风险的术语》（*Terminology on Disaster Risk Reduction*）手册中指出：韧性是一个面临危险的系统、社区或社会及时和有效地抵抗、吸收、适应、改造和从危险的影响中恢复的能力，包括通过风险管理保护和恢复其基本结构和职能。

这四个机构的韧性概念都强调风险的未来性与多样性，并通过各类手段提高系统的抗灾能力，但又具有机构的特色属性。经济合作与发展跨政府组织的韧性定义主要着眼于经济的包容性增长，倡导地区可持续发展国际理事会侧重城市在灾害全过程的响应，C40 城市气候领导联盟更强调市政基础设施的抗性，联合国国际减灾战略注重减少灾害损失，恢复系统基本功能。

Box 2.2　不同组织对于韧性定义的原文（The definition of different organizations）

联合国人类住区规划署：Resilience refers to the ability of human settlements to withstand and to recover quickly from any plausible hazards. Resilience against crises not only refers to reducing risks and damage from disasters（i.e. loss of lives and assets），but also the ability to quickly bounce back to a stable state. While typical risk reduction measures tend to focus on a specific hazard, leaving out risks and vulnerabilities due to other types of perils，the resilience approach adopts a multiple hazards approach，considering resilience against all types of plausible hazards.

洛克菲勒基金会：The capacity of individuals，communities，institutions，businesses，and systems within a city to survive，adapt，and grow no matter what kinds of chronic stresses and acute shocks they experience.

韧性联盟：A Resilient City is one that has developed capacities to help absorb future shocks and stresses to its social，economic，and technical systems and infrastructures so as to still be able to maintain essentially the same functions，structures，systems，and identity.

城市韧性中心：The measurable ability of any urban system，with its inhabitants，to maintain continuity through all shocks and stresses，while positively adapting and transforming toward sustainability.

经济合作与发展组织：Resilient cities are cities that have the ability to absorb，recover and prepare for future shocks （economic，environmental，social & institutional）. Resilient cities promote sustainable development，well-being and inclusive growth.

ICLEI——倡导地区可持续发展国际理事会：A 'Resilient City' is prepared to absorb and recover from any shock or stress while maintaining its essential functions，structures，and identity as well as adapting and thriving in the face of continual change. Building resilience requires identifying and assessing hazard risks，reducing vulnerability and exposure，and lastly，increasing resistance，adaptive capacity，and emergency preparedness.

C40 城市气候领导联盟：Cities are at the forefront of experiencing a host of climate impacts，including coastal and inland flooding，heat waves，droughts，and wildfires. As a result，there is a widespread need for municipal agencies to understand and mitigate climate risks to urban infrastructure and services - and the communities they serve.

联合国国际减灾战略：The ability of a system，community or society exposed to hazards to resist，absorb，accommodate，adapt to，transform and recover from the effects of a hazard in a timely and efficient manner，including through the preservation and restoration of its essential basic structures and functions through risk management.

不同组织以不同的出发点总结了韧性的概念。了解这些不同的定义，有助于读者进一步了解韧性的全貌。不同组织对于韧性概念的解释也达成了一定程度的共识。其中的共性和规律具体总结如下（表 2.2）。

表 2.2 不同韧性概念的共性

视角	描述
风险特征的限定	非特定的、所有可能的、任何的、所有的类型、激烈的冲击、长期的压力（对于经济、环境、社会、机构的冲击），包括沿海和内陆的洪水、热浪、干旱和野火在内的气候影响
应对风险的行为	抵御、吸收 、恢复、降低、适应、理解、辨识、评估、促进、准备、转变
建构韧性的主体	人居环境、城市、社区、个体、居民、机构、企业、系统、社会经济和科技系统
主体状态的描述	保持、生存、反弹、恢复、适应、幸存、转变、成长

（1）从风险特征的限定来讲，韧性更强调所有不确定性的风险，非特定的，不论是长期的、缓慢的，或是突发的、激烈的。首先，公共卫生危机、气候变化、自然灾害等各种危机进入高发阶段。其次，旧的国际结构正在变动，新的国际平衡尚未达成，国际环境面临巨大的不确定性。再次，第四次产业革命带来"非线性变化"，大规模就业替代、生命形态改变、生命伦理改写、社会组织形态重构等，都会带来意想不到的巨大风险。同时，现代社会的脆弱性使得风险能够迅速扩散，并可能演变为巨大的系统性风险，这在超大城市中体现得更为明显。韧性作为不确定性风险应对的过程或是方法，应该包含非特定的、所有可能的风险。

（2）从应对风险的行为来说，描述包括从抵御、吸收、降低到促进、转变。传统的灾害风险与应急管理模式已经无法对新形势下的不确定性应对、灾害治理需求作出有效回应。对此，韧性治理理论构想的提出极具重要性，其构成不仅限于危机过程中的"应对能力"，而是包括抗压、存续、适应、可持续发展等一系列内容，涵盖了韧性城市的所有发展阶段。

（3）建构韧性的主体，即谁来建的问题，包括人居环境、城市、社区、个体、居民、机构、企业、系统、社会经济和科技系统等。韧性建设任务繁重、系统化程度高，仅靠政府这一主体很难有效利用社会资源，造成应急处置时效低、灾后重建难度大。因此，建设韧性城市应从政府单主体负责转变为多主体合作，协同政府、企业、社会组织、社区、志愿者及广大市民参与，形成高效协作的系统，以实现资源配置最优状态，最大限度降低自然和社会灾害的威胁。

（4）主体状态与风险应对相关联，描述包括保持、生存、反弹、恢复、适应、幸存、转变、成长。从主体状态出发，再到其相应的风险应对措施，进一步体现韧性概念，强调社会生态系统的生态韧性和演进韧性的特点。

2.2.2　韧性的尺度

尺度是人类洞察物质世界的特征量度，也是韧性研究中最为模糊和关键的问题。韧性可划分为空间尺度和时间尺度双重维度。在不同的时空间条件下，韧性所涉及的人、组织、地理要素，以及应对灾害所需要的资源、领导力等都不相同。基于对韧性的时间和空间维度的认识，可确立不同阶段、不同尺度上需要达到的韧性目标，并将这些目标作为韧性评估的基础。

1. 韧性的空间尺度

空间尺度一般是指开展研究所采用的空间大小的量度。按面积分为建筑、组团、街区、城市、地区、国家等。

从一栋建筑这样的微观尺度，放大到城市乃至国家尺度，不同空间尺度所呈现的空间格局、景观特质、经济社会特征各不相同。韧性空间尺度应与治理层面相对应，不同空间范围所采纳的治理手段各不相同，其中街区、城市和地区是三个最重要的研究尺度。

空间尺度越小，粒度越大，所关注的问题越具体；空间尺度越大，粒度越小，幅度越大，所关注的问题越宏观，因此从治理角度越注重制度、政策、机构、组织之间的关系，追求大尺度下的分工协作与协同整合。所以在与韧性相关的研究中，选择正确的空间尺度非常重要。例如，城市与区域的韧性研究应该置于相对应的宏观背景下，如气候韧性、经济韧性等；雨洪韧性研究则要兼顾流域尺度与城市尺度；而探究个体行为与韧性的关系时，应关注街区尺度，识别核心要素。韧性研究关注的尺度越宏观越能够规避系统性风险，越微观越易于聚焦关键风险。

2. 韧性的时间尺度

韧性的时间尺度即灾害或扰动起作用的不同时间段。伴随系统受外界风险扰动等级加大、强度升级，系统本身状态实时发生变化。系统经历复原、适应、转变阶段。每个阶段对系统的要求存在差异：在复原阶段，主要依靠刚性和抵抗力进行抵御；在适应阶段，主要通过过程的协作和整合提升系统容许度和柔韧性，适应恢复能力，系统进入新的稳定态；而在超过导致结构变化的阈值后，系统激发转换和学习能力，放弃对稳定状态的追求。从复原到转变，对于韧性等级的要求越来越高，对于韧性的稳健性、冗余度、包容性、协同性及反省性的要求也依次加强。不论是哪个阶段，韧性模式都的确为城市复杂问题的解决打开了一扇机会之窗。

此外，时间尺度的另一维度体现在短期、中期和长期的不同时间属性。其中，短期韧性常与中、长期韧性相矛盾，需博弈权衡、科学决策。

2.2.3　韧性系统的特征

Wildavsky（1988）提出的韧性系统具有六个基本特征（Box 2.3）。作为韧性理论在城市这个庞大的社会生态系统中的应用，韧性城市的主要特征在很大程度上与韧性系统的特征一致。

Box 2.3　韧性系统的特征（Wildavsky's characteristics of resilient systems）

- 稳态（homeostasis）：系统通过信号变化的组成部分之间的反馈来维持，并能够实现从反馈中学习。当反馈得到有效传递时，韧性得到增强。
- 损失（omnivory）：通过多样化的资源需求及其交付方式来减轻外部冲击。然后，可以通过替代品来补偿资源来源或分配的失败。
- 高通量（high flux）：资源通过系统的移动速度越快，在任何给定的时间将有更多的可用资源来帮助应对扰动。
- 扁平化（flatness）：过度等级化的系统灵活性较低，因此应对突发事件和调整行为的能力较低。头重脚轻的系统韧性会更低。
- 缓冲（buffering）：一个系统具有超过其需求的能力，可以在需要的时候利用这种能力，因此具有更强的韧性。
- 冗余性（redundancy）：系统中一定程度的功能重叠，使得系统中的重要功能得以延续，而原本冗余的元素又承担了新的功能，从而使系统发生改变。

2.2.4　城市韧性

类似于其他领域，韧性理论应用于城市系统出现"韧性城市"（resilient city）或"城市韧性"（urban resilience）等基本概念。这类概念的产生得益于生态学家、社会学家和城市规划者以城市为系统积极推动多学科研究和跨领域合作。

1. 城市韧性的概念演进与定义

城市是一个复杂的社会生态系统。在多种不确定性的扰动因素频发的今天，城市的脆弱性往往为人所诟病，同时由于其密集的经济活动分布，扰动造成的损失也不可限量。由于城市系统内部的高度复杂性和外部扰动因素的多样性，城市韧性的概念自 2002 年美国生态学年会上提出以来经历 20 多年的讨论，其详细的科学定义至今仍然未达成广泛共识。城市韧性定义的不一致性，在于其随着时间的推移具有明显的动态性，主要包括两方面的因素：一方面是在"城市"概念上，全球城市化加速和科技进步的背景下城市系统组成和特征发生了根本性的变化，而且城市系统组成和特征在全球、区域甚至可能在局部尺度上存在高度的空间差异；另一方面是在"韧性"概念上，城市系统受到外部环境的扰动要素具有多元性，不再将气候变化和自然灾害作为唯一要应对的挑战。

在传统概念上，城市韧性和工程韧性的理论体系紧密相连，其定义主要关注城市中楼房建筑和道路交通等硬件基础设施系统对外部的震动或突变（external shock）引起损害的承载力和快速恢复至原来状态的能力。类似的定义有：城市韧性指一个具体的城市区域遭受多种灾害威胁之后，为确保公共安全与健康受到的损害程度最小化所具备的预警、响应和恢复能力。在这一类定义中，城市系统的平衡态具有唯一性，韧性所应对的外部扰动要素明确而且具有可预测性，韧性的特征要点包括抵御力、稳定性和恢复力。该定义的局限性可能在于只是关注城市中的"城"的物理结构，而没有考虑到城市在社会经济系统中作为"市"的功能。以工程韧性的思维来定义城市韧性，是把城市系统的平衡态当成静止，无法在本质上把握城市系统平衡态的动态性和多样性。

有别于传统的基于工程韧性的概念体系，目前关于城市韧性的定义通常将城市当成高度复杂的适应性系统或系统中的"系统"，由此进一步融合生态韧性和社会经济韧性的理论要点。城市韧性理论融合在应用层面的创新点在于，推动城市规划从基于"几何形态"特征的传统途径向以实现"城市功能"为目标的新途径转变。

Godschalk（2003）认为城市韧性应该是可持续的物质系统和人类社区的结合体，而物质系统的规划应该通过人类社区的建设发挥作用。与之相比，Campanella（2006）更加重视人类社区的力量，他通过评估分析美国新奥尔良市在飓风"卡特里娜"之后的表现，认为城市韧性实质上依赖于更有韧性的、足智多谋的民众集群。Jha 等（2013）进一步论述城市韧性有四个主要的组成部分，即基础设施韧性（infrastructural resilience）、制度韧性（institutional resilience）、经济韧性（economic resilience）和社会韧性（social resilience）。Meerow 等（2016）指出城市韧性更关注城市的组成部分，将城市韧性定义为城市系统及其所有时空尺度的社会-生态-技术网络，在受到干扰时，维持、转变或恢复到所需功能，并适应当前或未来变化的能力。这个定义综合了韧性城市已有概念存在的差异，同时考虑了多学科领域的研究诉求，是对城市韧性较为系统性、综合性的解读。

2. 城市韧性的理论体系研究与实践

尽管"韧性"一词已经成为城市与区域相关领域的流行语，所形成的城市韧性理论体系同时受到各界人士的青睐，但是城市韧性理论作为新的范式用于具体实践仍然存在很多难点。

具体来说，其一，尽管韧性城市的特征标准容易令人接受，韧性的程度却难以通过量化的途径表达出来。韧性因子及其权重的选取是一个难点。其二，由于不同地域和城市所面临的既有条件和环境不同，单纯比较两个或多个城市的韧性差异参考意义不大。相对而言，研究单个城市在一段时期前后的韧性变化更具有现实意义。其三，城市韧性的研究尚处于理论完善的阶段，实际推广程度还较低。尽管有些学术研究指出部分社区或者团体通过增强韧性取得了较理想的成果，还未有完全以城市韧性为指导的实际案例。同时，城市虽然是一个整体，但是其韧性并非均匀分布，一些地区比另一些地区更具韧性，往往与其地形、财政收入相关，不均匀的韧性分布威胁着城市作为一个整体运行的经济、社会和政治功能。目前韧性研究往往忽略了这一维度，没有明确地将韧性与提升弱势群体的生活质量关联起来，没有回答为谁塑造韧性等问题。城市管理者、城市规划者应当思考城市的哪部分（或者哪部分居民）在某次危机中最需要关注，应选择城市建成环境的哪部分来投资，衡量哪部分人群最应当受益，即将社会公平问题纳入城市韧性的考虑范畴中。此外，还应将城市创新置于核心位置重新思考韧性理论，在社会生态系统的视角下，在多元尺度和多元部门之间寻求增强城市韧性的机会。

对于我国而言，虽然在城市减灾方面已取得了巨大的成就，但现行的模式从某种程度上来说还可以归为简单被动的工程学思维。社会管治和民众参与的力量尚未完全被发掘调动起来。在这个层面看来，城市韧性的理论研究与实践对我国城市发展具有重要价值，韧性措施的本土化还有很长的道路要走。

3. 城市韧性的组成

Jha 等（2013）在《建设城市韧性：原则、工具和实践》（*Building Urban Resilience：Principles，Tools，and Practice*）一书中认为城市韧性有四个主要的组成部分，即基础设施韧性、制度韧性、经济韧性和社会韧性。结合国内外学者的观点，四类组成的内涵如下。

（1）基础设施韧性是指基础设施在面对外界干扰时，具有一定的适应能力，能够承受和吸收一部分干扰能量并尽快恢复至可运行状态的能力，侧重于建成结构和设施脆弱性的减轻，同时也涵盖生命线工程的畅通和城市社区的应急反应能力。基础设施韧性的研究内容包括基础设施的风险管理和风险评估、基础设施韧性评估研究等。

（2）制度韧性主要是指通过多元主体联合的、运行机制灵活的，并以不断创新学习为基础的治理模式，侧重于政府和非政府组织管治社区的引导能力。制度韧性基于其历史演变及其包容性或排他性、信任标准和网络结构，与制度相适应的文化背景、不同的知识体系是制度韧性的核心（Adger，2006）。制度韧性的研究内容包括制度与政策研究、组织与机构研究、城市管理模式研究等。

（3）经济韧性指的是一个地区或区域经济系统适应不断变化的经济环境的能力，侧重于城市社区为能够应对危机而具有的经济的多样性。有韧性的经济系统对外来的强烈冲击有更大的适应和应对力，更能经得住不利因素的冲击，并在承应压力时能寻找新的发展机会，实现新的发展。经济韧性的研究内容包括地区的经济效益研究、空间经济韧性研究、经济脆弱性评估、应对突发事件的经济韧性评估等。

（4）社会韧性被看作社会在遇到破坏性冲击时，依靠社会、结构的力量，实现社会有效整合，从而适应、调整和恢复重建的能力，侧重于城市社区人口特征、组织结构方式及人力资本等要素的集成。这里的"社会"是与政治、经济、文化领域相对应的社会生活层面，更加强调个体、群体、组织等各类主体之间的相互关联与共识行为。社会成员、社会群体应该处在一定的社会结构之中，这种结构具有功能主义的性质，可以容纳它的成员或参与者在其中得到一定的支持。社会韧性的研究内容包括人的行为活动与社会结构对韧性恢复的影响、面对压力的社会韧性提升、社会韧性和生态韧性之间的联系研究、社区韧性等。

2.3　韧性城市的定义与特征

2.3.1　韧性城市的定义

1. 韧性城市的理念演进

1）国际：韧性城市的提出与演进

国际韧性城市的理念与事件发展总结如下。

1964 年，美国阿拉斯加地区发生 9.2 级大地震，造成约 3.11 亿美元的财产损失。灾后，美国联邦政府首次要求对民众居住地的危险程度、城市适应危害的能力及社会对风险的容忍程度进行评估。1989 年，美国进行了第二次城市抗灾能力评估，抗灾城市的理念逐渐萌芽。

1987 年，在摩洛哥和日本联合倡议下，几十个国家联名向第 42 届联合国大会提出减灾议案，确定了 1990～2000 年为"国际减轻自然灾害十年"。根据 1989 年第 44 届联合国大会决议，每年 10 月的第二个星期三为"国际减轻自然灾害日"。

1994 年，第一届世界减灾大会在日本横滨举行。这是第一次专门讨论减少灾害风险和社会问题的联合国世界会议。

1999 年，联合国组织的国际减灾十年活动论坛于瑞士日内瓦召开。本次会议全面总结世界各国开展国际减灾十年活动的成就，共同制定 21 世纪减灾行动计划，为下一阶段的减灾工作提供检验和技术支持。

2002 年，倡导地区可持续发展国际理事会在联合国可持续发展全球峰会上提出"韧性"概念。2005 年，第二届世界减灾大会在日本神户市兵库县举行，会议所通过的《兵库宣言》将防灾、减灾、备灾和减少城市脆弱性的观点纳入可持续发展政策。同时，此次会议正式将"韧性"一词纳入灾害讨论的重点。

2005 年的飓风"卡特里娜"和 2012 年的飓风"桑迪"登陆美国后，造成了严重的人员伤亡与经济财产损失。这一系列事件直接推动了《纽约适应计划》的出台，也间接推动了美国各地的适应行动。

2013 年，洛克菲洛基金会启动全球"100 韧性城市"项目，涵盖了巴黎、纽约、伦敦等国际都市。同年，伦敦出台了《管理风险和增强韧性》的政策报告，并依此建立了一系列政策执行机构。为全面有效实行城市韧性规划，伦敦市通过建立协作机制，设立伦敦韧性伙伴联盟（London Resilience Partnership），还针对社区制定了相关的韧性建设措施。2013～2014 年，纽约和东京先后发布《纽约规划：更强大、更有韧性的纽约》和《创造未来——东京都长期战略报告》，明确了其韧性城市建设的基本思想和发展远景。

2015 年，地震和特大城市倡议组织（Earthquakes and Megacities Initiative，EMI）针对发展中国家发布了《城市韧性总体规划》（*Urban Resilience Master Planning*）。通过实施灾害风险管理总体规划（Disaster Risk Management Master Plan，DRMMP）的方法为韧性城市建设提供规划框架和实施路径。同年，联合国发布的《联合国 2030 年可持续发展议程》中多处明确提出"加快韧性基础设施建设""建设更加包容、安全和韧性的城市和居住区""增强社会韧性，降低贫穷者面对气候灾难和诸多冲击灾难的脆弱性"等具体发展目标。

2016 年，第三届联合国住房和可持续城市发展大会（人居Ⅲ）在厄瓜多尔首都基多举行，会议倡导将"城市的生态与韧性"作为新城市议程的核心内容之一。同年，鹿特丹发布了"韧性城市战略"，战略重点在于关注城市水资源的脆弱性。东京出台了《东京都国土强韧性地域规划》，对东京行政管辖区域进行脆弱性评估，针对性地提出了韧性提升方案。

2019 年，《一个纽约 2050：建立强大而公平的城市》（*OneNYC2050：Bulding a Strong and Fair City*）总规正式出台，内容更是基于环境可持续、经济平等和社会公正的理念，规划策略进一步强化了未来安全韧性城市的建设。同年，海牙启动了韧性战略，征集居民的智慧共同应对挑战、推进韧性城市建设。次年，伦敦公布《伦敦城市韧性战略 2020》，将规划扩展到应急规划和民事应急之外，强调城市安全治理和应对未来危机的能力，通过评估严重冲击和长期压力对伦敦韧性进行长期审视，并解决长期韧性问题。该战略综合考虑了人、空间、制度三个韧性方面。

2）中国韧性城市的大事年表

中国韧性城市的大事件发展总结如下。

1976 年河北唐山发生 7.8 级大地震，2008 年四川汶川发生 8.0 级大地震。2013 年，洛克菲洛基金会启动全球"100 韧性城市"项目，中国黄石、德阳、海盐、义乌四座城市成功入选。

2017 年，《北京城市总体规划（2016—2035 年)》公开发布，其中提到加强城市防灾减灾能力，提高城市韧性。同年，城市规划年会自由论坛"城市如何韧性"召开，与会专家就韧性的概念、韧性城市的建设问题和当前韧性城市建设情况及基本策略进行了讨论。

2018 年，《上海市城市总体规划（2017—2035 年）》正式发布，其中提到提升各类基础设施对城市运行的保障能力和服务水平，确保城市生命线稳定运行。高度重视城市公共安全，加强城市安全风险防控，增强抵御灾害事故、处置突发事件、危机管理的能力，提高城市韧性。同年，中华人民共和国应急管理部设立，中国灾害防御协会城乡韧性与防灾减灾专业委员会成立。

2020 年，第一次全国自然灾害综合风险普查，国务院办公厅印发的《关于开展第一次全国自然灾害综合风险普查的通知》中提出：提升全社会抵御自然灾害的综合防范能力，要充分利用专业第三方力量。同年，十九届五中全会首次正式提出了"韧性城市"命题。《中共中央关于制定国民经济和社会发展第十四个五年规划和二〇三五年远景目标的建议》明确提出"建设海绵城市、韧性城市。提高城市治理水平，加强特大城市治理中的风险防控"。

2021 年，浙江省新型城镇化发展"十四五"规划提出"建设韧性城市"。同年，上海举办了 2021 城市风险高峰论坛和以"应对气候变化，建设韧性城市"为主题的 2021 年世界城市日中国主场活动暨首届城市可持续发展全球大会。温州举办了 2021 韧性城市国际研讨会暨第二十一届中英资源与环境协会年会，主题为"因地制宜，构建安全、绿色、宜居的数字韧性城市"。

2. 韧性城市的主流定义

城市系统复杂性和研究领域交叉性决定了韧性城市理论概念上的多面性。

韧性联盟（RA）定义韧性城市为：能够帮助其社会、经济、技术系统和基础设施吸收未来冲击和压力，从而仍然能够保持基本相同的功能、结构、系统和独特性的城市。

倡导地区可持续发展国际理事会定义为：韧性城市指城市能够凭自身的能力抵御灾害，减轻灾害损失，并合理调配资源以从灾害中快速恢复过来。

浙江大学韧性城市研究中心对韧性城市的定义为：城市能够凭自身的能力抵御灾害，减轻灾害损失，并合理调配资源以从灾害中快速恢复。该定义突破传统注重城市自然灾害抵御的局限，以韧性为基本切入点，对整个城市的基础设施、社会、经济等各领域和各层次进行深入而广泛的研究，注重城市在灾害过程中的系统资源高效流动与灾后的学习创新能力。

2.3.2　韧性城市的维度

Bruneau 等（2003）基于地震灾害下的社区韧性研究，从技术、组织、社会和经济四个维度提出韧性"TOSE"框架。

韧性的技术维度是指物理系统（包括组件、它们的相互联系和相互作用及整个系统）在受到灾害时达到可被接受/期望水平的能力；韧性的组织维度是指管理关键设施并负责执行灾害相关重要职能的组织，做出决策，并采取行动，助力于实现韧性特性的能力；韧性的社会维度包括设计针对性的措施，以减轻受灾害影响的社区和政府辖区因灾害关键服务丧失而遭受负面后果的程度；经济维度是指减少灾害造成的直接和间接经济损失的能力。

浙江大学韧性城市研究中心提出了韧性城市在四个维度的重点（图 2.2）。

技术维度的韧性重点是抵抗灾害的鲁棒性，包括减轻灾害给建筑群落和基础设施系统造成的物理损伤，如交通、能源和通信等系统提供服务的中断；组织维度韧性的重点是智能决策的智慧性，包括政府灾害应急办公室、基础设施系统相关部门、警察局、消防局等在内的机构或部门能在灾后快速响应，以及开展房屋建筑维修工作、控制基础设施系统连接状态等，从而减轻灾后城市功能的中断程度；社会维度韧性的重点是资源充足的冗余性，包括减少灾害人员伤亡，能够在灾后提供紧急医疗服务和临时的避难场地，在长期恢复过程中可以满足当地的就业和教育需求；经济维度韧性的重点是快速恢复的可恢复性，包括降低灾害造成的经济损失，减轻经济活动所受的灾害影响，经济损失既包括房屋和基础设施，以及工农业产品、商储物资、生活用品等因灾破坏所形成的财产损失，也包括社会生产和其他经济活动因灾停工、停产或受阻等所形成的损失。

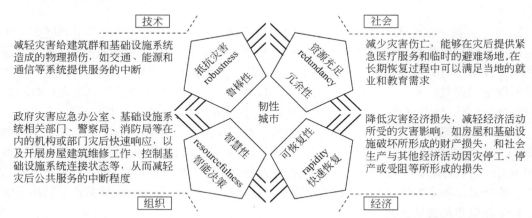

图 2.2　韧性城市的四个维度（浙江大学韧性城市研究中心，2022）

2.3.3　韧性城市的特征

韧性城市有三个最核心的特征：自控制、自组织和自适应（图 2.3）。自控制是指城市系统遭受重创和改变的情形下，由储备功能来面对外来冲击，保障城市一定时期内基本功能的运转，强调抵抗能力；城市是由人类集聚产生的复杂系统，自组织是指在外来冲击下城市系统内部资源高效流动，具备自组织能力，是系统韧性的重要特征，强调恢复能力；自适应是指韧性城市具备从经验中学习、总结，增强自适应能力的特征，强调创新能力（图 2.4）。

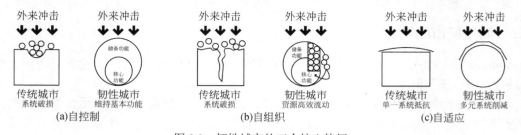

图 2.3　韧性城市的三个核心特征

（图片来源：https://mp.weixin.qq.com/s/IK5Q9E1uL_t5VjYP3tu7iw）

围绕三个核心特征，洛克菲基金会的全球"100 韧性城市"项目也提出城市韧性具有的 7 大特征，分别为鲁棒性、冗余性、资源可替代性、反思性、包容性、整合性和灵活性。

也有学者，例如，Ahern（2011）从城市功能与空间结构的角度出发，认为韧性城市应当具备多功能性、冗余度和模块化特征、生态和社会的多样性、多尺度的网络连接性、有适应能力的规划和设计五个要素。此外，Allan 和 Bryant（2011）相应地认为韧性城市必须具备七

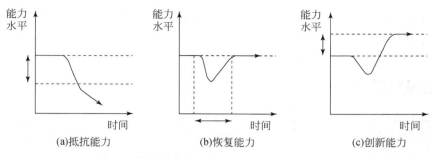

图 2.4　韧性城市的三个能力（肖翠仙，2021）

个主要特征，即多样性、变化适应性、模块性、创新性、迅捷的反馈能力、社会资本的储备及生态系统的服务能力。

　　综上所述，一个具有韧性的城市具有如下相同点：其一，强调城市系统的多元性，表现在城市系统功能多元、受到冲击过程中选择的多元性、社会生态的多样化及城市构成要素间多尺度的联系等。其二，城市组织具有高度的适应性和灵活性，不仅体现在物质环境的构建上，还体现在社会机能的组织上。其三，城市系统要有足够的储备能力，主要体现在对城市某些重要功能的重叠和备用设施建设上。

2.4　韧性城市规划

2.4.1　韧性城市规划的起源

　　虽然韧性思维真正被运用到城市规划领域的时间是 20 世纪 90 年代，但在生态领域，"韧性"一直贯穿在生态学科的研究与实践过程中。20 世纪 60 年代末，美国的经济繁荣时期已经过去，自然和城市环境遭到迅速发展的工业的严重破坏，加上后来的石油危机，使人们开始关注自己周围的环境。1969 年，英国园林设计师麦克哈格（McHarg）（1920—2001）率先扛起生态规划的大旗，在其著作《设计结合自然》（*Design with Nature*）（1969 年）中首次提出了运用生态主义的思想和方法来规划和设计自然环境的观点。他建立起了当时景观规划的准则，使景观设计师成为当时正处于萌芽阶段的环境运动的主要力量，标志着景观规划设计专业承担起第二次世界大战后工业时代人类整体生态环境规划设计的重任。

　　虽然在《设计结合自然》中并没有出现韧性一词，但书中强调了人类与自然合作、设计结合自然的必要性和机遇，还对城市、乡村、海洋、陆地、植被、气候等问题，以生态原理加以研究，还强调了人类社会经济发展与自然环境利益的权衡博弈之道。麦克哈格的土地适宜性分析和生态设计，与韧性规划在价值观和方法论方面有许多相通之处。

2.4.2　韧性城市规划的发展与现状

　　在理论方面，韧性城市规划研究非常多元，强调城市韧性的不同侧面，理论面临的挑战在于将多元的城市维度（社会的、经济的、文化的、环境的）整合进入一个统一的框架。在实践方面，可以通过空间规划的方式促进韧性的积累。例如，南非开普敦为应对种族和社会隔离起草了一份《空间发展框架（2012）》来促进社区和基础服务设施的综合发展。

　　然而目前规划研究中韧性概念的运用没有一个准确的、定义明确的方式，而是作为"通用的涵盖性术语"或"适应性"的同义词存在，韧性概念在规划方法中的运用仍不清晰，韧性理念常常被嵌入规划实践或者与其他方法混合，规划方法的韧性视角并不明确，并且缺乏可操作的韧性规划范式和行动方式研究。

2.4.3　韧性城市规划框架

Jabareen（2013）希望通过韧性城市规划框架（resilient city planning framework，RCP）建立起一个基本的多元化的理论途径。这个框架主要包含脆弱性分析、城市管制、预防和不确定性导向规划四个部分（图 2.5）。

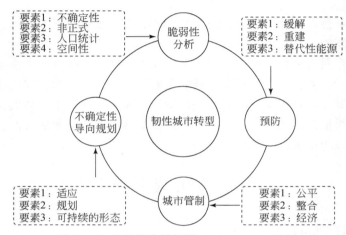

图 2.5　RCP 的概念性框架（Jabareen，2013）

（1）进行脆弱性分析，识别城市中相对脆弱的人群和社区，评估城市非正式空间的规模及其社会经济和环境状况，同时分析城市未来可能的不确定性情景，并将以上信息在空间分布上进行表达。同时，城市规划决策（如清理棚户区及重新安置的措施）可能会促进或者降低气候脆弱性；讨论咨询不足或者参与性不足，可能会加重脆弱性。脆弱性分析框架的目的在于分析和确认城市所面临的扰动和风险的种类、特征、强度和空间分布等因素，正确认识城市面临的风险对于韧性目标的达成具有非常重要的意义。

（2）建立政府管制机制，将与韧性相关的多样化参与者纳入规划协作过程，并制定减缓气候变化的有效制约行动。城市管治框架的作用在于探讨实现城市韧性的管治途径。一个基本的假设是韧性城市具有基于开放的信息交流渠道和不同利益相关者间协同合作的决策程序。社会管治手段弱的城市缺乏必要的支撑这一程序的能力，不能适时地应对城市所面临的不确定性扰动，因此塑造社会公平对于城市韧性的达成过程具有重要意义。

（3）实施预防策略，减少城市温室气体排放、倡导替代性能源等。防护框架的意义在于社会不能简单地摒弃原有的抵抗性措施，而是应该通过考虑当地特征有意识地将各种有效途径结合起来。

（4）编制不确定导向规划，运用土地利用管理、街区和建筑设计调节灾害频发地区的发展，营造可持续的城市形态。不确定性导向规划框架着眼于尊重不确定因素，并以适应性的指导思想对城市的未来做出指导。虽然不同学者看待韧性城市的角度不同，但其本质内容基本一致。

综上所述，城市韧性规划截然不同于以往倚重物质环境重建的单一目标，而是特别强调在城市这个庞大的社会生态系统面临不确定性的情况下，社会体系的营建和维护，及其反应和协调能力，因而多数研究适用于演进韧性的视角。这种能力建立在如下因素之间形成作用的基础之上：一是，包括政府、非政府组织、民间组织、社会团体、民众等利益相关者；二是，以制度、规章、社会特征、人力资本、社会资本等为代表的制约促进因素。

2.4.5　韧性城市的评价体系

如何评价韧性城市的等级，或者如何科学地量化城市韧性，是韧性城市规划的重要任务。构建合理实用的韧性城市评价体系，既可以确定现有城市抵抗危机、保持和恢复城市系统的能力，发现韧性问题、完善韧性建设，也可以从宏观角度协调不同城市空间资源，实现富有韧性的区域建设。

但作为新兴的研究课题，学界对此研究还在发展阶段，尚无统一的衡量标准。总体而言，可以分为基于社区、城市系统视角和基于气候变化与灾害风险视角两大类评价体系。本书选取了一些典型模型进行简要介绍。

1. 基于社区、城市系统视角的评价体系

1）四维度评价模型

Bruneau 等（2003）提出了社区韧性评价的四维度模型，四个基本维度包含了技术、组织、社会和经济，各维度均需要满足鲁棒性、冗余性、智慧性和快速性的四个基本特性，并以表格的形式举例说明了分维度分特性社区韧性的量化评价标准。应当注意到，该模型的提出具有重要的开创性意义，但是评价系统相对还比较简单，不同维度的量化分析方法还不具体。

2）社区基准韧性指标

社区基准韧性指标（baseline resilience indicators for communities，BRIC）是由南卡罗来纳大学 Cutter 等（2010）提出的一套基于经验模型的韧性评价体系，可用以评价社区当前的总体韧性。BRIC 评价系统一共包含了 6 个领域（社会、经济、住房及基础设施、组织、社区资本、环境），总计 49 个评价指标。BRIC 基于现有的公开数据来对社区的韧性作出经验性的评价，评价的结果可用来指导社区制定与提升韧性相关的政策。美国南卡罗来纳州各县和 188 个中国地级市已使用 BRIC 进行韧性评估。

3）STAR 社区评分系统

STAR 社区评分系统是美国第一个志愿性、自报告的评价系统，用来评估、量化和改善社区的宜居性和可持续性，开始于 2012 年。STAR 社区评价系统针对社区的经济、环境和社会，分 8 个维度进行评价，分别是建筑，气候和能源，教育、艺术和社区，经济和就业，公平和赋权，健康和安全，自然系统，创新和发展。

4）城市强度诊断

由世界银行全球减灾和灾后恢复基金（Global Facility for Disaster Reduction and Recovery，GFDRR）（2015 年）所支持建立的城市强度计划旨在帮助城市增强其面临种种冲击和压力的韧性，通过城市强度诊断（city strength diagnostic）量化评估城市的韧性。该计划建立了 17 个模块，分别是针对城市发展、社区和社会、灾害风险管理 3 个必备模块，和其他的 14 个可选模块。从 5 个方面量化评估城市的韧性，韧性的量化有两种可选方法，一种是 Arup 开发的 City Resilience Framework；另一种则是根据访谈和调查，对五个分项直接进行评分，进而建立整体韧性矩阵。

5）城市灾害韧性评价卡

城市灾害韧性评价卡（disaster resilience scorecard for cities，DRSC）是一套由联合国国际减灾战略（UNISDR）（2017年）开发的评价体系，能帮助城市了解其现有自然灾害下的韧性表现，以此为基础优先安排未来的投资和计划，并追踪城市在时间维度上改进韧性的进展。DRSC围绕2005年提出的Hyogo框架中的使城市韧性提升的10个关键领域，并将其分成了三组：政府和金融能力、规划和灾前准备、灾后应急和恢复。

6）城市韧性评价"ReCOVER"体系

ReCOVER在系统研究国际城市韧性评价体系的基础之上，结合中国城市发展的现状，基于对城市灾后实际恢复过程的系统考察，建立了基于恢复过程的城市韧性评价体系。该评价体系通过解析城市灾后恢复过程的四个阶段：救援阶段、避难阶段、重建阶段、复兴阶段，从社区与人口、政府与管理、住房与设施、经济与发展、环境与文化共五个维度，以62项指标对城市的韧性进行系统分析（缪惠全等，2021），其中"Re"代表了城市恢复的四个阶段，"COVER"则分别代表了城市韧性的五个维度。

2. 基于气候变化与灾害风险视角的评价体系

1）Hazus标准化自然灾害风险评估体系

Hazus是一套由美国联邦紧急措施署（Federal Emergency Management Agency，FEMA）（2005年）资助开发，可应用于美国全国范围的标准化自然灾害风险评估体系。该体系利用地理信息系统（geographic information system，GIS）来量化分析多种自然灾害（现已包含地震、风、洪水及海啸）对城市基础设施、经济和社会的影响。一方面，由于开发时间较早，Hazus侧重于对自然灾害下即刻的直接和间接损失的量化评估，而对于灾后城市社区功能恢复的考虑较少。另一方面，虽然Hazus配备了多个自然灾害分析模块，但并不能考虑多种灾害同时作用下城市的韧性表现。但是Hazus完备的数据库和科学的分析体系使其通常可以作为其他评估体系的基础和补充，并在很大程度上推动了后续与韧性城市相关的研究工作。

2）SPUR框架

SPUR框架由旧金山湾区规划和城市研究协会（San Francisco Bay Area Planning and Urban Research Association，SPUR）（2009年）开发，是一套基于韧性评价、通过有针对性的抗震加固措施来提高旧金山市地震韧性表现的系统。SPUR框架主要有如下四部分内容：①防灾规划背景下的城市韧性；②期望地震下的韧性性能目标；③透明的性能指标度量；④旧金山市下一阶段针对新建建筑、已有建筑和生命线工程的改进建议和措施。虽然经济和社会方面的指标并没有直接出现在SPUR的输出结果中，但是其包含的各功能群落的恢复时间目标可以明确提高城市的经济和社会韧性。虽然SPUR框架是基于地震灾害威胁下的旧金山市提出的，它依然为其他的韧性评价系统提供了可供参考的评价指标和方法。

3）乡村灾害韧性规划

针对乡村、偏远和沿海社区，加拿大的不列颠哥伦比亚省司法研究所（Justice Institute of British Columbia）（2012）提出了乡村灾害韧性规划（rural disaster resilience planning guide assessing）以评估灾害风险和建筑韧性。其中韧性评估可采用灾害风险分析、灾害韧性指数评估和乡村韧性指数评估。乡村韧性指数事实上是外因灾害韧性指数和内因灾害风险分析的结果。外因涵盖了事故（飞机事故、海洋事故、摩托车事故、火车事故）、天文灾害、大气灾害、社会冲突、环境污染、大坝和结构倒塌、疾病、地震、台风和火山、火灾、食物短缺、地质灾害、有害物质泄漏、爆炸、石油管道和天然气泄漏、水文灾害、核泄漏、水电停运、暴乱、恐怖袭击等。而内因则主要是从社区资源和社区灾害管理两方面评价。

4）自然灾害灾后城市可持续量化评价

自然灾害灾后城市可持续量化评价（quantifying sustainability in the aftermath of natural disasters，QSAND）是一套用于提高灾后城市恢复和重建能力的自评价工具，由英国建筑研究所（Building Research Establishment，BRE）代表红十字会与红新月会国际联合会（International Federation of the Red Cross and Red Crescent Societies）于 2014 年开发。QSAND 评价的系统包含社区和避难所、移民、材料和废弃物、能源、供水和排水、自然环境、通信、交叉领域。对不同系统，根据系统所设定的不同标准进行评分，最终给出一套评价表格，以便于使用者自行进行分析。

5）城市尺度多基础设施网络韧性模拟工具

城市尺度多基础设施网络韧性模拟工具（city-scale multi-infrastructure network resilience simulation tool，CMNRST）是由伯克利研究团队于 2019 年建立的用于滨海地区城市尺度韧性评估和规划的软件系统。软件系统针对地震之后的韧性评价和城市恢复问题，考虑到交通系统是灾后恢复的最基础的网络层次基础设施，对交通系统予以重点关注，可以评估交通系统的可达性和交通分布、速度的降低和灾后救灾资源的重建，可以实现实时的和概率的分析（Soga et al.，2021）。

2.5　关于韧性城市的思考

虽然韧性城市是一个新的概念，但是它本质上是对传统规划思想的继承和再发展，它不同于单纯强调物质环境重建的发展目标，更强调城市复杂巨系统面临未知风险时的反应和适应能力，重视社会组织模式的营建与维护。韧性相关研究已融入多重语境，并在各学科之间起到渗透与融合的桥梁作用。

2.5.1　韧性城市的研究范畴

1. 韧性城市研究的构成

目前，韧性城市研究多以问题为导向，主要从韧性的评价、演化和建构三个视角入手，即城市韧性的评价测度研究、作用机制研究和构建策略研究（图 2.6）。

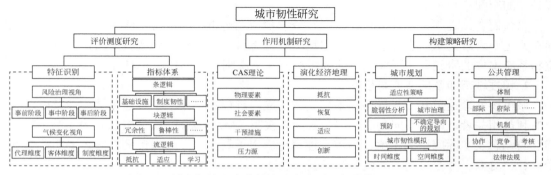

图 2.6　城市韧性研究的构成（李志刚和胡洲伟，2021）

评价测度研究集中于城市韧性的特征识别、评价指标体系的构建。特征识别研究分别从风险治理或气候变化的视角出发，形成了各自的特征分析框架。风险治理领域从风险客体出发，关注对风险的感知识别和应对行动，基于"抵抗-响应-行动"行动框架分阶段地总结韧性的特征。面向气候变化的研究则承认扰动的不确定性和不可完全预测，更多关注城市系统本体暴露于变化时吸收扰动并转换的过程，以寻求适应性策略。此类研究多基于复杂适应系统（complex adaptive system，CAS）理论的"代理-客体-制度"框架，划分不同维度的韧性特征；指标体系研究多从"条-块-流"3种逻辑构建指标体系。条逻辑将城市分解为基础设施、经济、生态、制度、社会等各类要素子系统，进而选择具体的二级指标，多采用专家打分法、层次分析法、熵值法、灰色关联分析等确定各层级指标权重。块逻辑从系统整体性出发评价韧性特征，包括鲁棒性、冗余性、智慧性、学习能力等，常用评价方法有综合指标评价、遥感模型评价、网络韧性评价、图层叠置法等。流逻辑按韧性的作用过程阶段进行评价。在演化韧性认知下，可划分为抵抗、吸收、恢复、适应、学习、创新等阶段。

关注作用机制的研究主要从复杂适应系统理论和区域经济研究两个领域出发，解释韧性的作用机制和动态演化过程。复杂适应系统理论是演进韧性的系统论基础。Desouza 和 Flanery（2013）基于 CAS 理论构建了韧性城市的演化模型，认为城市包含物质和社会两类组件，物质类包括资源、过程和建成环境，社会类则包括人、行动与制度。城市中的代理指具有行动能力的行为主体，其行为和互动形成了多向反馈（multi-directional feedback），并创建自组织或突发模式（emergent patterns）。客体指物质环境要素，既受代理影响，也存在客体之间的互动。代理与客体之间的复杂互动可以强化或抑制压力源对系统的实际影响。受 CAS 理论的启发，经济韧性研究借鉴适应性、适应能力概念，构建了演化范式的区域经济韧性框架，认为区域经济韧性是两个反向运动的组合，一是向心的"恢复"，抵御外界冲击，二是离心的"创新"，系统通过偶然事件打破路径依赖，以实现区域经济的适应性发展。演化过程中，外部联系、制度演化和主体的自组织行为是解决问题的关键。

建构策略研究主要来自城市规划与公共管理领域，旨在通过优化要素配置和城市治理结构来提高城市的韧性。在城市规划领域，研究集中于适应性策略研究和城市韧性模拟。策略研究分别基于风险治理和气候变化视角，形成了缓解方案（mitigation approach）；城市韧性模拟研究主要分为两种类型：一是时间维度的韧性过程模拟，从风险出发，模拟韧性过程的阶段变化；二是空间维度的韧性格局模拟，从城市系统出发，通过 GIS 技术和计量模型模拟城市韧性的空间分异。

总体而言，近年来韧性城市在认识、概念和内涵辨析方面取得了较大进展，但是研究仍存在不足，表现为重静态评价和理论建构，轻动态机制分析和规划实践应用，尤其是风险本位和系统本位的研究有待形成统一的分析框架（李志刚和胡洲伟，2021）。

2. 韧性城市涉及的博弈与权衡

城市韧性理论及其在指导规划治理实践的应用过程和结果中不可避免地会涉及或产生不同的利益相关者，以及不同利益之间的博弈与权衡（Meerow et al.，2016）。为了减少对城市韧性的概念及实际应用的困惑，城市韧性理论应用于具体城市的城市韧性时需要明确韧性的受益者、对象、时空尺度、动机这些问题（表2.3）。

第一，要明确韧性所针对的目标对象或挑战类型。在研究和应用城市韧性时，必须考虑系统需要应对的挑战是什么。例如，是不确定的风险还是具体的扰动，是气候变化、自然灾害还是恐怖袭击，然后根据要解决的风险挑战类型制定相应的干预策略。这就会涉及塑造城市的韧性时要如何处理普遍韧性和特定韧性，如果过分关注特定威胁往往会破坏系统对其他风险响应的灵活性和多样性，而平衡二者的关系才能从整体上提升城市的适应能力。

表 2.3 韧性城市涉及的博弈与权衡（Meerow et al.，2016）

内容/具体问题	需要考虑的问题	内容/具体问题	需要考虑的问题
谁？	谁来决定城市系统的理想状态？ 谁的韧性是优先考虑的？ 谁被纳入（和排除）城市系统？	什么地点？	城市系统的空间边界在哪里？ 某些领域的韧性是否优先于其他领域？ 在某些地区建立韧性会影响其他地区的韧性吗？
是什么？	城市系统应该能够抵御哪些扰动？ 城市系统包括哪些网络和部门？ 重点是通用韧性还是特定韧性？	为什么？	建设城市韧性的目标是什么？ 建立城市韧性的潜在动机是什么？ 重点是过程还是结果？
什么时间？	重点是速发性紊乱还是慢发性变化？ 重点是短期韧性还是长期韧性？ 重点是当代还是后代的韧性？		

第二，要考虑谁将受益。无论是基于技术手段还是生态手段塑造的韧性结构都会产生特定或优先的受益群体，虽然这一群体往往可能是但又不限于是决策者，但可以肯定的是，这一过程中一定会产生被包括在内或排除在外的受利益群体。因此，考虑谁将受益与权力和政治相关，考虑利益相关者之间的潜在权衡问题，在具体实施操作过程中不可避免地会产生"输家"和"赢家"。对韧性城市的规划从本质上来看就是博弈与权衡受益人的过程，通过考虑谁将受益就产生了潜在的利益相关者。

第三，关于韧性的时间尺度与权衡。根据研究城市或区域面临的具体挑战确定要解决的优先事项，例如，是针对飓风等短期破坏还是针对气候变化影响等长期压力。针对短期破坏的韧性策略更关注城市系统的持久性，而针对长期压力则需要考虑发展路径的转变和转型。关于短期和长期韧性的关系，Walker 等（2004）曾指出，建立长期的普遍韧性通常会以短期效率为代价。另外一个与时间尺度相关的问题是：对城市韧性的干预是要考虑为预测到的未来可能会遭遇的风险做准备，还是对过去的扰动做出响应。虽然概念多强调韧性是针对未来的不确定性，但具体实践中对未来的准备是建立在对过去危机事件的学习和经验积累上的。

第四，韧性相关的空间问题。城市通过商品、社会、经济、政治和基础设施网络与周边地区和全球紧密相连，因此城市的韧性需要考虑与更大尺度网络的联系。社会生态系统理论及 Holling 的扰沌模型均表明系统韧性要考虑跨尺度的影响。在现实世界中，局地的韧性可能受到全球变动过程的影响，如全球环境变化和全球经济危机等；同样，局地的变动也可能刺激或加速更大的尺度范围发生变化。不过，虽然考虑城市与更大尺度空间的联系很重要，但在实际案例中，城市韧性的跨尺度影响很少受到重视，通常的城市韧性研究和实践应用都基于划定的城市边界进行。所以，尽管城市韧性的实施肯定会受到空间范围的限制，但至少应该考虑到跨尺度的交互，以及塑造某一空间范围的韧性会给其他空间尺度带来的影响。

第五，韧性的动机。思考研究或提升城市韧性的动机也是一个关键问题。例如，是为了增强城市整体的适应能力，还是为了实现一个特定的目标，或者二者兼而有之；再如，是为了恢复原有状态，还是转向新的轨迹；等等。对这些问题的思考又会对更明确地回答前述 4 个问题产生的影响，因为动机决定了行动。

简言之，当城市韧性理论应用于具体的城市中时，要考虑实际的背景环境、各种潜在的权衡、跨时空尺度的联系等方面的内容，具体会包括针对什么有韧性，关注谁的利益，侧重长期还是短期结果，考虑多大的空间范围，为何要实施韧性等与城市韧性的过程与结果密切相关的重要问题。

2.5.2　韧性城市规划与防灾减灾规划

自然灾害、气候变化、事故灾难、金融危机、流行疾病及恐怖袭击等都是导致城市遭受风险和灾难的不确定性因素，受这些因素影响，城市往往表现出极大的脆弱性。随着各种灾害的不断出现，各国对城市安全问题越来越重视。在人类与灾害共存的历史进程中，人类积累防灾经验，创造减灾智慧，进行了持续的研究与探索。灾害具有的自然与社会双重属性，使得自然科学与社会科学中的多个学科门类参与到防灾减灾的研究中，各国在灾害理论、灾前预防、应急管理、灾后重建等多个方面都进行了大量研究（表 2.4）。

表 2.4　城市灾害韧性特征（李彤玥，2017）

特性	含义
自组织	自组织系统的分布式特征有助于从干扰中恢复。如果受到了破坏，市民和公共管理者能够立即行动起来避免损伤，局部修复功能使系统迅速重组而无须等待来自于中央政府或其他机构的援助，外部的援助往往不及时
冗余性	相似功能组件的可用性及跨越尺度的多样性和功能的复制，确保某一组件或某一层次的能力受损，城市系统功能仍然能够依靠其他层次正常运转
多样性	土地利用模式、生物基础设施、知识和人口结构的多样性确保城市系统存在冗余功能
适应能力与学习能力	城市能够在每次灾害之后及时采取物理性、制度性的调整，以更好地准备应对下一次灾害，"边做边学"，新经验不断被纳入适应能力中，从过去的干扰中学习
独立性	自力更生，系统在受到干扰影响时能够在没有外部支持的情况下保持最小化功能运转
相互依赖性	确保系统作为综合集成网络的一部分，获得其他网络系统的支持
抗扰性	系统抵挡内部和外部冲击，主要功能不受损伤
智慧性	城市规划和决策者能够使用资源，以准备、响应和从可能的破坏中恢复
创造性	城市系统能借助受破坏的机会向更先进的状态过滤，要求城市规划和管理创新
协同性	城市系统应促进利益相关者积极参与决策过程

1. 防灾减灾规划

1）国际防灾减灾规划

美国城市综合防灾规划是以灾害预防、防灾减灾为导向，包括规划过程、风险评估、防灾策略、地方防灾规划的协调、规划实施与监测 5 个方面，规划形成具有动态循环的特点。在日本，防灾规划是与城市规划具有同等地位和法律效力的综合性规划，主要内容由规划总则、灾害预防规划、灾害应急和恢复规划等部分组成。

纽约等代表性韧性城市建设基于对城市未来面临风险的识别，重点考虑和评估低概率巨大影响灾害、新兴灾害、缓发灾害及组合灾害等的影响，进而以城市系统（基础设施、经济、社会和制度）为导向全面提升城市韧性，实现风险综合应对（表 2.5）。

表 2.5　纽约、伦敦和日本发展城市韧性经验教训（邴启亮等，2017）

案例城市/国家	背景	经验要点
纽约	2012 年 11 月，基于应对飓风"桑迪"的经验教训，纽约市出台《纽约适应计划》。2013 年 6 月 11 日，纽约市长发布了《纽约规划：更强大、更有韧性的纽约》	①强化领导和决策机制。组建"纽约长期规划与可持续性办公室"，成立"纽约气候变化城市委员会"。②转变传统灾害评估方法，从战略高度反思城市韧性塑造，采用最新的、精度更高的气候模式，评估纽约 2050 年之前的气候风险及其潜在损失。③确保强大的资金支持。总额高达 129 亿美元的投资项目将在未来 10 多年间逐步落实
伦敦	2011 年 10 月，伦敦市发布《管理风险和增强韧性》，主要应对持续洪水、干旱和极端高温天气	①完善组织机制及相关规划。建构"伦敦气候变化公司协力机制"，并出台《英国气候影响计划》，编制《管理风险和增强韧性》。②提出可操作策略。管理洪水风险，增加公园和绿化，更新改造水和能源设施以适应人口增长，并保有冗余。③推动全民行动。全面发动社会各个组成部分的主动性，提升城市抗灾韧性，并提供集体行动框架
日本	2011 年日本东北部海域发生里氏 9.0 级地震并引发海啸，地震造成日本福岛第一核电站 1~4 号机组发生核泄漏事故	①时代观。东日本大地震发生在日本经济下滑时代，尽管原系统也试图赶上时代的潮流，但巨大的"惯性作用"导致这种转变十分困难。②区域观。出现需求远超应对能力和资源储备的情形，需要跨区域的组织、协作和外部支援，各种资源和生活必需品的流通应在区域层面给予充分考虑。③综合观。灾后重建的机制应当具备综合性，尤其是应对大型灾害，应当在现有机制的基础上，采取综合的统一措施

2）国内防灾减灾规划

（1）研究内容。

国内关于防灾减灾规划的研究重在防灾减灾空间的综合部署，包括防灾减灾规划的层次、内容、空间要素布局方法及规划实施等内容。

从城市防灾减灾规划的整体研究层面来看，研究主要包括防灾减灾规划层次与内容。在规划层次划分上，主要观点认为城市防灾减灾规划分为宏观（机构与制度、灾害风险分析、灾后应急管理）、中观（防灾空间布局）、微观（防灾工程规划）3 个层次。

从城市构成要素的层面来看，城市防灾减灾规划的对象可以按照城市用地分类，也可以按照空间分为地上、地下空间，或是根据防灾规划要求，对防灾疏散通道、避难场所进行规划布局。以上分类方式产生了城市内部的防灾减灾对象，形成了多类型的防灾减灾规划，也造成了规划之间的重叠交互。在已有成果中，城市防灾空间的研究对各类防灾规划对象的整合具有积极意义，成果主要包括城市防灾空间系统规划的内容、程序和原则及空间各构成要素的规划标准。在各类防灾规划对象中，城市公园或绿地系统的研究成果较为丰富，主要从绿地与防灾减灾的关系、防灾公园、绿地避难场所的优化布局 3 个方面进行了研究，其中，避难场所研究侧重场所选址的优化策略、优化模型建构两个方面，适应多灾害、多功能的综合性避难场所的选址与布局成为研究的主要趋势。

（2）发展趋势。

目前防灾减灾规划理念正向城市韧性进行转变，从城市生命健康角度来看待防灾减灾问题，在城市机体受到致灾因子刺激后，快速做出防灾反应行为，并在不断的刺激、反应之后，城市机体自身开始进行自我调整，并从反应行为中学习强化自身能力，实现韧性与安全。

2. 韧性城市规划与传统防灾减灾规划的比较

1）观念转变：从防御到适应

传统的防灾减灾规划遵循的是传统的"工程学思维"，重在工程防御。现行各专业的防灾规范大多基于历史灾害统计数据确定的设防标准来制定，随着近年来快速城市化和极端气候越来越频繁，以及技术的变革与创新，这种工程思维下风险预测的时效性越来越短。尤其近年来地震、排水防涝、消防等防御工程的设计标准与技术规范不断更新修正，城市安全规划将更加倾向于通过持续动态跟踪、监测，预测重点防御对象及高风险区，结合技术进步，提出适应城市安全新常态的防灾减灾措施。

防灾减灾思想的转变，在 2005 年飓风"卡特里娜"灾害发生后更加明显。针对全球气候和环境变化的大背景，特别是在台风、洪涝等极端灾害事件打击下，欧美等发达国家和地区意识到应对灾害风险的重要性，近年来在政策和实践层面积极推动制定基于适应性管理理念的适应性规划。2008 年以来，我国也陆续出台了一系列政策法规，提出适应气候变化的政策与行动。

可见，未来的防灾减灾规划的编制，首先需要转变的是规划观念，从基于传统工程思维的防御规划转向动态风险评估基础上的适应性规划，从减轻灾害向减轻灾害风险转变。

2）技术思路转变：从经验预测到风险评估

传统的防灾减灾规划习惯于运用工程技术标准公式或经验值来测算保障城市未来安全运行的基础设施及安全设施需求。这种传统的防灾减灾规划编制模式的前提是预测未来 10～20 年发展的可能性，并按照相关规范布置好防御措施，特别是工程技术措施。

相较于传统的防灾减灾规划，韧性城市理论下的防灾减灾规划必须进行城市安全风险评估，要对城市的基本要素（如自然条件、地理位置、经济和社会条件等）及安全现状进行分析，从而识别出未来城市可能面临的突发事件和风险，并评估其带来的后果、城市在应对这些突发事件和风险时有何问题，以及这些风险的发展趋势对城市未来发展有何影响等。通过安全风险评估确定城市面临的主要风险并对各种风险进行区域划分，以便提出合理的规划应对措施。因此，城市安全风险评估可以说是整个防灾减灾规划的基础。

3）系统方法转变：从单一防灾到城市公共安全

我国传统的防灾减灾规划考虑的灾种主要是地震、火灾、洪涝、地质灾害及战争威胁，防灾措施主要是工程性措施，如抗震工程、消防工程、防洪工程和人防工程等，防灾管理系统、信息情报系统、物资保障系统及安全教育系统等非工程措施简单空泛，实际可操作性不强，在应对极端天气、传染病、生命线系统灾害、网络安全和恐怖袭击等新的城市风险趋势时显现出较多的不适应性，这对新时期城市安全新常态背景下的防灾减灾规划提出了新的挑战。

韧性城市理论下的防灾减灾规划的研究范围已经拓展到整个城市公共安全，涵盖生产安全、防灾减灾、核安全、火灾爆炸、社会安全、反恐防恐、食品安全及检验检疫等方面。韧性城市要求城市面对灾害和风险时，不光要有减轻灾害影响的能力（工程措施），还要有快速的适应能力和高速的恢复能力。韧性城市的公共安全体系建设，主要是通过预防、控制处理危及城市生存和发展的各类公共安全问题，提高城市应对灾害的能力，改善城市公共安全状况，提高城市生存和可持续发展的安全性，使城市与广大公众在突发事件及灾害面前尽可能做到有效应对。

4）总结

与传统综合防灾减灾规划相比，韧性城市规划的内涵更加丰富，涉及自然、经济、社会等各个领域。而且，更注重通过软硬件相互结合、各部门相互协调，构建多级联动的综合管理平台和多元参与的社会共治模式，进而弥补单个系统各自为营、独立作战的短板和不足。此外，将防灾减灾向后端延伸，提升城市系统受到冲击后回弹、重组、学习、转型等能力，并重视全民参与防灾，智慧学习提升社会系统韧性（表 2.6）。

表 2.6　传统规划与韧性规划的防灾减灾比较

传统规划中的防灾减灾	韧性规划中的防灾减灾
分离元素，独立系统	功能相关，耦合系统
被动防灾，各自为战	主动防灾，协同联动
安全控制的工程领域	功能控制的社会科学和政治经济复合领域
重点领域，被动学习	全民防灾，智慧学习

2.5.3　韧性城市规划与应急体系规划

进入 21 世纪，国际公共安全形势日趋严峻，城市面临的灾害形势从传统的自然灾害、火灾、瘟疫等为主扩大到传统灾害和生命线系统故障、信息安全、恐怖事件等非传统灾害共同影响的情况，加强应急体系建设迫在眉睫。

1. 应急体系规划

总体来说，我国目前的应急体系为"一案三制"，即应急预案、应急法制、应急体制和应急机制。应急预案规定了遇到事情该怎么做，应急法制为应急工作提供法律依据，应急体制规定了应急管理的责任人，应急机制规定了工作是怎么开展的。

根据《国家突发事件应急体系建设"十四五"规划》，应急体系规划的主要任务是：应急管理体制机制更加完善，灾害事故风险防控更加高效，大灾巨灾应对准备更加充分，应急要素资源配置更加优化，共建共治共享体系更加健全。

2. 国际韧性应急体系规划经验借鉴

东京是一个人口密集、经济聚焦程度高的城市，也是世界上举足轻重的一个综合性现代化国际大都市。由于所处的地理位置，东京面临着台风、大城市直下型地震和海沟型地震等自然灾害的危险。针对这些危机，东京建立了更高层次的综合性的危机管理体系，是国际上可供借鉴的典型案例。

1）防灾与危机管理对策指挥部启动和指挥协调

根据国家法律和地方条例等，东京都设立灾害对策本部、应急对策本部、地震灾害警戒本部、震灾恢复本部四个应急指挥部。在东京范围内发生大规模灾害或有发生灾害的危险的情况下，根据《灾害对策基本法》和《东京都灾害对策本部条例》及有关实施规则，东京都采取灾害应急处置活动，进行指挥协调。

2）先期紧急处置机制

先期经济处置及机制包括职员召集制度和职员紧急配备制度。东京都规定成立灾害对策本部后，根据灾情，发出第一级到第五级的紧急配备状态的应对命令，动员各局、地方队长以及本部的职员出动。为了应对在晚上或节假日等非工作时间发生的灾害，东京都建设了灾害对策职员住宅，确保职员能够迅速赶到政府机构进行先期应急处置工作。

3）应急储备物资的供应

根据日本《灾害救助法》第三十七条，东京都必须每年按照前三年地方普通税收额平均值的千分之五作为灾害救助基金进行累积。

4）信息管理与技术支撑系统

由东京都防灾中心与防灾行政无线构成。东京都防灾中心的作用是在地震、风水灾害等各种突发公共危机事件中保护市民的生命和财产，维持城市的功能和中枢设施，确保以都政府为核心的各防灾机构之间的信息联络、信息分析，以及对灾害对策的审议、决定、指示。此外，除了有线系统之外，为了防止在灾害发生后有线通信被中断的问题，东京都拥有防灾行政无线系统。

5）社会参与与演习训练

阪神大地震后，东京都认为要防止灾害的发生和减少灾害损失，必须建立抗御灾害能力强的社会和社区。都政府的基本思路是：以"自己的生命自己保护""自己的城市和市区自己保护"作为防灾的基本理念，在不断加强预防的同时，促进行政、企业、地区和社区（居民）及志愿者团体等的携手合作和相互支援，建立一个在灾害发生时携手互助的社会体系。

6）首都功能安全保障和首都圈区域应急合作

2001年，东京都为了确保首都功能的安全保障，提出了"首都功能安全保障后援方案"。该方案认为：后援首都的功能，不仅在于发生大地震或恐怖事件、突发事故的时候，能够维持国家的中枢功能并对维持和稳定日本的政治和经济作出贡献，而且能够协助国家设立灾害对策总指挥部、派遣救援队伍、调集灾后恢复重建物资、有效适用灾后恢复重建的法律和制定特殊法律，并使这些手续能够顺利地办理，这也有利于整个首都圈的居民。东京都根据该方案，对立法功能、外交功能和金融与经济功能采取措施（顾林生，2005）。

3. 韧性城市规划与应急体系规划比较

韧性城市规划与应急体系规划在时间尺度、规划重点和目标方面均存在差异。应急体系规划是应对灾难即将来临和灾中的阶段，重点在于应急响应和紧急救援；而韧性城市规划则关注平灾的全过程，重点在于提升系统抵御能力、适应性和创新性。应急体系规划的目标是灾害破坏后在最短时间恢复到原始状态，韧性城市规划则关注远期整体韧性，体现了演进和发展的生态思想（表2.7）。

表2.7　韧性城市规划与应急体系规划比较

比较项	韧性城市规划	应急体系规划
重点	提高系统自身抵御能力的同时，全面增强其适应性和创新性	对突发事件的应急响应和紧急救援
目标	在远期提升城市系统的整体韧性，体现了不断演进和发展的生态思想	体现了灾害破坏之后在最短时间内恢复到原始状态的工程思想

相较于传统的城市应急应变系统的评估体系不完善、过度依赖以经验预测为基础的工程防御措施、缺乏协调整合与统筹传导导致低效等缺陷，韧性城市更具系统性、长效性，也更加尊重城市系统的演变规律。

2.5.4　韧性城市与生态安全

1. 生态安全

生态安全有广义和狭义的两种理解。1989 年，美国国际应用系统分析研究所（International Institute for Applied Systems Analysis，IIASA）提出，广义生态安全是指人的生活健康安乐基本权利、生活保障来源、必要的资源、社会秩序和人类适应环境变化的能力等方面不受威胁的状态。包括自然生态安全、经济生态安全和社会生态安全，组成一个复合人工生态安全系统。狭义的生态安全是指自然和半自然生态系统的安全，即生态系统完整性和健康的整体水平反映。

虽然安全概念与风险有紧密联系，但为了更好地体现人类对安全管理和安全预警等方面的主动设计与能动性，本节将生态安全与保障程度相联系，把生态安全定义为人类在生产、生活和健康等方面不受生态破坏与环境污染等影响的保障程度，包括饮用水与食物安全、空气质量与绿色环境等基本要素。

2. 韧性城市与生态安全的关系

联合国减灾署的"让城市更具韧性十大指标体系"将"保护城市的生态系统和自然屏障"作为十大指标之一，反映了生态安全是韧性城市的重要构成要素之一，同时韧性也是城市生态规划目标的重要构成要素之一。

城市生态安全是可持续发展的基础，表现为：生态系统结构、功能和过程对外界干扰的稳定程度，即刚性或者称为底线思维；与之对应的是生境受破坏后恢复平衡的能力，即韧性；生态系统与外界协同进化的能力，即适应性；生态系统内部的自调节自组织能力，即自组织性。四个能力对应着稳定、更新、整合和循环四个维度，与韧性思维殊途同归。韧性城市建设是保障区域生态安全、推动城市可持续发展的重要抓手。

2.5.5　韧性城市与可持续发展

1. 可持续发展

韧性城市与可持续发展有千丝万缕的联系。可持续发展（sustainable development）概念的明确提出，最早可以追溯到 1980 年由世界自然保护联盟（International Union for Conservation of Nature，IUCN）、联合国环境规划署（UNEP）和世界自然基金会（World Wide Fund for Nature，WWF）共同发表的《世界自然资源保护大纲》。1987 年，世界环境与发展委员会（World Commission on Environment and Development，WCED）发表了报告《我们共同的未来》，正式使用了可持续发展概念，并对之做出了比较系统的阐述，产生了广泛的影响。该报告中，可持续发展被定义为：能满足当代人的需要，又不对后代人满足其需要的能力构成危害的发展。1994 年，中国政府编制了《中国 21 世纪议程——中国 21 世纪人口、环境与发展白皮书》，首次把可持续发展战略纳入我国经济和社会发展的长远规划。1997 年党的十五大把可持续发展战略确定为我国现代化建设中必须实施的战略。可持续发展主要包括社会可持续发展、生态可持续发展、经济可持续发展。

2. 韧性城市与可持续发展的关系

从概念上来看，可持续发展城市强调在一个发展过程中维护地球的生命支持系统，以保证当下和未来人类的福利，而韧性则强调社会和生态系统能够吸收特定干扰、风险和压力的能力。从研究框架上来看，二者都涉及了经济、环境、社会、人口健康、基础设施和政策管理等内容，并设置相应监测和评估，但可持续发展更侧重各项内容在时间维度的延续性和资源的永续性，韧性城市则更多评估脆弱度、暴露度、风险的强度以及适应程度等。

Ahern（2011）从本质上探讨了可持续发展和韧性之间的关系，他认为城市韧性应该被视作实现可持续发展的一种新思路。早期的可持续发展采用通过管理手段以控制变化和增长，来实现稳定性的目标。与此相对，韧性城市客观承认了不确定性扰动对城市造成的负面影响，但强调城市整体格局的完整性和功能运行的持续性。韧性思想的提出标志着城市研究者对可持续发展的意义和实现模式有了全新的认知。

3. 小结

韧性城市与可持续发展、生态城市等概念之间的侧重点是不同的，目标导向也略有不同。例如，可持续发展注重强调时间维度，强调一个长期的发展过程；虽然韧性城市也是面向未来的，有短期和长期维度，但韧性城市则更注重问题导向，从识别城市面临的干扰和威胁出发，制定相对应的措施使城市具有自组织、适应能力和变化能力。可以说，几个概念均以可持续发展为导向和最终目标，韧性城市是以一种新的方式思考可持续发展。

主要参考文献

邴启亮, 李鑫, 罗彦. 2017. 韧性城市理论引导下的城市防灾减灾规划探讨. 规划师, 33(8): 12-17

顾林生. 2005. 东京大城市防灾应急管理体系及启示. 防灾技术高等专科学校学报, (2): 5-13

莱斯特·R. 布朗. 1984. 建设一个可持续发展的社会. 祝友三, 等译. 北京: 科学技术文献出版社

李彤玥. 2017. 韧性城市研究新进展. 国际城市规划, (5): 15-25

李彤玥, 牛品一, 顾朝林. 2014. 韧性城市研究框架综述. 城市规划学刊, (5): 23-31

李亚, 翟国方. 2017. 我国城市灾害韧性评估及其提升策略研究. 规划师, 33(8): 5-11

李志刚, 胡洲伟. 2021. 城市韧性研究: 理论、经验与借鉴. 中国名城, 35(11): 1-12

廖桂贤, 林贺佳, 汪洋. 2015. 城市韧性承洪理论——另一种规划实践的基础. 国际城市规划, 30(2): 36-47

缪惠全, 王乃玉, 汪英俊, 等. 2021. 基于灾后恢复过程解析的城市韧性评价体系. 自然灾害学报, 30(1): 10-27

仇保兴. 2018. 基于复杂适应系统理论的韧性城市设计方法及原则. 城市发展研究, 25(10): 1-3

仇保兴. 2021. 迈向韧性城市的十个步骤. 中国名城, 35(1): 1-8

肖翠仙. 2021. 中国城市韧性综合评价研究. 南昌: 江西财经大学博士学位论文

徐耀阳, 李刚, 崔胜辉, 等. 2018. 韧性科学的回顾与展望: 从生态理论到城市实践. 生态学报, 38(15): 5297-5304

100 Resilient Cities. 2015. The City Resilience Framework. (2014-11-01) [2022-01-26]. https://www.rockefellerfoundation. org/report/city-resilience-framework-2/

Adger W N. 2006. Vulnerability. Global Environmental Change, 16(3): 268-281

Ahern J. 2011. From fail-safe to safe-to-fail: sustainability and resilience in the new urban world. Landscape and Urban Planning, 100(4): 341-343

Allan P, Bryant M. 2011. Resilience as a framework for urbanism and recovery. Journal of Landscape Architecture, 6(2): 34-45

BRE. 2020. About QSAND. (2017-05-30) [2022-09-08]. https://www.qsand.org/about-qsand/

Bruneau M, Chang S E, Eguchi R T, et al. 2003. A framework to quantitatively assess and enhance the seismic resilience of communities. Earthquake Spectra, 19(4): 733-752

Bruneau M, Reinhorn A. 2007. Exploring the concept of seismic resilience for acute care facilities. Earthquake

Spectra, 23(1): 41-62

Campanella T J. 2006. Urban resilience and the recovery of new Orleans. Journal of the American Planning Association, 72(2): 141-146

Cutter S L, Burton C G, Emrich C T. 2010. Disaster resilience indicators for benchmarking baseline conditions. Journal of Homeland Security and Emergency Management, 7(1): 51

Desouza K C, Flanery T H. 2013. Designing, planning, and managing resilient cities: a conceptual framework. Cities, 35(6): 89-99

FEMA/NIBS. 2015. Multi-hazard Loss Estimation Methodology Eathquake Model (Hazus-MH 2.1). Washington D. C.: United States Federal Emergency Management Agency

Godschalk D R. 2003. Urban hazard mitigation: creating resilient cities. Natural Hazards Review, 4(3): 136-143

Gunderson L H. 2003. Adaptive dancing: interactions between social resilience and ecological crises//Starzomski, Brian M. Navigating Social-Ecological Systems: Building Resilience for Complexity and Change. Cambridge: Cambridge University Press: 33-52

Holling C S. 1973. Resilience and Stability of Ecological Systems. Annual Review of Ecology and Systematics, 4: 1-23

Holling C S. 1996. Engineering Resilience versus Ecological Resilience//Schulze P E. Engineering Within Ecological Constraints. Washington D. C.: National Academies Press: 31-43

Holling C S, Gunderson L H. 2001. Panarchy: Understanding Transformationin Human and Natural Systems. Washington D. C.: Island Press

ICLEI. 2018. Resilient City. （2019-11-20）[2022-08-18]. https://iclei.org/publication/resilient-cities-thriving-cities-the-evolution- of-urban- resilience/

Jabareen Y. 2013. Planning the resilient city: concepts and strategies for coping with climate change and environmental risk. Cities, 31: 220-229

Jha A K, Miner T W, Stanton-Geddes Z. 2013. Building Urban Resilience: Principles, Tools, and Practice. Washington D. C.: World Bank Publications

Liao K H. 2012. A theory on urban resilience to floods—a basis for alternative planning practices. Ecology and Society, 17(4): 48

McCarthy N. 1998. Linking social and ecological systems: management practices and social mechanisms for building resilience. Agricultural Economics, 24(2): 230-233

McHarg. 1968. Design with Nature. New York: The Natural History Press

Meerow S, Newell J P, Stults M. 2016. Defining urban resilience: a review. Landscape and Urban Planning, 147: 38-49

OECD. 2018. Resilient Cities. [2022-08-16]. https: //www.oecd.org/regional/resilient-cities.htm

Soga K, Wu R, Zhao B, et al. 2021. City-scale multi-infrastructure network resilience simulation tool. Berkeley: University of California

SPUR. 2009. Defining resilience: what sanfrancisco needs from its seismic mitigation policies.The Resilient City: Defining What San Francisco Needs from its Seismic Mitigation Policies (eeri.org). [2022-09-07]

Star Communities. 2020. Certified Star Communities. [2022-08-27]. http://www.starcommunities.org/certification/certified-star-communities/

Walker B, Holling C S, Carpenter S R, et al. 2004. Resilience, adaptability and transformability in social-ecological systems. Ecology and Society, 9(2): 5

Wang C H, Blackmore J M. 2009. Resilience concepts for water resource systems. Journal of Water Resources Planning and Management, 135(6): 528-536

Wildavsky A B. 1988. Searching for Safety. Somerset: Transaction Publishers

World Bank. 2015. City strength diagnostic: methodological guidebook. CityStrength Diagnostic, (5): 1-194

第3章 城市韧性研究框架及评估体系

3.1 城市韧性的发展阶段与研究尺度

3.1.1 城市韧性的发展阶段

1. 城市韧性的三个阶段

Chelleri 等（2015）在文章《韧性权衡：解决城市韧性的多个时空尺度》（*Resilience Trade-Offs：Addressing Multiple Scales And Temporal Aspects Of Urban Resilience*）中，将城市的韧性分为短期、中期和长期三个阶段。Chelleri 认为社会生态系统的韧性并不会完全消除系统的脆弱性（vulnerabilities），但通过改变系统资源和能力的配置，系统的脆弱性便可以跟随空间和时间的改变而改变，所以时间尺度会影响韧性，从而为不同的发展模式开启了机会的窗口（图 3.1）。

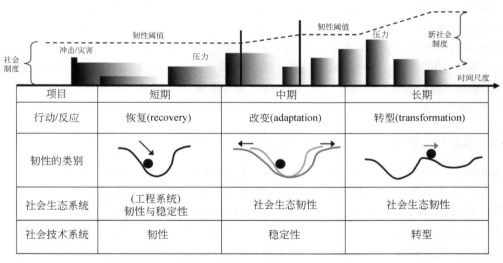

图 3.1 城市韧性的三个阶段：短期、中期和长期（Chelleri et al.，2015）

Chelleri 用图 3.1 打了一个比方，城市就像在道路上运动的小球，灾害就像路上的坑，灾害越严重，坑就越深、越大。而小球从坑里滚出来——即城市从灾害里走出来、恢复正常运作的过程中所展现出的能力，就是韧性。因此从时间的维度来看，韧性可以分成以下三个阶段。

1）第一阶段：恢复

在灾难来临的短期范围内，人们注重的是系统恢复，如果城市系统脆弱而且灾害严重，这个"坑"就很深，城市就可能被困在这个"坑"里走不出来。

恢复阶段的长短主要与城市遭受的冲击以及工程系统的韧性有关。当（内部或外部的）

冲击或灾害发生后，城市的应急救援部门将行动，使城市面对后续的冲击可以得到缓解或适应。同时引导城市向韧性的第二阶段转变，在这个过程中，韧性的第三阶段也会从中产生。

2）第二阶段：改变

在恢复过程中，需要及时检查城市系统的弱点，针对当前的灾害进行适应性的调整，使城市能更加适应潜在的灾害。从图 3.1 来看，就是针对性地把"坑"改小一点，这样城市就不会在灾害中受到过于剧烈的冲击，也便于其更快地从灾害中恢复。

第二阶段本质上是城市针对实际或预期的冲击的调整过程，确保城市各部门在整体系统中维持正常运转。这个阶段的城市中会产生多种不同的重组和重建过程，并逐渐与第三阶段的结构转型过程相重叠。

3）第三阶段：转型

从长远来看，为了抵御下一次冲击，城市需要的是根本性的改变，并学会与灾害共存。用图示语言来解释的话，就是随着城市系统本身的茁壮成长（经历了第一、第二阶段），相同规模的灾害能给城市挖的"坑"就不足为惧，那么城市正常运转所遭受的干扰也就大大降低。

第三阶段意味着系统基本属性的改变，这将会在城市中产生新的制度，这种长期的过渡包含着关键且复杂的社会政治选择，通常出现在城市所遭受的冲击已经接近韧性危险阈值的时候。这种长期的、复杂的过程是社会、经济和政治向可持续发展的缓慢转变，其目的是减轻在冲击下旧的制度所带来的压力（previous regime stresses）。

同时 Chelleri 还认识到，第二阶段和第三阶段的观点存在重叠，以及第一阶段背后的多维性与不确定性，因此必须认识到基于图 3.1 的短期、中期和长期阶段的韧性观点，有时是相互冲突的。这表明：①在构建城市韧性时，需要关注多个时间尺度；②城市韧性是对多尺度多维度方法的平衡与管理，包括使每个方法背后的权力、利益和惯性能够共存。

城市韧性的构建是一个复杂的长期过程，涉及经济、社会和环境的可持续发展层面。Chelleri 总结了构建城市韧性的三个要点：城市资源配置的长期性、注重从一个阶段到下一个阶段的重组和创新，以及不断学习的过程。

Box 3.1　洛伦佐·切莱里 (Lorenzo Chelleri)

Lorenzo Chelleri 博士是城市韧性研究网络（Urban Resilience Research Network，URNet）的主席。他的研究方向是城市韧性和可持续性之间的复杂关系，特别关注如今城市韧性的规范性应用，以及城市韧性的社会、环境或空间和时间方面的权衡。他在欧洲环境署工作时，于墨西哥、玻利维亚、摩洛哥等国家及欧洲和亚洲开展了案例研究。他关于城市韧性的工作被国际环境与发展研究所（International Institute for Environment and Development，IIED）授予奖项，为城市韧性理论的发展做出了众多贡献。

3.1.2　城市韧性的研究框架

尽管学术界已经意识到城市韧性研究的重要意义，但如何系统地认知城市韧性却一直是学术界争论的难点议题。国外机构、国际组织根据不同的研究目标对城市韧性进行评估，构建了许多城市韧性研究框架，分别针对城市系统、自然灾害、气候变化、能源系统、社区韧性等（李彤玥等，2014）。

其中最具代表性的是世界银行在一份有关城市韧性建设的报告《建设城市韧性：世界银行

集团发展经验的评估（2007—2017 年）》（*Building Urban Resilience：An Evaluation of the World Bank Group's Evolving Experience，2007-2017*）中总结了其在过去十年里在全球推广的城市韧性建设思维和方法。报告沿用了图 3.1 所采用的阶段划分，并在此基础上稍加修正。

在城市系统层面上，报告使用了图 3.2 的框架来评估世界银行在一段连续的发展阶段内建设城市韧性的成果，这段时间内的韧性包括以下阶段。

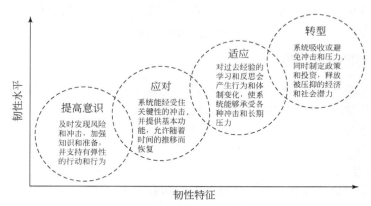

图 3.2　城市系统层面的韧性框架

Box 3.2　　《建设城市韧性：世界银行集团发展经验的评估（2007—2017 年）》

世界银行在其 2017 年的公司战略文件中将"加强韧性"列为减少极端贫困和促进共同繁荣这两个目标的关键因素，报告研究并总结了世界银行 2007～2017 年在建设城市韧性项目方面的经验，为今后建设城市抗灾能力的工作提供参考。

该报告审查了世界银行的全球业务（社会、城市、农村、韧性、交通、水资源等）和其在 235 个城市/地区开展的项目，以评估它们如何整合韧性的特征，并分析世界银行在城市韧性相关项目中业务方法的演变。审查项目组合包括城市供水和卫生设施、洪水和干旱、住房和非正规住区、城市改造、城市交通及城市道路和公路等。

韧性在不同发展阶段还有一个很重要的议题，就是和可持续性之间的关系。Tendall 等（2015）在文章《粮食系统韧性：概念定义》（*Food System Resilience：Defining the Concept*）中对此作出了一个比较干脆清晰的解释：韧性本身是一种系统自我修复能力，而自我修复能力有助于可持续发展，可持续发展过程中也包含了维持这样的修复能力，即韧性的可持续性，所以这两者是相辅相成的关系（图 3.3）。

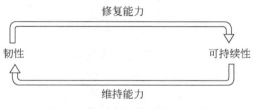

图 3.3　韧性与可持续性的关系

Tendall 等的观点说明韧性在受到干扰的情况下，仍有能力保持系统继续运行，因此构成了实现可持续性的一个重要部分，可持续性是衡量系统性能的标准，而韧性可以被看作实现可持续性的一种手段。

综上所述，在时间维度，可以把韧性分成五个阶段，在不同的阶段建设韧性的侧重点不同。在灾害来临之前，我们要提高灾害意识，完善准备；在灾害中，要强调协作，保护最核心的城市功能；在恢复过程中，要提高包容性，强调社会平等；在适应性调整过程中，要学会反思和学习，并加以改变；最后要从制度和行为这两方面，实现根本的转变，从而提高系统的韧性维持能力和冗余度，把韧性提高到更高的一个层次。

3.1.3　城市韧性的研究尺度

和韧性发展阶段中采用的时间段方法不同，在城市韧性研究尺度，最重要的分析方法是空间尺度。同一件事物，在不同的尺度下进行观测，结果会随之变化，韧性也同样如此。可以将韧性空间划分为国际、城市、社区三个研究尺度。

1. 国际尺度

城市韧性早已经是一个国际性的话题。包括联合国和世界银行在内的多个国际组织都在积极推动韧性相关项目的开展。在世界气象组织和联合国环境规划属下的政府间气候变化专门委员会（Intergovernmental Panel on Climate Change，IPCC）发布的有关全球气候变化的报告（AR5 版本）中，把"关于城市如何在气候变化中保持韧性"的讨论放在了第一部分，即国际部分。全世界一半以上的人口居住在城市中，城市是全球经济文化活动的核心区，但也是碳排放的核心区。因此，城市应对气候变化所做的努力是全球气候韧性成功的关键，将城市韧性提高到国际层面来讨论具有重要意义。

洛克菲勒基金会在 2013 年发起了一个雄心勃勃的全球"100 韧性城市"计划，该计划在全球范围内选取了 100 个样板城市，帮助它们建设韧性城市。该基金会资助城市设立一个总韧性规划师的职位，并提供相应的技术支持、知识支持及财政支持，同时提供了一个共同交流平台定期举办研讨会，帮助这些城市来相互交流经验。这个计划及相关的一些项目活动大大推动了韧性理念在全球范围内的传播。其设立的城市韧性评估框架也被广泛接受，并用于指导实践。许多受灾害困扰的城市在此计划的支持下，完成了韧性评估、韧性规划，并启动了许多具体的项目。

2. 城市尺度

城市是城市韧性建设的主战场。城市韧性是指城市系统在经历外部或内部的压力或损伤后，依旧能在整体系统上保持城市基本功能的正常运转的能力，包括经济社会的稳定、对居民生命和财产的保护，以及快速恢复和完善防护的能力。

韧性一般是对整个城市系统而言，而这个城市系统通常不是人们所熟知的城市行政区范围，而是包含了整个城市的服务和功能圈，也就是说为城市提供基本功能和服务的圈层。例如，城市需要能源供给、交通物流等，包含这些服务和功能的圈层对于城市韧性的构建非常重要，尽管这和城市的行政区划不一致，但在具体规划过程中也需要把它们考虑进来。因此城市韧性的规划往往需要跨越行政的限制。同样的情况也会发生在为城市提供食品和副产品的乡村，特别是在灾害期间，食品的供应是非常重要的，所以在讨论韧性的时候，城乡一体化这个概念会经常被提及。还有一个概念是城市生态区，这个概念是由生态学家 Forman（2014）提出的，即在城市周边有一个为城市提供基本生态功能服务（包括水、土壤、空气等）的圈层。

3. 社区尺度

社区是一个非常重要的尺度。在面临灾害的时候，社区往往是应对灾害的首要且基本的单元，尤其是在城市系统功能遭到破坏的时候，社区的韧性和社区的功能就会变得极其重要。长期韧性的实现和行为与生活的改变，也都需要在社区尺度来完成实现。

以中国台湾明兴里社区为例，它位于山区，非常容易遭受地震、滑坡及山洪等自然灾害的威胁，所以该社区长期以来非常重视普及防灾救灾的相关知识。而且社区不仅重视如何应对灾害、如何从灾害中恢复，也非常致力于长期的韧性建设，例如，设立山区保护区，在保护区中的人行步道旁边布置牌子来介绍保护自然植被和河道对于社区防灾的重要性。通过日常散步或者锻炼，居民就可以从中学到一些有关韧性的知识，从而更加愿意为韧性建设提供自己的力量。因为很多灾害紧急集合点是学校，这个社区就将学校作为重要的教育平台进行韧性知识普及，例如，建设了社区的三维模型来讲解可能发生的灾害类型、过程等，从小学阶段开始长期丰富居民的防灾救灾知识。

3.2 城市韧性指数及其应用

3.2.1 城市韧性的支柱

"韧性支柱"这一概念最早由"可持续性发展"延伸发展而来，在可持续性发展研究中，经济、社会和环境被广泛认为是可持续性的三大支柱，因而在韧性的相关研究中，也常使用"支柱"这一表达，并加以新的含义。

2018 年，经济合作与发展组织（OECD）提出了一整套衡量城市韧性的方法，其基础即"韧性四大支柱"，具体包括经济、社会、政府管理能力和环境 4 个维度（图 3.4）。OECD 是由 38 个市场经济国家组成的政府间国际经济组织，旨在共同应对全球化带来的经济、社会和政府管理能力等方面的挑战，并把握全球化带来的机遇。因而在确立衡量城市韧性体系时，OECD 在原有社会、经济、环境三大支柱基础上，新增了"政府管理能力"；更加注重城市社会、经济情况，如国内生产总值（gross domestic product，GDP）增长率、失业率，以及政府管理能力

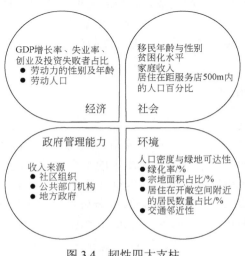

图 3.4 韧性四大支柱

中的收入来源等；设立环境指标时，也以人口密度和绿地可达性的关系为重，对生态质量的关注就较弱。

美国芝加哥市在《韧性芝加哥：包容性增长和互联城市计划》韧性评估报告中，则采用图 3.5 所示的决策金字塔模式构筑韧性评估和建设的金字塔。顶端是愿景层，即最重要的理想；其下是韧性的三大支柱：茁壮的邻里单位、可靠强大的基础设施及完备的社区，作为决策的战略参考；之下是 12 个目标，每个支柱都有对应的 4 个目标；最后是行动层面，包括 50 项具体的行动。

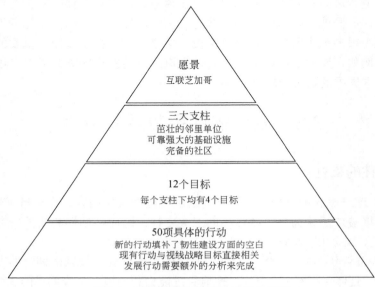

图 3.5　芝加哥韧性建设的决策金字塔

Box 3.3　韧性城市指标 (indicators for resilient cities)

Lorena 等在 OECD 区域发展工作文件中讨论了使用指标来加强和监测城市韧性的方法。同时，为监测城市在韧性提升方面的进展，政府应使用衡量韧性的指标对实施成效进行评估。文章分析了不同类型的指标，并对其使用背景进行探讨；此外，针对政府如何根据政策优先事项选择合适的指标提出解决方案，并为在更广泛的治理框架内有效使用指标制定指导方针。

3.2.2　城市韧性指数的框架

1. 城市韧性指数的提出

城市韧性的衡量、评价需要通过"衡量体系"来完成。该体系需具备全面、共同的衡量基础，能够适用于大部分城市，而非个别城市中的某个系统；此外，该体系需包含一系列可衡量、可循证、易于获取的指标，便于评估者进行系统深入的定性与定量评价。

基于上述条件，2014 年 4 月，洛克菲勒基金会与奥雅纳（Arup）集团联合开发了一种可访问、可循证的城市韧性指数（city resilient index，CRI），并提出城市韧性框架（city resilient framework，CRF），旨在帮助城市了解、衡量并提升其面对冲击时承受适应和转变的能力。

2. 城市韧性指数的框架

城市韧性指数（CRI）包括"健康与福祉"（个人）、"经济与社会"（组织）、"基础设施与生态系统"（地方）、"领导力与策略"（知识）4 个维度。每个维度分别对应 3 个目标，如"基础设施与生态系统"维度对应"可靠的机动性和通信"、"有效提供关键性服务"及"减少暴露并降低脆弱性"。对目标进行详细分解，共包含 52 个指标，上述维度、目标与指标共同构成城市韧性指数的基本框架（图 3.6）。

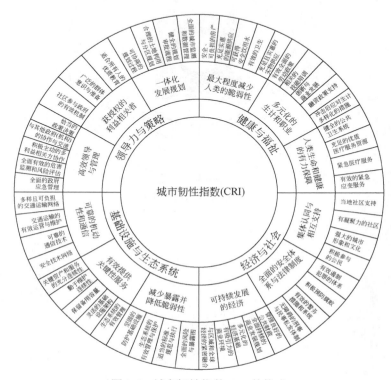

图 3.6　城市韧性指数 CRI 的构成

3. 指标体系与城市特征

韧性城市具有整合性、包容性、反省性、资源富余、坚固性、冗余性、灵活性七大特征，与城市韧性指数（CRI）框架体系中的具体目标相对应（图 3.7）。灰色部分代表特征与各指标间的相关性。

其中，整合性和包容性是各系统的普遍目标，而反省性、资源富余、坚固性、冗余性与灵活性则应作为特定系统的针对性目标。例如，"多元化的生计和职业"对应包容性、资源富余和整合性，表明政府在韧性城市建设中，应兼顾各个群体的利益需求，整合优势资源，为市民提供充足的就业岗位。

3.2.3　城市韧性指数的评估过程

1. 评估的定性与定量

基于 3.2.2 节所述维度、目标与指标，评估者可分别通过 3 个定性或定量问题对每个指标实际情况进行详细的评估与统计（图 3.8）。若评估标准为定性问题，需列出该城市评估区域的"最佳情况"与"最坏情况"，以 1~5 分的线性范围评分；若为定量问题，则需基于标准化的韧性城市绩效等级，以 1~5 分的线性范围评分。

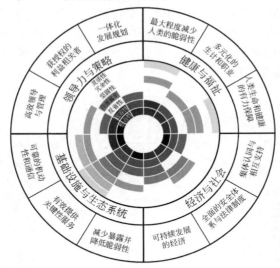

图 3.7　指标体系与城市特征

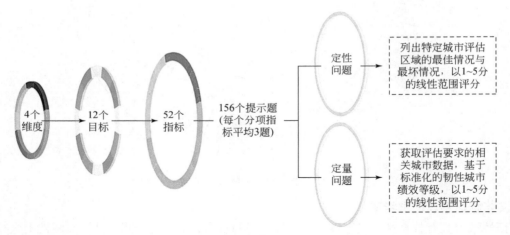

图 3.8　测量与评估基础

　　例如，评估"城市中的家庭和企业针对城市高风险灾害的保险配备情况"。定性问题中，将"最佳情况"设定为"已明确保险的配备情况，并采取相应措施，鼓励所有家庭和企业为城市未来灾害配备相应的保险"；将"最坏情况"设定为"绝大多数家庭和企业未配备且无法负担保险，政府没有充裕、灵活的资金弥补重大冲击事件可能造成的损失"。定量问题则使用具体数值百分比进行测定，如城市建筑中"高风险危害保险"的投保比率。

2. 城市韧性指数评估结果

　　城市韧性指数评估结果示例如图 3.9 所示。其中，各目标得分为定性或定量问题得分均值，即指标仪表板上各项的综合得分。深色代表最佳，浅色代表最坏。通过上述框架指标体系，可以明确每个目标的现状情况，并以此诊断、衡量韧性城市建设中的优势和存在的问题，确立未来发展目标，并通过后续过程中的多次评估，监测、比较城市韧性建设的长期成效。

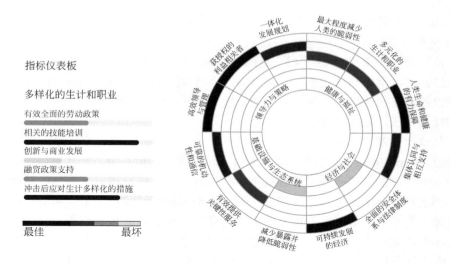

图 3.9　城市韧性指数评估结果示例

3.2.4　城市韧性指数在"100 韧性城市"项目中的应用

1. "100 韧性城市"项目的评估建设流程

1)"100 韧性城市"项目的发起

2013 年 5 月，美国洛克菲勒基金会发起全球"100 韧性城市"（100RC）项目，旨在构建一个全球性的韧性城市联盟，帮助更多城市建立韧性能力，以应对城市未来的自然、经济和社会挑战。"100 韧性城市"框架为城市提供了一个理解其复杂性及韧性驱动因子的视角，通过该框架，各个城市能够评估自身的韧性水平，识别主要的薄弱领域，设计行动和项目，提升城市韧性，并在实践中不断修正方法和工具。同时，该框架以统一的结构和指标衡量城市韧性，也为各个城市提供了一个对比分析、分享知识和经验的平台。

2)"100 韧性城市"项目的经验中心

从 2013 年发起到 2019 年结束，7 年时间中，"100 韧性城市"项目提出了 50 多项整体韧性战略，1800 多项具体行动和倡议，其建设成效惠及了全球五分之一以上的人口，旨在世界范围内建立互利的"经验中心"。

"100 韧性城市"项目为入选的 100 个城市准备了大量的共享经费资助，用于项目启动、人才培养、课题研究等工作。召集近百家全球顶尖、知名企业及金融机构成为其合作伙伴，为入选城市提供人才、技术、信息和资金服务。

3)"100 韧性城市"项目的关键路径与韧性建设流程

"100 韧性城市"项目的韧性建设与单个城市相比，有着其不可替代的优势，即以下三条关键实施路径。

（1）建立以首席韧性官（chief resilient officer，CRO）为纽带的参与式项目管理模式。CRO是市长或首席执行官的高级顾问，基于自身专业领域，使用评估工具评估城市风险，并在上任两年内提交正式的城市韧性战略和实施计划，宣传、交流和分享韧性城市建设经验。

（2）搭建具有技术服务功能和沟通对接功能的城市对接服务平台。

（3）提供旨在帮助城市进行韧性技术创新的战略指导，培养韧性思维与治理方式相融合的工作模式，并提供可供交流、学习与协作的成员城市网络。

4）"100 韧性城市"项目韧性建设流程

"100 韧性城市"项目韧性建设流程包括三个阶段：第一阶段为城市定位与议程安排研讨，包含宣布伙伴关系、议程安排研讨会及任命 CRO；第二阶段为韧性建设流程的核心步骤——韧性战略过程，包括启动韧性战略、初步韧性评估（preliminary resilience assessment，PRA）与领域探索和发布韧性战略；第三阶段为韧性方案的实施、制度化、监控（衡量）及沟通。

2. CRI 应用于"韧性开普敦"

1）"韧性开普敦"之风险辨识

开普敦（Cape Town）是南非的立法首都、南非议会的所在地。开普敦居民中多数为有色混血人种，多族裔的聚居赋予了开普敦丰富的民族文化，同时引发了强烈的种族冲突与族裔歧视。长期的种族隔离对城市空间形态、社会结构和经济结构产生了负面影响，导致城市运营成本高昂、管理效率低下。城市基本服务及住房、健康、教育、交通、社会、文化资源的分配极其不均，贫困人口大多居住在远离经济和就业中心的边缘地带，这些脆弱程度较高的区域，也成为社会暴力冲突事件的聚集地，城市谋杀案件的发生率逐年攀升。韧性缺乏导致的社会问题同时反映在失业与非正式经济方面，青年人群失业率高涨，城市生产总值无法脱离对非正式经济的依赖。频频发生的野火、高温与卫生系统灾害，也成为城市面临的韧性挑战之一。

2）CRI 评估过程

开普敦自 2016 年 5 月入选"100 韧性城市"以来，已先后完成第一与第二阶段的各项任务，从 2019 年 4 月起，开始城市韧性战略的实施、监控与评估。

3）CRI 定性与定量评估

开普敦的初步韧性评估（PRA）结果主要包含定量与定性评估两部分。定性评估显示，城市主要风险在于"公民权益表达"和"经济发展与法律体系建设"，由此引发暴力冲突、失业、药物滥用、贫困等问题，如图 3.10（a）所示。定量评估显示，城市面临的风险包括"生计和职业""缺乏社会凝聚力"等，这些风险进一步加剧了社会犯罪、暴力、种族歧视，如图 3.10（b）所示。上述城市风险的治理被纳入开普敦韧性建设的主要目标。

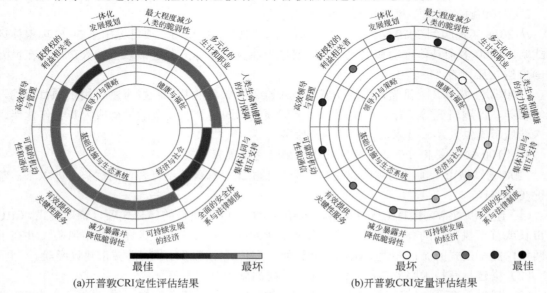

(a)开普敦CRI定性评估结果　　　　　　(b)开普敦CRI定量评估结果

图 3.10　CRI 定性与定量评估

4）开普敦的韧性目标及策略

基于评估结果，开普敦提出"社会凝聚力""财政韧性""将韧性纳入城市决策""知识管理与数据"4 条关键路径，并提出 4 个相应的建设目标，包括建立连接且适应气候的城市、建立富有同情心且整体健康的城市、建立有能力且能创造就业机会的城市和共同为灾害做好准备的城市。"韧性开普敦"代表性实践案例见表 3.1。

表 3.1　"韧性开普敦"代表性实践案例（根据 Resilient Cape Town：Preliminary Resilience Assessment 修改）

关键路径	行动	时间	问题诊断	目的	策略	韧性特征
社会凝聚力	开普敦开放街道计划	2013 年至今	缺乏社会凝聚力	改变人们使用、感知、亲近街道的方式	将街道塑造成为人们聚会、交流和玩耍的地方	反省性、资源富余、包容性、整合性
	西开普敦经济发展伙伴关系	2012 年至今	失业；缺乏社会凝聚力	借助"合作协同"提高区域经济系统效能	知识共享，区域协作，互学互通	资源富余、坚固性、灵活性、包容性、整合性
财政韧性	企业项目联合管理	2015 年至今	经济危机	有效分配现有资源，提升服务水平	向企业管理者提供决策支持、筛选、评估和意见咨询	灵活性、冗余性、整合性
将韧性纳入城市决策	绿色债券	2017 年至今	高失业率；贫困；干旱	资助与气候适应相关的项目	发行 1.11 亿美元的"绿色债券"，通过鼓励绿色产品投资为韧性建设募集资金	反省性、坚固性、资源富余
	战略管理框架	2017 年至今	经济危机；政府财政收入不稳定	促进战略、方案、项目和预算之间的整合	提供每周和每日计划，帮助整合所有与战略及金融产品开发的活动	反省性、灵活性、资源富余、整合性
知识管理与数据	综合风险管理政策	2016 年重新修订	经济危机	协助管理部门管理城市各项风险	建立制度化的城市风险管理程序，合理管控城市风险和各项建设行为	反省性、冗余性、整合性
	数据资源共享	2015 年至今	高失业率；贫困	通过数据共享，促进数据的使用，提高管理服务的流程透明度	建立开放数据平台，成立专门的数据指导委员会，统一审查和批准	坚固性、灵活性、资源富余
	加入全球城市数据库	2016 年至今	高失业率；贫困	帮助开普敦加入世界城市数据理事会（World Council on City Data，WCCD）	向 WCCD 开放数据门户提供城市第三方验证数据，协助城市与城市间的比较	灵活性、资源富余、整合性

此外，针对抗灾城市建设，开普敦组织开展了"冬季准备计划"，并出台"家庭备灾指南"，旨在建立洪涝高风险地区（尤其是非正式居民点）的韧性，以及火灾、暴雨、核安全韧性。创立应急物资发放的民间组织，对家庭进行应急指导。通过上述举措，城市对紧急情况的应对能力得到有效提升。

3. 中国韧性样本的实践

近年来，我国各级政府和部门、城市建设规划等领域的工作者，在提高城市抵抗灾害能力、保持城市持续发展的工作实践中，开始逐步接触、认识了韧性城市的有关理论。同时，国内城市科学领域的学者也越来越关注韧性城市的理论研究工作。

2011 年 8 月 12 日，在四川成都召开的"第二届世界城市科学发展论坛"和"首届防灾减灾市长峰会"上，包括成都在内的 10 个城市共同加入"让城市更具韧性"运动，讨论并通过《成都行动宣言》，这是我国城市建设中首次提到"韧性"概念。

在此背景下，自 2014 年以来，我国先后有 4 个城市跻身全球"100 韧性城市"项目（湖北黄石、四川德阳、浙江义乌和浙江海盐）。其中，中国城市和小城镇改革发展中心（China

Center for Urban Development，CCUD）作为"100 韧性城市"项目的战略合作伙伴，负责中国试点城市韧性城市战略编制的全程跟踪及技术指导，全力支持试点申报工作，同时，国家发展和改革委员会也在全国开展韧性城市试点工作。

1）四川德阳韧性城市建设实践

德阳位于成都平原东北部，是成渝经济区重要区域中心城市和成都经济区重要增长极。由于境内河流众多，地形起伏，且处于青藏高原地震区，在韧性城市建设方面，德阳市面临最主要的挑战为洪水的威胁及地震活动，此外，还包括经济转型、洪水和滑坡、环境污染等。2016 年，全球"100 韧性城市"德阳项目正式启动，其在韧性建设方面采取的主要措施包括：①坚持集约发展，切实保护土地；②重视环境保护，促进持续发展；③科学保护利用，合理开发资源；④加强治理修复，保护生态环境（邱爱军等，2019）。

德阳市以制度为突破口，推进生态文明建设，从在全省率先试点开展环境污染责任保险到建立实施主要污染物总量指标管理制度，从建立实施重点流域水质超标扣罚制度到建立跨区域城市饮用水源保护合作机制，德阳生态文明体制改革正在全面推进。

2）湖北黄石韧性城市建设实践

黄石位于湖北东南部、长江中游南岸，是武汉城市圈副中心城市、华中地区重要的原材料工业基地。作为我国重要的矿冶城市和原材料工业基地，黄石经历了先有矿山后有城市、先生产后生活的城市发展过程。该市面临的主要挑战为：矿业和工业的发展引发的空气和水污染、污染减排和治理、土壤修复及自然资源的保护。此外，还包括雨季洪水、滑坡问题、危废处置、自然资源消耗及环境退化等。

2014 年 12 月 3 日，黄石成功成为全球"100 韧性城市"（第二批）35 个城市之一。在此基础上，2015 年 11 月，黄石成功加入全球"100 韧性城市"的"10%韧性承诺"（即城市承诺把每年全市预算的 10%用来支持已制定的韧性建设目标和活动）计划，获得全球"100 韧性城市"总部无偿支持的价值 500 万美元的物资或服务，主要用于韧性城市规划、项目建设、人才培训和技术援助等方面。同年 11 月，在墨西哥城召开的全球"首席韧性官峰会"上，黄石积极向全球"100 韧性城市"总部、其他"100 韧性城市"同行及来自全球各地的策略伙伴和平台伙伴推介了黄石推进韧性城市建设的初步计划与设想，得到各方的肯定与认同。他们认为黄石的"城市韧性建设推进速度超越了大多数第二轮入选的会员城市，并在加速赶超第一轮入选的会员城市"。同时，在目前我国已入选全球"100 韧性城市"的 4 个城市中，黄石也是最早成功申报、行动最快、建设成效显著的（卢文超和李琳，2016）。

3）韧性城市战略体制机制创新的保障

韧性城市建设工作具有创新性、综合性和参与性的特点，城市在应用韧性城市理论方法的过程中需要进行体制机制创新，才能确保韧性城市战略的质量和实施效果。

（1）建立了以首席韧性官（CRO）为纽带的参与式项目管理模式。

城市需要指定或聘请具有较强协调能力的人士担任韧性城市建设项目的负责人，以创新的管理机制，建立权威的领导团队，带领城市实施韧性城市建设。一是设立全球"100 韧性城市"首席韧性官 CRO；成立韧性城市项目办公室，对韧性城市项目工作人员及城市主要利益相关方进行培训，使各方对韧性城市战略制定流程、角色及职责形成清晰的认识。二是宣传韧性理念。由于韧性城市理念和思维属于新生事物，CRO 要定期接受"100 韧性城市"项目培训，并借助报纸、网络、微信等媒体平台，在城市各个层面宣传，推广韧性理念，让韧性城市理念成为指导城市规划、建设的重要理念。三是提升韧性城市国际交流能力。CRO 通过参加"100 韧性城市"项目不定期举办的线上线下项目研讨会和经验分享会等活动，与全球试点城市、战略合作伙伴和平台伙伴就韧性城市战略编制、提高城市韧性策略方法等进行沟通，分享本市在韧性建设方面的经验，学习全球其他"100 韧性城市"城市的经验。

（2）搭建了帮助城市对接外部资源服务平台。

城市可借助"100 韧性城市"平台有效利用各类咨询技术服务单位的公益作用，吸收可为城市提供韧性建设的咨询、技术服务及投融资服务的单位，包括企业、大学、非政府组织等加入韧性城市建设公共平台，"100 韧性城市"平台具有技术服务功能，在战略编制阶段，可为试点城市提供技术分析方法和工具的培训、咨询服务，帮助试点城市更好地理解、运用工具和方法。"100 韧性城市"平台具有沟通对接功能，为项目、技术和投融资落实提供对接渠道，在战略实施阶段，平台伙伴可根据城市韧性战略确定的重点领域，结合自身业务专长与试点城市进行对接，提供相应的技术咨询、资金和项目支持等服务。例如，德阳市在"100 韧性城市"平台上，与世界银行韧性城市项目进行了对接，向国外投融资机构推介了德阳市水环境治理项目，寻求融资支持。

（3）提供了旨在帮助城市进行韧性技术创新的战略指导。

韧性城市建设过程中，需要专业团队为首席韧性官和地方政府提供战略建议和指导。"100 韧性城市"建立了战略合作伙伴机制，一是协助城市进行项目管理和技术咨询。为试点城市提供咨询服务，协助试点城市编制韧性战略。二是支持城市能力建设。对试点城市项目人员进行专项培训，包括改进项目执行效率的项目管理培训，组织韧性城市知识分享活动的技能培训。三是指导城市建立与战略伙伴、平台伙伴之间高效沟通、成功合作的机制。

由于全球"100 韧性城市"项目经济投入成本过高，且韧性城市评价模型与洛克菲勒基金会的目标存在分异，全球"100 韧性城市"项目已于 2019 年暂停。接下来，洛克菲勒基金会将专注于量化投资对城市居民个人生活水平的影响，以更具概念性的方式思考金融、韧性和包容性经济的新方法。

主要参考文献

李彤玥, 牛品一, 顾朝林. 2014. 韧性城市研究框架综述. 城市规划学刊, (5):23-31

卢文超, 李琳. 2016. 黄石市韧性城市建设的调查与思考. 城市, 11: 28-33

纽, 希尔翁戈, 刘伟. 2019. 塑造适应气候变化的水智慧型城市——南非开普敦干旱的经验与教训. 景观设计学, 7(3): 94-99

邱爱军, 白玮, 关婧. 2019. 全球 100 韧性城市战略编制方法探索与创新——以四川省德阳市为例. 城市发展研究, 26(2): 38-44, 73

Chelleri L, Waters J J,Olazabal M, et al. 2015. Resilience trade-offs: addressing multiple scales and temporal aspects of urban resilience. Environment and Urbanization, 27 (1): 181-198

Forman R T T. 2014. Urban Ecology: Science of Cities. Cambridge: Cambridge University Press

IPCC. 2014. Climate change 2014: impacts, adaptation, and vulnerability. [2021-06-21]. https: //www.ipcc.ch/report/ar5/wg2/

Master City Resilience. 2020.Where did 100 resilient cities go? Understanding the (evolution of) rockefeller foundation urban resilience program. （2020-04-20）[2022-02-20]. https: //masterurbanresilience.com/where-did-100-resilient- cities-go- understanding-the-evolution-of-rockefeller-foundation-urban-resilience-program/

Tendall D, Joerin J, Kopainsky B, et al. 2015. Food system resilience: defining the concept. Global Food Security, 6: 17-23

World Bank. 2019. Building urban resilience: an evaluation of the World Bank Group's evolving experience (2007-2017). (2019-10-02) [2021-06-25]. https: //ieg.worldbankgroup.org/evaluations/urban-resilience

100RC. 2019. Resilient cities, resilient lives: learning from the 100RC network. （2019-08-05）[2022-1-23]. https://preparecenter.org/resource/resilient-cities-resilient-lives-learning-from-the-100rc-network/

第 4 章　韧性城市生态规划的理论基础

4.1　复杂系统理论

4.1.1　从简单性到复杂性

1. 简单性是早期科学追求的最高目标

长久以来，简单性一直是个古老而朴素的信条，是科学追求的最高目标。这种信念以世界统一、和谐的思想形式，以直观、猜测、朴素的表达方式反映了当时人们对自然界中客观存在的简单性的认识。牛顿把简单性作为科学信条，试图从物理三大定律出发演绎出自然界的一切运动规律。爱因斯坦也推崇简单性，不惜花费后半生的全部精力去研究统一场论，试图把万有引力与电磁相互作用统一起来（黄欣荣，2005）。可以说，简单性是近代科学研究的重要传统和发展动力之一。在这数百年，人们一直把简单性思想作为主导思想，努力探究的是物质构成的简单性、运动规律的简单性和科学方法的简单性，并且在实践中取得了惊人的成就（吴彤，2000）。

2. 简单性面临的挑战

随着生产力的不断发展及生产的社会化程度的不断提高，简单性思想越来越表现出它的局限性与不足，不能适应科学与社会发展的实际需要。

在生物领域，达尔文的进化论揭示出生物世界是从简单生物逐渐演化，通过竞争和选择，走向了一个更加有序、更加高级、更加丰富多样的生物世界。对物理世界的简单性追求与生机勃勃的生物世界显然是相矛盾的。在医学领域，疾病不仅存在于简单的个体，也同样存在于复杂的社区，局部的、孤立的和"线性"的治疗方法，可能会引起负面的协同效应。医生必须避免线性思维可能作出的不正确的诊断。此外，在经济学、历史学等其他许多学科领域内，简单性思想也遇到挑战。以整体的观点看世界已成了一种不可阻挡的潮流，这股潮流最终把复杂性思想推上了科学舞台（黄欣荣，2005）。

3. 复杂性科学的诞生

随着系统科学、信息论、控制论、耗散结构论、协同论、突变论等理论的相继诞生，人们对事物的复杂性的认识越来越多，从而将关注的焦点由实体转向关系、从组分转向结构、从孤立的因果关系转向相互作用的因果关系。总之，人们重视的是部分与整体之间的辩证关系。于是，人们的认识开始从平衡态到非平衡态、从简单到复杂、从有序到无序、从线性到非线性、从组织到自组织推进，形成了"复杂性科学"这个当代科学中最具革命性的前沿学科（滕军红，2003）。

4.1.2　复杂性的定义

美国 *Science* 杂志在 1999 年的专刊"复杂性研究"上刊登了 8 篇复杂性的文章。美国

Emergence 杂志于 2001 年第 3 卷第 1 期专门探讨了"什么是复杂性科学"的问题，该期共发表了 9 篇论文，从多个方面解读复杂性科学。

美国人工生命之父 Christopher Langton 把复杂性理解为混沌边缘，他认为对计算机来说，只有在有序和混沌状态之间的相变阶段（即混沌边缘）才可以完成复杂计算的规则。

Bak 等（1987）则把复杂性理解为自组织临界性。自组织临界性指的是一类开放的、动力学的、远离平衡态的、由多个单元组成的方向系统能够通过一个漫长的自组织过程演化到一个临界态，处于临界态的一个微小的局部扰动可能会通过类似"多米诺效应"的机制被放大，其效应可能会延伸到整个系统，形成一个大的雪崩。

在中国，钱学森、颜泽贤、苗东升、吴彤和陈忠等学者也对复杂性进行了定义。

钱学森是国内最早接触复杂性理论的学者之一（钱学森等，1988；于景元，1992），他认为复杂性可概括为：①系统的子系统间可以有各种方式的通信；②子系统的种类多，各有其定性模型；③各子系统中的知识表达不同，以各种方式获取知识；④系统中子系统的结构随着系统的演变会有变化，所以系统的结构是不断改变的。

颜泽贤（1993）在其《复杂系统演化论》一书中对复杂性定义如下：①复杂性是客观事物的一种属性；②复杂性是客观事物层次之间的一种跨越；③复杂性是客观事物跨越层次的不能用传统的科学理论直接还原的相互作用。

吴彤（2001）提出了"客观复杂性"的概念，包括三个方面：结构复杂性、边界复杂性、运动复杂性。同时他指出客观复杂性具有不稳定性、多连通性、非集中控制性、不可分解性、涌现性和进化能力的多样性。

4.1.3　复杂系统的概念和特征

1. 复杂系统的概念

复杂系统都是相对于简单系统而言的。复杂系统指由许多可能相互作用的组成成分所组成的系统、系统的元素或子系统相互作用、相互依存。作为复杂系统中的个体，一般应具有一定的智能性，如社会经济系统中的人、生态系统中的动植物等，但这些个体都可以根据自身所处的部分环境通过自己的规则进行智能的判断或决策。地球的全球气候、生物、人脑、社会和经济的组织（如城市）、一个生态系统、一个活细胞，以及最终的整个宇宙都是复杂系统。

目前国内外尚未形成关于复杂系统的统一定义。宋学锋（2003）将国外学者对复杂系统的定义总结为 6 种：①复杂系统就是混沌系统；②复杂系统是具有自适应能力的演化系统；③复杂系统是包含多个行为主体、具有层次结构的系统；④复杂系统是包含反馈环的系统；⑤复杂系统是任何人不能用传统理论与方法解释其行为的系统；⑥复杂系统是动态非线性系统。

钱学森等（1990）提出"开放的复杂巨系统"概念：根据组成子系统及子系统种类的多少和它们之间的关联关系的复杂程度，可把系统分为简单系统和巨系统两大类。简单系统是指组成系统的子系统比较少，它们之间的关系比较单纯。某些非生命系统，如一台机器，就是一个小系统。如果子系统数量相对较多（如几十、上百），如一个工厂，则可称为大系统。但无论是小系统还是大系统，研究这类简单系统都可以从子系统相互之间的作用出发。

若子系统数量非常大（如成千上万、上百亿、万亿），则称为巨系统。若巨系统中的子系统种类不太多（几种、几十种），且它们之间关联关系又比较简单，就称为简单巨系统。耗散结构理论和协同论就是研究简单巨系统的理论。

如果子系统种类很多并且有层次结构，它们之间的关联关系又很复杂，这就是复杂巨系统。如果这个系统又是开放的，就称为开放的复杂巨系统。如生物体系统、地理系统（包括生态系统）、社会系统、星系系统等，它们又有包含、嵌套的关系。

2. 复杂系统的特征

虽然目前对于复杂系统尚未形成统一的定义，但是可以通过复杂系统的一般特征或特性来界定复杂系统。通过对国内外不同学者研究的总结，复杂系统的特征可以归纳为以下几点（表 4.1）。

表 4.1　复杂系统的特征

特征	描述	举例
涌现性	一种从低层次到高层次、从局部到整体、从微观到宏观的变化，它强调个体之间的相互作用。正是这种相互作用才导致具有一定功能特征和目的性行为的整体特性的出现，整体的宏观特性才不同于元素本身的性质	如人类通过相互间的买卖和贸易来满足自己的物质需要，从而创建了市场这个无处不见的涌现结构
自组织	一个系统在内在机制的驱动下，自行从简单向复杂、从粗糙向细致方向发展，不断地提高自身的复杂度和精细度	如社会自组织现象。在正式组织（如政府）管理空白的领域，社会人会自发形成的规范、有序的系统
适应性	复杂系统中的成员被称为有适应性的主体，它能够与环境及其他主体进行交互作用。主体在这种持续不断的交互作用的过程中，不断地"学习"或者"积累经验"，并且根据学习到的经验改变自身结构和行为方式	如人体的适应性免疫系统，可以针对特定的威胁，学习如何对身体已经接触过的病毒或细菌发起精确的攻击
非线性	个体之间相互影响不是简单的、被动的、单向的因果关系，而是主动的适应关系。以往的历史会留下痕迹，以往的经验会影响将来的行为	如胚胎发育中的突变现象和心脏的波动
混沌性	确定的宏观的非线性系统在一定条件下所呈现的不确定的或不可预测的随机现象	如蝴蝶效应：一只南美洲亚马孙河流域热带雨林中的蝴蝶，偶尔扇动几下翅膀，可以在两周以后引起美国得克萨斯州的一场龙卷风
开放性	系统与超系统间一直存在着相互作用，这些相互作用包括物料、能量、信息的相互传递与转化	如经济系统的边界很难划定，它不断受到政治、科技甚至气候的影响

4.1.4　复杂系统理论的发展历程

纵观国内外历史，不难发现整体性、系统性的思维也一直存在。例如，亚里士多德曾说过的"整体大于部分之和"、我国古代的《易经》中的阴阳、《孙子兵法》中的战略思想和《吕氏春秋》中的天地人合一说等都体现了"系统"的思维（成思危，1999）。但是直接提出系统的概念并从一般意义上去探求系统的属性与规律，典型代表是老三论，即系统论、控制论和信息论。系统论、控制论和信息论构成了一般意义上的系统适应外部环境并维持自身稳定的一整套理论依据，因此也统称为"一般系统理论"。一般系统理论打破了还原论的统治地位，为科学研究提供了全新的系统视角，为工程领域的自动化与稳定控制提供了理论依据。此三论奠定了后续系统科学研究的基础，开启了系统科学研究的新思潮。这一时期可以认为是复杂系统理论的萌芽阶段（表 4.2）。

1. 20 世纪 20～60 年代——萌芽阶段

1）系统论

系统的概念源于人类认识世界、改造自然的长期实践。但是直到 20 世纪 40 年代，系统概念和内涵才逐步具体化，并开始得到广泛应用。1937 年，Bertalanffy 首次把系统定义为"相互作用的诸要素的综合体"，1945 年又在《德国哲学周刊》上发表了"关于一般系统论"的论文。该论文不仅催生了"系统"概念的形成，同时也推动了系统科学理论的发展，系统科学理论开始研究系统的层次性、整体性、动态性、开闭性及系统中体现的"关系"和"目标"等，系统科学从此也开始得到了学界的高度重视（王翠霞，2014）。

表 4.2　复杂系统理论的发展阶段

发展历程	时间	代表理论	代表性观点
萌芽阶段	20 世纪 20～60 年代	系统论、信息论、控制论	不同因素之间的相互作用所造成的影响不等于因素本身作用相加
形成阶段	20 世纪 60～70 年代	耗散结构理论、协同论、突变论、超循环理论	复杂系统内会通过各个要素的相互影响，自发和自主地从无序形成有序，从混乱中产生规则，从简单因素中产生复杂性
发展阶段	20 世纪 80 年代至今	分形理论、自组织临界性理论、复杂适应系统理论、复杂网络理论	整体的变化根源都可以归结为个体行为规律的变化，这种个体与环境间主动交互所造成的变化可以用"适应"来概括

2）信息论

信息论的起源早于系统论，并经历了四个阶段性发展：①概念形成期，公认的"信息"概念源于 Carson（1962）提出的边带法则（bandwidth rule）；②概念发展期，Hartley（1928）提出信息是脱离载体的属性，即"信息是符号、代码序列而不是内容本身"，成为激活信息技术的导火索；③信息论的突破阶段，Shannon（1948）在发表的"通信的数学理论"一文中首次提出了信息（非物质对象）的度量公式，标志着信息论的成熟；④信息论的扩散阶段，信息论的研究成果为控制论和计算机技术发展起到了很好的理论基础作用，拓展了信息论的应用价值。

3）控制论

控制论的发展得益于信息论的发展和成熟。美国数学家 Wiener（1948）出版的《控制论：或关于在动物和机器中控制和通信的科学》奠定了控制论的理论基础，并确定了控制论在线性系统下的基本模型。控制论从诞生以后，反馈控制、系统识别和鲁棒控制等理论与技术发展并驾齐驱，获得了快速发展，并很快被移植应用到经济、管理、社会等工程技术以外的诸多领域。

2. 20 世纪 60～70 年代——形成阶段

新三论（耗散结构论、协同论和突变论）与超循环理论等自组织理论是这个阶段的代表性成果，解决的是系统在生命周期时间尺度内的动态演化问题，标志着复杂性研究在自组织理论方面已经取得了比较明确的成果。

1）耗散结构理论

Prigogine 等（1969）在对物理-化学系统的动力学实验的基础上提出了耗散结构理论。耗散结构理论的研究对象是一个非平衡状态的开放系统。该开放系统与外界环境不断进行能量与物质的交换，当达到一个阈值时系统就很有可能从以前的无序状态演变成有序状态。耗散结构理论在自组织理论体系中的最大贡献就是提出系统实现自组织需要具备的条件，包括开放系统、远离平衡态、非线性作用、涨落、突变等，其中最重要的三个条件是开放系统、远离平衡态、非线性作用（王翠霞，2014）。

2）协同论

协同论由德国科学家 Haken（1969）提出。他发现原子发出的光完全是混乱和无序的，但是在激光系统的控制参数达到某个阈值时，大量原子会形成高度有序的辐射状态，并关联起来成为激光。协同的作用就是使复杂系统成为有序的系统，并产生巨大的正能量。协同论将系统变量分为快变量与慢变量，并发现了"慢变量主宰着系统演化发展进程和结果"的役使原理；在阈值条件下这个慢变量就成为序变量，其他变量则成为役使变量。

3）突变论

突变论由法国数学家 Thom（1975）在《结构稳定性和形态发生学》一书中最早提出。突变论考察的是一个系统从一种稳定态到另一种稳定态的跃迁过程。突变论研究首先重新界定"突变"，突变论指出系统处于认为自然界和人类社会的质变现象是通过飞跃和渐变两种方式实现的。如果质变过程经历的中间过渡态是不稳定结构，则是飞跃方式；如果质变过程经历的中间过渡态是稳定结构，则是渐进方式（吴冠岑，2008）。

4）超循环理论

超循环理论由德国科学家 Manfred Eigen 提出。他认为生命信息的来源是一个采取超循环形式的分子自组织过程，他把生物化学中的循环现象分为不同的层次：第一个层次是转化反应循环，在整体上它是个自我再生过程；第二个层次称为催化反应循环，在整体上它是个自我复制过程；第三个层次就是超循环（hypercycle），超循环是指催化循环在功能上循环耦合联系起来的循环，即催化超循环。

3. 20 世纪 80 年代至今——发展阶段

这是复杂性科学真正诞生的时代，分形理论、自组织临界性理论、复杂适应系统理论、复杂网络理论是这一阶段的代表性成果。复杂系统科学的出现带来了科学范式和科学方法的变革，自 1999 年开始，*Science* 和 *Nature* 等杂志连续阐述复杂系统科学在各领域的意义和价值。2021 年的诺贝尔物理学奖和经济学奖分别颁发给了研究复杂系统的三名科学家和提出"因果关系分析方法论"的两名科学家，说明发展复杂系统科学已经成为时代需求。

1）分形理论

"分形"（fractal）一词最早由美国数学家 Mandelbrot（1967）在《英国的海岸线有多长》中提出，为复杂科学的发展奠定了理论基础。分形理论认为，自然界中存在的一切事物具有多样化的尺度层级，在部分与整体间存在着自相似的特征。作为由分形理论派生出的几何语言，分形几何以简单的数学概念为起点，用数学语言来表达自然界中复杂且不规则的形态，与传统的欧氏几何相比，分形几何能打破传统的局限性，进而探究复杂形态背后的生成逻辑（李博宇，2022）。

2）自组织临界性理论

自组织临界性（self-organization criticality）概念由丹麦科学家 Bak 等（1987）提出。自组织临界性理论主要研究的是复杂自组织系统的形成和演化机制，即系统在受到外界环境影响时，如何自动地由无序态走向有序态，由低级有序态走向高级有序态（张宇栋，2013）。自组织临界性理论指的是一类开放的、动力学的、远离平衡态的、由多个单元组成的复杂系统能够通过一个漫长的自组织过程演化到一个临界态，处于临界态的一个微小的局域扰动可能会通过类似"多米诺效应"的机制被放大，其效应可能会延伸到整个系统。自组织临界性理论成功解释了包含千千万万个发生短相互作用的时空复杂系统的行为特征，已经广泛应用于森林火灾、岩土力学、宇宙起源、社会经济、地震科学、太阳耀斑等研究领域（高召宁，2008）。

　　3）复杂适应系统理论

　　1984 年，圣塔菲研究所（Santa Fe Institute）的成立让复杂系统科学成为一门专门的学科，极大地促进了复杂性系统科学的发展。圣塔菲研究所把计算机作为从事复杂性研究的最基本工具，用计算机模拟相互关联的繁杂网络，并引入了复杂适应系统的概念。复杂适应系统成为当前复杂系统研究的热点之一。

　　4）复杂网络理论

　　自然界中存在的大量复杂系统都可以通过形形色色的网络加以描述。一个典型的网络是由许多节点与连接两个节点之间的一些边组成的，其中节点用来代表真实系统中不同的个体，而边则用来表示个体之间的关系。网络系统的复杂性主要体现在三个方面：首先，网络的结构非常复杂，对网络节点间的连接，至今仍没有很清晰的概念；其次，网络是不断演化的，网络节点不断地增加，节点之间的连接在不断地增长，而且连接之间存在着多样性；最后，网络的动力学具有复杂性，每个节点本身可以是非线性系统，具有分岔和混沌等非线性动力学行为而且在不停地变化。

4.2　适应性理论

4.2.1　适应性概念

　　"适应"一词在《现代汉语词典》中解释为"适合客观条件或需要"。可见，具备了此种"适应性"特征的事物，其存在与发展状态及基本特性必然与所处客观环境条件和某种需求吻合。适应性是指个体在生活环境中，随环境的限制或者变化而能作适当的反应，使自身与环境仍保持和谐状态。适应性包含着自组织的问题，强调系统的整体性和稳定性（叶蔚冬，2015），包含三个基本组成成分：①个体；②环境（情境）；③改变。适应性可以推广为一种看待复杂事物、寻求内部规律的观点。复杂的事物往往不是单一存在的，它们通常与多方面同时产生着密切联系，并且相互作用、相互影响，发展的结果将达成一种相互适应的平衡状态。这体现为复杂性事物在系统的环境中所反映出的一种积极互动和主动适应的过程（陈宇韬，2017）。

4.2.2　适应性循环

1. 理论内涵

　　适应性循环（adaptive cycle）被认为是揭示大多数社会-生态系统发展演化规律的理论（郁中山，2022）。最初由奥地利经济学家 Joseph Schumpeter 提出并分析经济繁荣与衰退的周期变化。后来生态学家 Holling（2001）将这一概念移植于生态系统，用以阐释生态系统演替的规律。包括了四个阶段（图 4.1）：快速生长（r）、稳定守恒（k）、释放（Ω）和重组（α）。

　　快速生长阶段（r）：典型的适应性循环始于此阶段。在快速生长阶段，系统中机会充足，有充分的资源供开发，系统获得快速增长。此时系统内部联系并不紧密，内部调节很微弱。

　　稳定守恒阶段（k）：生长阶段后，系统通常会进入一段较长时期的稳定守恒阶段。系统在这一阶段继续发展，能量、物质等缓慢地积累存储，系统各部分间的联系日益增强，系统具有较强的保护能力。稳定守恒阶段又可以分为前、中、后三个时期。前、中期时，系统发展稳定，因此是系统积累固化资源的重要时期。随着越来越多的资源被固化，系统便到了稳定守恒阶段后期，系统的弹性显著下降，并且系统发展也趋向放缓甚至停滞。稳定守恒阶段后期对系统而言是一个危机四伏的阶段。

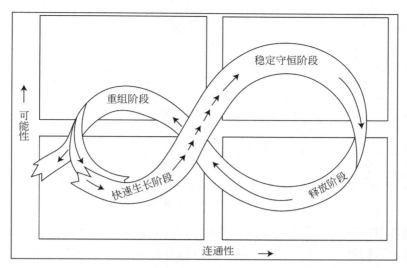

图 4.1　适应性循环的四个阶段（Gunderson and Holling，2002）

释放阶段（Ω）：在释放阶段，原系统的结构、功能、反馈等被打破，系统各部分间联系减弱或断裂，系统调节控制能力也相应减弱。而那些原先紧密连接在一起的被固化的资源、资本则有所释放，重新溢出，为重组提供了基础。在该阶段，系统通常处于无序状态。

重组阶段（α）：一些新生力量加入到系统之中，与原先的参与者合作与竞争。系统发展方向呈现出很大的随机性，一个微小的偶然事件都可能成为缔造系统未来的因素。但一旦系统竞争决出胜负，获胜的参与者便掌握了系统控制权，由此获得发展机会和更多资源，快速生长。新的循环周期又得以开启。这一循环可能仅仅只是上一个循环的简单重复（如内卷），也可能进入一种新的"高级"态势，还可能后退回到一种更"落后"的态势（如返贫）。

2. 维度特征

适应性循环理论运用潜力（potential）、连通度（connectedness）和韧性（resilience）三个维度分别指代系统自身特质、组分交互作用及整体恢复稳态的能力，三者由局部至整体，综合表征了系统的发展情况。

潜力：系统所积累的财富和资本，即各组成单元及其整体的发展状态，如自然生态系统积累的养分和物种，社会及经济系统具有的人口、资金、技术等。

连通度：系统内部各组成部分之间交互作用的程度，即各子系统在单位时间内相互转化的数量情况，如经济、社会、自然等系统在外力作用下呈现此消彼长的状态，三者之间具有一定程度的能量、信息的流通与互换。

韧性：系统在受到冲击后维持整体功能、结构的能力，可以通过单元及整体的运行状态表征其整体结构有序性及与功能匹配度，如系统各单元的发展情况及其组织方式等（周燨文，2021）。

3. 内在机制

适应性循环由两个半环组成，即快速生长阶段（r）和稳定守恒阶段（k）组成正向循环，释放阶段（Ω）和重组阶段（α）组成逆向循环（图 4.2）。

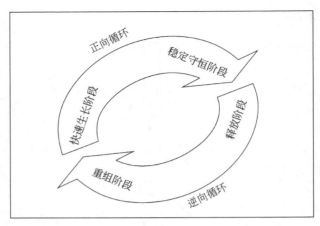

图 4.2　正向循环和逆向循环（Walker and Salt，2006）

在正向循环中，系统的连通度和稳定性增加，营养物质和生物量缓慢积累，生物之间的竞争过程导致少数物种成为优势种，系统多样性残存在少数零散的斑块之中。此时的系统发展基本上是确定的、可预测的。

逆向循环则是不确定和不可预测的，发生了一种"创造性毁灭"。以往的研究将注意力集中在了正向循环的过程之上，忽视了逆向循环。但是，逆向循环恰恰是最具可能对系统进行毁灭性和创造性改变的阶段，无论是深思熟虑的或是武断鲁莽的人类活动都会在这一时期对系统产生巨大的影响。

4.2.3　扰沌

扰沌（panarchy）是适应性循环的多尺度和跨尺度效应。Holling 在层次结构（hierachies）（Simon，1973）的基础上提出了"扰沌"概念。扰沌是描述复杂适应性系统进化本质的术语（Holling and Gunderson，2002），提供了跨尺度的联结模式，是嵌套在适应性循环中的层次（hierachy）（Walker et al.，2004）。

扰沌运用系统性方法去解释和理解生态系统的动态变化及层次结构。扰沌在不同层次和不同阶段的系统中会存在两类联系，反抗（revolt）和记忆（remember）（图 4.3）。小的低层次的快的循环在反向循环重组时可能影响大的高层次的慢的循环称为"反抗"，这种影响导致创新的产生和保持（Holling，2001）；与此同时大的高层次的慢的循环在组织性整合时可以控制小的低层次的慢的循环称为"记忆"，影响低层次循环系统动态韧性。

记忆和反抗使得适应性循环得以重复。扰沌为不同尺度层面上复杂性系统的演化提供了一个理论性框架，刻画了系统跨层次间的相互作用，并能很好地描述系统动态演化过程中时间上的可持续性（秦会艳，2019）。

4.2.4　适应性管理

1. 适应性管理理论

适应性管理是在充分考虑生态系统不确定性、复杂性与时滞性的基础上（Pahl-Wostl et al.，2007），区别于传统静态、单一的被动防御型的管理模式，倾向于采用动态、多元的主动控制型的管理方法，在不断学习和获取新知的过程中，通过不断改进管理政策，推进管理实践的

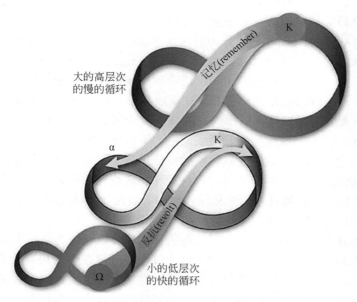

大的高层次
的慢的循环

小的低层次
的快的循环

图 4.3　扰沌模型（Gunderson and Holling，2002）

系统化过程（Nyberg，1998）。其基本思想源于 20 世纪 70 年代，由 Holling（1978）和 Walters（1986）提出，核心理论为复杂适应系统理论，强调系统中个体的适应性造就整体的复杂性，系统之间具有自身特性的个体与其他个体及与环境进行交互作用的机制是系统演进的根本动力和内在原因。

　　不同学者从不同角度对适应性管理的概念进行了界定，有代表性的如表 4.3 所示。可以得知适应性管理在概念内涵的理解上存在一些共性特征：首先，适应性管理的核心特征为对管理过程的持续学习与实验，从对自然资源管理政策和实践的结果中不断学习获得新知识，或是从精心设计和严格执行的管理实验方案中获取信息反馈。其次，适应性管理以常识、经验、实验和监测为基础，集合设计、管理和监测、检验假设等全过程，且该过程通过不断调整、循环迭代，以实现决策最优。最后，适应性管理主要应对随环境状况不断变化、具有较高不确定性及难以控制和理解的资源管理问题，通过综合情景规划与最优控制的管理策略，可以提高资源管理适应能力。

表 4.3　不同学者对于适应性管理概念的界定（范雪怡，2018）

学者	适应性管理含义
Holling（1978）	在韧性理论的基础上，认为适应性管理作为一种探知系统动态与韧性的方法，通过强化学习与减少不确定性，以实现管理的可持续
Walters（1986）	适应性管理通过监测系统模型的动态变化、设计实验来确定假设和验证预判，将过程经验优化学习，识别资源变化中的不确定性，以制度设计调整资源管理策略
Lee（1993，1999）	适应性管理是将有利的自然用途看作一项实验，从政策执行的实验中获取新知识
Walters（1997）	适应性管理是一个"做中学"的有组织的进程，将现存各学科之间的实践经验和科学信息共同整合到动态模型中，试图对选择方案的影响因素进行预测分析
Forest Service in Victoria of Canada（1993）	适应性管理是一个从方案实施的结果中获得知识，不断完善管理政策和实践的系统过程
Oram 等（2010）	适应性管理是环境影响不确定时，资源管理者反复改进管理方法的过程

2. 适应性管理研究的新趋势——适应性规划

适应性规划（adaptive planning）作为适应性管理过程的先导，基于现状问题分析与条件评估，以协商一致为原则，综合社会、经济、文化、资源与环境等多个方面，以此制定可实现的适应性管理目标，在设计执行方案和推进管理实践的过程中能够随着认识的提高不断作出灵活性的调整，适应性规划是适应性管理在实践学习（learning-by-doing）这一理念指导下的具体体现，是管理效果得以良好发挥的关键与基础（Wilgen and Biggs，2011）。传统"安全防御"的规划模式，在应对气候变化、洪水危机、不可抗性的突发事件等方面的干扰时往往存在被动性与滞后性，而以往城市建成环境的设计过程又因对自然空间生态保护的忽视与缺失，使得城市空间缺乏可持续性和韧性，一旦遭遇非常规性的破坏，城市系统将面临难以修复的危机。适应性规划过程通过主动性与预判性的实验设计，对城市空间进行生态化的营造，使其具备"安全无忧"的应对能力。

生态系统服务作为衡量城市生态空间效益的评判载体，可作为评价城市环境中利于适应性目标实现的非生物的、生物的和文化的功能和过程。通常在规划初期首先确立渴望实现的生态系统服务目标，一般需要同时结合公众意愿、经济气候及地方城市发展条件等，利用创新性的空间理念来设计不同目标导向下的绿地空间格局。将生态系统服务进行空间化的定量分析，能够以可视化的形式来反映生态空间的产品与服务的供给能力，以及从供给区域到使用区域的空间流动效应。这种供需互动关系在空间层面上的特征表达，是分析影响规划成效与实现适应性目标的重要基础。

4.2.5　复杂适应系统理论

1. 复杂适应系统理论的概念

复杂适应系统（CAS）理论包括微观和宏观两个方面。在微观方面，CAS 理论的最基本概念是具有适应能力和主动的个体，简称主体（agent），这种主体在与环境的交互作用中遵循一般的刺激–反应模型。适应能力表现在它能够根据行为的效果修改自己的行为规则，以便更好地在客观环境中生存。在宏观方面，由这样的主体组成的系统，将在主体之间及主体与环境的相互作用中发展，表现出宏观系统中的分化、涌现等种种复杂的演化过程（刘奕，2009）。

适应性主体（adaptive agent）是 CAS 理论最基本的概念。主体是随着不断的交互作用而不断进化的，其特点是：一能"学习"，二会"成长"，在 CAS 中，所有个体都处于一个共同的大环境中，但各自又根据它周围的局部小环境，并行地、独立地进行适应性学习和演化。在环境中演化着的个体，为了生存的需要，不断地调整自己的行为，修改自身的规则，以求更好地适应环境。大量适应性个体在环境中的各种行为又反过来不断地影响和改变着环境，动态变化的环境则以一种"约束"的形式对个体的行为产生影响，如此反复，个体和环境就处于一种永不停止的相互作用、相互影响、相互进化的过程之中（吴晓军，2005）。这是 CAS 生成复杂动态模式的一个主要根源。

CAS 理论的核心思想——"适应性造就复杂性"，具有十分重要的认识论意义，是人们在系统运动和演化规律的认识方面的一个飞跃。表现在：①主体的概念把个体的适应性提高到了系统进化的基本动因的位置，成为研究与考察宏观演化现象的出发点。个体适应的程度决定了整个系统行为的复杂性程度，复杂性正是在个体之间主动交往、相互作用的过程中形成和产生的。②CAS 理论发展了系统科学中强调的相互作用的思想，认为个体与环境、个体与个体之间的相互作用是系统演变和进化的主要动力。③通过主体和环境的相互作用，个体的变化成为整个系统变化的基础，从而把宏观和微观有机地联系了起来，提供了区别于统计方法的新思路。④使用遗传算法来处理随机因素的作用，使 CAS 理论具有更强的描述和表达能力，提供了模拟生态、经济、社会等复杂系统的巨大潜力（撒力，2005）。

2. 复杂适应系统理论的特征

围绕主体这个核心概念，Holland 进一步提出了研究复杂适应系统演化过程的 7 个基本要点，即聚集（aggregation）、非线性（non-linearity）、流（flows）、多样性（diversity）、标识（tag）、内部模型（internal models）、积木（building blocks）。

聚集：包含两层含义，一方面是相似事物的分门别类，另一方面是较为简单的主体相互作用的聚集。通过聚集，相似特性的事物集中到一起，由较为简单的主体发展为高级的主体，主体再聚集几次，产生层次组织。

非线性：数学中的线性函数表达的是线性关系，复杂适应系统理论中的主体间不是简单的单向关系，个体或者子系统属性发生变化或者相互作用时，并非线性关系。

流：抽象地指代了物质资源实体与非物质信息、能量的流动及其通路，是 CAS 的一个重要特性，是系统间作用的传递，传递的速度影响系统的演化（陈小燕，2006）。

多样性：在复杂适应系统中多样性是一种动态适应、演化与发展的结果与特征。

标识：是主体在环境中进行信息的搜索、接受、传递交换具体实现的机制。通过标识来区分系统的特点，可以有效地实现相互选择（Holland，1996）。

内部模型：是主体行为过程中起到预测与决策作用的关键机制，是系统间互动的规则，有隐式和显式内部模型，隐式内部模型靠显式内部模型来保障，显式内部模型靠隐式内部模型来实现（刘春成，2017）。

积木：是可拆分的子系统，积木间互动形成更高层次的系统模型（刘春成，2017）。使用积木把一个复杂事物拆分成若干部分，或将若干部分组合成新的事物（Holland，1996）。

4.3　生态系统服务理论

绿色基础设施（green infrastructure，GI）的概念最早于 1999 年由美国保护基金会和农业部森林管理局组织的"GI 工作组"提出，该小组将绿色基础设施定义为"自然生命支撑系统"。绿色基础设施的框架突破了传统生态保护的局限性，并以此物质空间载体为基础，为社会、生态系统提供全面、可持续的生态系统服务。生态系统服务水平能在一定程度上反映城市抵御和适应外界的冲击，保持其主要特征和功能不受明显影响的能力，因此是城市韧度的重要指标之一。

4.3.1　生态系统服务概述

1. 生态系统服务的提出

在学者提出生态系统服务（ecosystem service，ES）概念以前，人们就通过生产实践意识到自然生态系统的具体功能虽然可以被人工替代，但在其规模尺度上仍然无法替代。

1864 年，Marsh 提出资源的有限性，人类赖以生存的空气、水和各种矿物能源都是大自然赐予人类的宝贵财富，生态系统为人类的生存与发展提供着重要的功能。1949 年，Leopold 通过深入分析生态系统的结构和功能，首次提出生态系统的不可替代性。

1962 年，《寂静的春天》（*Silent Spring*）揭示了人类生存环境所面临的深刻危机，从而引发生态系统与人类关系的研究热潮（Carson，1962）。1970 年,《人类对全球环境的影响报告》（*Study of Critical Environmental Problem*，SCEP）首次使用"生态系统服务"（ecosystem service）一词，将"环境服务"作为生态系统提供给人类的具体功能，对全球生态系统服务研究具有里程碑式的意义。

1974 年，Holdren 和 Ehrlich 进一步把"环境服务"展开为"全球环境服务"，认为生态系统的维持作用，如土壤肥力的保持和基因库理应属于环境服务的范畴。1992 年，Gordon 在《自然服务》中详细分析了各种生态系统如何影响人类生存和发展，成为生态系统服务的代表作。此阶段的研究重点是分析生态系统服务的分类。

1997 年，Daily《大自然的服务：社会对自然生态系统的依赖》（*Nature's Services*：*Societal Dependence on Natural Ecosystems*）的出版和 Costanza 等（1997）《世界生态系统服务和自然资本的价值》（*The Value of the World's Ecosystem Services and Natural Capital*）的发表正式确立了生态系统服务的概念，标志着全球生态系统服务的价值评价研究热点的到来。

2000 年，联合国千年生态系统评估计划（The Millennium Ecosystem Assessment，MA）启动，通过对不同尺度的生态评估，为决策者提供生态系统演变状况，指导和影响决策者的行动，最终改善自然和人为控制的生态系统。

2. 生态系统服务的概念内涵

Daily（1997）将生态系统服务定义为"支持和满足人类生存的自然系统及其组成物种的条件和过程"。该定义强调了以下 3 点：①人类的生存离不开生态系统服务的支持；②自然生态系统是服务的主要供体；③自然生态系统提供服务伴随着状态和进程。

Costanza 等（1997）将生态系统服务定义为"人类受益于生态系统提供的多种资源和过程"，即生态系统的产品和功能的统称，包括自然生态系统的生境、物种、生物学状态、性质和生态过程所产生的物质和良好的生活环境对人类提供的直接福利。

千年生态系统评估计划（MA）对生态系统服务的定义为人类从生态系统获得的各种惠益，将生态系统服务的供体从自然生态系统拓展到人工和半人工生态系统，包括人类从生态系统享受的直接和间接服务、获得的有形和无形的利益。

中国关于生态系统服务的研究相对较晚，在 20 世纪 90 年代后才有学者将其内涵与价值评价方法引入中国。2003 年，中国科学院可持续发展战略研究组将生态系统服务定义为人类直接或间接从生态系统得到的利益。也有学者认为生态系统服务是生态系统的产品，是支撑与维持赖以生存的环境，如气候调节、水源涵养、水土保持等难以商品化的功能（田运林，2008）。

综上所述，生态系统服务涵盖两方面内容：一是生态系统生产的人类生活必需品，二是生态功能可以确保人类生活质量。生态系统的物质流、能量流和信息流共同组成了生态系统服务，它们与人类的劳动紧密结合在一起成为人类生存和发展的基石。

3. 生态系统服务的分类

1）千年生态系统评估计划（MA）分类体系

当前对生态系统服务的分类主要从功能的角度出发。其中，千年生态系统评估计划（MA）的分类体系是目前应用最广泛的方法。MA 将生态系统服务划分为调节服务、支持服务、供给服务和文化服务（The Millennium Ecosystem Assessment，2005）。

调节服务指人类从生态系统的调控中取得的各种效益，如气候调节、土壤保持、水源涵养等。支持服务是生态系统服务中最根本、最核心的服务，是保证其他生态系统服务政策发挥的基础，包括庇护所、养分循环等。供给服务为人类从生态系统中获得的原料，如木材供给、食物供给等。文化服务是人类享受来自生态系统的精神馈赠，如美学、休闲游憩等。这些生态系统服务共同促进了人类福祉的提升，为韧性城市的建设提供了必要保障。

2）连接多层次人类福祉的终端生态系统服务分类体系

根据终端生态系统服务所产生收益与不同层次人类福祉的关联，生态系统服务分为福祉构建、福祉维护和福祉提升三大服务类别。表 4.4 的框架从左至右反映了从生态系统到人类福祉的服务形成过程，以及功能/过程与服务间的多重联系；从上到下反映生态系统实现不同层次的人类福祉。

表 4.4　连接多层次人类福祉的终端生态系统服务分类框架（李琰等，2013）

要素		生态系统过程	生态系统功能	终端服务示例	指向人类收益的服务组	福祉层次
自然要素	水 土地 大气 生物多样性 能量 ……	水循环 养分循环 碳循环 能量循环 光合作用 ……	病虫害调控 空气调节 洪水调节 气候调节 水源调节	可食用动植物 可利用的地表水或地下水 可用于产生能源的生态组分 可用于各种材料的物种或组分 清洁的空气 ……	食物 水 能源 材料 空气	福祉构建： 满足人的基本生存需求，作为人类福祉的输入，主要输出物质性收益
			废物处理 土壤形成	减少灾害的生态组分 有利于维护人类健康的生态组分	灾害防护 健康维护	福祉维护： 提供安全舒适的生存环境，维护已有的福祉（物质+非物质）
人文要素	政治 经济 文化	人文过程 社会进程 经济过程	传粉 侵蚀调节 风暴防护 ……	具有审美价值的生态组分 具有娱乐价值的生态组分 具有教育价值的生态组分 具有宗教意义的生态组分 ……	审美 娱乐 教育 宗教 ……	福祉提升： 提高人的生活质量，作为人类福祉的输入，主要输出非物质性收益

3）基于社会价值的生态系统服务分类体系

Sherrouse 等（2011）将生态系统服务分为社会服务、经济服务与生态服务三类（表 4.5），基于该分类系统的生态系统服务社会价值（social values for ecosystem services，SolVES）模型，可实现对美学、生物多样性、文化、娱乐等服务的社会价值进行量化和空间分析。

表 4.5　十一种生态系统服务社会价值类型（Sherrouse et al.，2011）

生态系统服务类别	社会价值类型	简要说明
社会服务	美学价值	景色宜人，包括植物景观、水域风光、建筑风格等
	文化价值	文化底蕴浓厚，可激发灵感等
	遗产价值	为后代保留的使用或非使用价值
	历史价值	保留了具有历史价值的景点、当地民俗等
	学习价值	可为游客提供科研学习、科普教育的机会
	娱乐价值	可为游客提供徒步、钓鱼等休闲娱乐活动
	精神价值	可陶冶情操，洗涤心灵
	康体健身价值	游客可在此地锻炼身体、舒缓身心、释放压力

续表

生态系统服务类别	社会价值类型	简要说明
经济服务	经济价值	可带动旅游业发展
生态服务	生命支持价值	具有保持水土、涵养水分、净化空气的能力
	生物多样性价值	动植物资源丰富,物种繁多

4.3.2　生态系统服务价值评估方法

当前,中国正积极探索政府主导、企业和社会各界参与、市场化运作、可持续的生态产品价值实现路径,货币化评估方法可将功能量以市场化的手段,转化为价值量,对生态产品价值实现机制的执行具有重要作用。生态系统服务价值评估主要有能值化和币值化两种途径(李双成,2019)。

能值化可用于分析与比较不同等级、不同类型物质的生态系统服务价值,也适用于长时间尺度的推算。各生态系统服务的能值乘以相应的能值转化率,即得到其各自的太阳能值。

币值化计算方法有以下两种:①利用 Costanza 等(1997)提出的单位面积价值量核算成果计算整个区域的价值量;②先模拟出物质量,再按照市场价值法和非市场价值法等换算成价值量,具体方法有市场价值法、费用支出法、条件价值法等。其中,模型模拟是币值化计算的重要途径,常见模型有生态系统服务功能与权衡交易综合评价(integrated valuation of ecosystem services and tradeoffs,InVEST)模型、生态系统服务社会价值(SolVES)模型、CITYgreen、UFORE/i-Tree 等(表 4.6)。

表 4.6　生态系统服务评估货币化模型

模型名称	模型开发者	主要模块	模型的功能或作用
InVEST	美国斯坦福大学、大自然保护协会(The Nature Conservancy,TNC)、世界自然基金会(WWF)	淡水生态系统、海洋生态系统和陆地生态系统	对陆地、淡水及海洋生态系统服务价值进行动态、空间化及可持续评估
SolVES	美国地质勘探局(United States Geological Survey,USGS)、美国科罗拉多州州立大学(Colorado State University,CSU)	生态系统服务社会价值模型、价值制图模型和价值转换制图模型	量化和空间化生态系统服务社会价值
CITYgreen	美国林业署(American Forest)、美国环境系统研究所(Environmental Systems Research Institute,ESRI)公司	数据模块和生态效益分析模块	绿色空间的规划管理、生态效益计算和动态变化的模拟及预测
UFORE/i-Tree	美国农业部林业局(United States Department of Agriculture Forest Service)	i-Tree Eco、i-Tree Streets、i-Tree Hydro、i-Tree Vue、i-Tree Species Selector、i-Tree Stomm、i-Tree Design 和 i-Tree Canopy 等八个模块	量化城市森林结构、功能和价值

4.3.3　生态系统服务权衡/协同研究

1. 概念与内涵

人类社会根据自身需求和价值伦理对生态系统施加的选择性干预,引起生态系统服务之间的动态变化(如气候变化、生物入侵);但即使没有人为干预,自然生态系统服务之间的关系也会受到内外两方面的作用力从而发生变化(如生态系统内在的演替过程)。生态系统服务之间的此消彼长,是一种权衡与协同的关系。

生态系统服务权衡常常发生在小区域与大区域、短期与长期，以及可逆性服务与不可逆性服务之间。生态系统服务权衡/协同研究可以为决策者提供决策区域生态系统服务在当前或者未来各种影响因素的变化情景和可能的决策规划情景下，权衡或协同具体的影响变化。只有在决策过程中详细把握好各种生态系统服务类型之间的相互影响关系（例如，减弱生态系统服务之间的不利竞争，同时加强其协同增强作用），才能使最终决策结果有效实现人类的福祉与自然环境的持续供给与保护的协调发展。

2. 研究方法

生态系统服务权衡/协同研究方法从简单的极值分析法、阈值分析法、相关分析法、图形表示法等到目前的模型模拟法、情景分析法和图形表示法，经历了由定性到定量、简单到复杂的发展历程。这些权衡方法形式上表现不同，但实质一致，均以实现某区域不同生态系统服务总值最大化为最终目的。

模型模拟法：是指通过机理或统计模型计算出不同生态系统服务的物理量，然后进行权衡和协同分析，最后通过多目标优化等方法，提出满足目标要求的规划方案。目前，权衡与协同分析工具应用最广泛的是 InVEST 模型，通过设定不同的情景，分析不同时间和空间上各情景下生态系统服务价值的权衡得失，从而找到最佳契合点。

情景分析法：是目前权衡与协同研究最为常见的一种方法，指通过制定某一特定的情景，如生态保护情景、社会经济发展情景或兼顾生态保护和经济发展的情景，分析在这一特定情景下不同生态系统服务之间的相互关系来权衡最优情景发展模式，用途包括：①预测影响生态系统的直接驱动力（主要包括土地利用变化、气候变化等）；②评估驱动力对生态系统（如对物种灭绝、生存环境移动等）的影响；③评估驱动力和生态系统变化对生态系统服务及其价值（如对洪水调节服务、碳存储服务、文化价值等）的影响。

图形表示法：是指一般借助 ArcGIS 平台，对每个生态系统服务类型进行量化制图，通过其空间分布情况识别权衡与协同类型及区域，或是符合权衡与协同原理的某种图形表示法。

4.3.4　生态系统服务研究趋势

生态系统服务之间的关系中，供给服务和调节服务是矛盾的。植被覆盖度高时调节服务水平高，与之相应的粮食生产能力就低，即供给服务水平低。因此必须通过权衡不同服务功能项，科学地集成服务项以实现生态系统服务的优化，以期为与生态系统服务相关的管理决策提供科学依据（傅伯杰和于丹丹，2016）。

生态系统结构和过程的相互关系是生态学的基础内容，生态系统过程与服务间的关系研究是计算生态系统服务物质量的基础。紧密围绕"生态系统结构与功能-生态系统服务-人类社会福祉"这一主线，基于长期监测试验和模型模拟寻找可以表征某种生态系统服务的多元生态系统功能指标，是加强生态系统过程与生态系统服务之间关系研究的必要起点（傅伯杰和于丹丹，2016）。

权衡与协同关系是生态系统服务研究的核心，深入研究生态系统服务的权衡与协同关系，根据对不同服务的相对偏好制定自然资源管理决策，尽可能实现生态系统服务总体效益的最大化，对促进区域韧性建设具有重要意义。从国家安全角度，通过综合分析生态系统服务的变化趋势及面临的问题，建立以生态系统保护为主和建设多功能景观类型的两种发展模式，是实现生态系统服务优化的最佳途径。例如，将农田转变成多功能景观类型，虽然粮食生产能力降低了，但减少了温室气体的排放，增加了植被覆盖度，气候调节、休憩和旅游等价值最大化,从而可以实现区域生态系统服务综合价值的最大增幅。

主要参考文献

巴克. 2001. 大自然如何工作:有关自组织临界性的科学. 李炜,蔡勖,译. 武汉:华中师范大学出版社

贝塔朗菲. 1987. 一般系统论:基础、发展和应用. 林康义,魏宏森,译. 北京:清华大学出版社

陈小燕. 2006. 基于 CAS 理论的企业与环境协同进化研究. 天津:河北工业大学硕士学位论文

陈宇韬. 2017. 适应性理论下的旧城公共空间设计研究. 长沙:湖南大学硕士学位论文

成思危. 1999. 复杂科学与系统工程.管理科学学报, (2):3-9

范雪怡. 2018. 供需视角下的湿地公园适应性规划研究. 杭州:浙江大学硕士学位论文

房艳刚. 2006. 城市地理空间系统的复杂性研究. 长春:东北师范大学博士学位论文

傅伯杰,于丹丹. 2016. 生态系统服务权衡与集成方法. 资源科学, 38(1): 1-9

高召宁. 2008. 自组织临界性、分形及灾变理论研究. 成都:西南交通大学博士学位论文

葛菁,吴楠,高吉喜,等. 2012. 不同土地覆被格局情景下多种生态系统服务的响应与权衡——以雅砻江二滩
　　水利枢纽为例. 生态学报, 32(9): 2629-2639

侯向阳,尹燕亭,丁勇. 2011. 中国草原适应性管理研究现状与展望. 草业学报, 20(2): 262-269

黄从红,杨军,张文娟. 2013. 生态系统服务功能评估模型研究进展. 生态学杂志, 32(12): 3360-3367

黄欣荣. 2005. 复杂性科学的方法论研究. 北京:清华大学博士学位论文

霍根. 1997. 科学的终结:在科学时代的暮色中审视知识的限度. 孙雍君,等译. 呼和浩特:远方出版社

霍兰. 2019. 隐秩序:适应性造就复杂性. 周晓,译. 上海:上海科技教育出版社

姜海波,冯斐,周阳. 2014. 塔里木河流域水资源脆弱性演变趋势及适应性对策研究. 水资源与水工程学报,
　　25(2): 81-84

李博宇. 2022. 基于分形理论的乡土聚落空间形态韧性解析与保护方法研究. 济南:山东建筑大学硕士学位
　　论文

李宏亮. 2001. 基于 Agent 的复杂系统分布仿真. 长沙:国防科学技术大学博士学位论文

李明. 2015. 适应性视角的城市色彩规划理论、方法与应用研究. 南京:南京大学硕士学位论文

李双成. 2019. 生态系统服务研究思辨. 景观设计学, 7(1):82-87

李双成,张才玉,刘金龙,等. 2013. 生态系统服务权衡与协同研究进展及地理学研究议题. 地理研究, 32(8):
　　1379-1390

李琰,李双成,高阳,等.2013. 连接多层次人类福祉的生态系统服务分类框架. 地理学报, 68(8): 1038-1047

凌焕然,王伟,樊正球,等. 2011. 近二十年来上海不同城市空间尺度绿地的生态效益. 生态学报, 31(19):
　　5607-5615

刘春成. 2017. 城市隐秩序:复杂适应系统理论的城市应用. 北京:社会科学文献出版社

刘丽芳. 2015. 基于 PSR 模型的湿地生态系统适应性管理评价. 北京:北京林业大学硕士学位论文

刘朋朋. 2018. 基于 i-Tree 模型杭州西湖景区生态效益分析. 杭州:浙江农林大学硕士学位论文

刘奕. 2009. 高速公路经济适应性理论与评价方法研究. 北京:北京交通大学博士学位论文

刘志伟. 2014. 基于 InVEST 的湿地景观格局变化生态响应分析. 杭州:浙江大学硕士学位论文

龙精华. 2017. 鹤岗矿区生态系统服务评估与权衡研究. 北京:中国矿业大学博士学位论文

马宁,何兴元,石险峰,等. 2011. 基于 i-Tree 模型的城市森林经济效益评估. 生态学杂志, 30(4): 810-817

曼德布罗特. 1998. 大自然的分形几何学. 陈守吉,凌复华,译. 上海:上海远东出版社

闵庆文, 孙业红. 2009. 农业文化遗产的概念、特点与保护要求. 资源科学, 31(6): 914-918

莫兰. 2001. 复杂思想: 自觉的科学. 陈一壮, 译. 北京: 北京大学出版社

牛顿. 2006. 自然哲学的数学原理. 赵振江, 译. 北京: 商务印书馆

彭立华, 陈爽, 刘云霞, 等. 2007. CITYgreen 模型在南京城市绿地固碳与削减径流效益评估中的应用. 应用生态学报, (6): 1293-1298

钱学森. 2007. 创建系统学: 钱学森系统科学思想文库. 上海: 上海交通大学出版社

钱学森, 等. 1988. 论系统工程（增订本）. 长沙: 湖南科学技术出版社

钱学森, 于景元, 戴汝为. 1990. 一个科学新领域——开放的复杂巨系统及其方法论. 自然杂志, (1):3-10,64

秦会艳. 2019. 黑龙江省国有林区森林生态与贫困关系研究. 哈尔滨: 东北林业大学博士学位论文

仇保兴. 2016. 城市规划学新理性主义思想初探——复杂自适应系统(CAS)视角. 南方建筑, (5): 14-18

撒力. 2005. 复杂适应系统理论方法及其应用研究. 合肥: 中国科技大学博士学位论文

盛连喜, 冯江, 王娓. 2002. 环境生态学导论. 北京: 高等教育出版社

宋学锋. 2003. 复杂性、复杂系统与复杂性科学. 中国科学基金, (5):8-15

孙梦水. 2013. 基于复杂系统理论的"城中村"发展研究. 北京: 中国农业大学博士学位论文

唐小平. 2012. 生物类自然保护区适应性管理关键问题的研究. 北京: 北京林业大学博士学位论文

滕军红. 2003. 整体与适应——复杂性科学对建筑学的启示. 天津: 天津大学博士学位论文

田运林. 2008. 生态系统服务功能研究综述. 中国环境管理干部学院学报, 18(2): 46-49, 64

托姆. 1992. 结构稳定性与形态发生学. 赵松年, 熊小芸, 刘子立, 等译. 成都: 四川教育出版社

王翠霞. 2014. 国家创新系统产学协同创新机制研究. 杭州: 浙江大学博士学位论文

吴冠岑. 2008. 区域土地生态安全预警研究. 南京: 南京农业大学博士学位论文

吴彤. 2000. "复杂性"研究的若干哲学问题. 自然辩证法研究, (1):6-10

吴彤. 2001. 科学哲学视野中的客观复杂性. 系统辩证学学报, (4):44-47

吴晓军. 2005. 复杂性理论及其在城市系统研究中的应用. 西安: 西北工业大学博士学位论文

吴晓军, 薛惠锋. 2007. 城市系统研究中的复杂性理论与应用. 西安: 西北工业大学出版社

夏军, 石卫, 雒新萍, 等. 2015. 气候变化下水资源脆弱性的适应性管理新认识. 水科学进展, 26(2): 279-286

徐德军. 2013. 复杂系统理论视角下的国土资源"一张图"系统设计与实践. 武汉: 武汉大学博士学位论文

徐广才, 康慕谊, 史亚军. 2013. 自然资源适应性管理研究综述. 自然资源学报, 28(10): 1797-1807

颜泽贤. 1993. 复杂系统演化论. 北京: 人民出版社

叶蔚冬. 2015. 基于适应性的城市格网设计研究. 南京: 东南大学博士学位论文

于景元. 1992. 钱学森关于开放的复杂巨系统的研究. 系统工程理论与实践, (5):8-12

郁中山. 2022. 风险社会的再概念化及其治理——基于系统适应性循环理论. 党政研究, (3): 94-106

喻忠磊. 2012. 基于农户调查的旅游乡村社会—生态系统适应性研究. 西安: 西北大学硕士学位论文

张立伟, 傅伯杰. 2014. 生态系统服务制图研究进展. 生态学报, 34(2): 316-325

张宇栋. 2013. 基于复杂系统理论的连锁故障大停电研究. 杭州: 浙江大学博士学位论文

张玉阳, 周春玲, 董运斋, 等. 2013. 基于 i-Tree 模型的青岛市南区行道树组成及生态效益分析. 生态学杂志, 32(7): 1739-1747

章忠志. 2006. 复杂网络的演化模型研究. 大连: 大连理工大学博士学位论文

赵庆建, 温作民. 2009. 森林生态系统适应性管理的理论概念框架与模型. 林业资源管理, (5): 34-38

赵庆建, 温作民, 蔡志坚. 2010. 森林生态系统生产力适应性管理模型. 生态经济, (4): 56-59

赵直. 2014. 天池博格达自然保护区社会——生态系统适应性循环机制及调控对策研究. 西安: 西北大学博士

学位论文

周熳文. 2021. 基于适应性循环理论的苏州乡村"三生空间"综合评价及优化研究. 苏州: 苏州科技大学硕士学位论文

周晓芳. 2017. 从韧性到社会——生态系统: 国外研究对我国地理学的启示. 世界地理研究, 26(4): 155-167

邹新凯. 2006. 基于超循环理论的组织创新研究. 哈尔滨: 哈尔滨工业大学硕士学位论文

Ahern J. 2011. From fail-safe to safe-to-fail: sustainability and resilience in the new urban world. Landscape and Urban Planning, 100(4): 341-343

Albert R, Barabási A-L. 2002. Statistical mechanics of complex networks. Reviews of Modern Physics, 74: 47-97

Allan C, Curtis A, Stankey G, et al. 2008. Adaptive management and watersheds: a social science perspective. Journal of the American Water Resources Association, 44(1): 166-174

Allen C, Angeler D G, Garmestani A S, et al. 2014. Panarchy: theory and application. Ecosystems, 17(4): 578-589

Bak P, Tang C, Wiesenfeld K. 1987. Self-organized criticality: an explanation of the 1/f noise. Physical Review Letters, 59(4): 381-384

Carson R. 1962. Silent Spring. Boston：Houghton Mifflin Company

Chan K M A, Shaw M R, Cameron D R, et al. 2006. Conservation planning for ecosystem service. Plos Biology, 4(11): 2138-2152

Chapin F S, Walker B H, Hobbs R J, et al. 1997. Biotic control over the functioning of ecosystems. Science, 277: 500-504

Costanza R, d'Arge R, de Groot R, et al. 1997. The value of the world's ecosystem services and natural capital. Nature, 387: 253-260.

Daily G C. 1997. Nature's Services: Societal Dependence on Natural Ecosystems. Washington D. C.: Island Press

Egoh B, Reyers B, Rouget M, et al. 2009. Spatial congruence between biodiversity and ecosystem services in South Africa. Biological Conservation, 142(3): 553-562

Falconer K J. 2003. Fractal Geometry: Mathematical Foundations and Applications. Hoboken: Wiley

Folke C, Carpenter S R, Walker B, et al. 2010. Resilience thinking: integrating resilience, adaptability and transformability. Ecology and Society, 15(4): 299-305

Forest Ecosystem Management Assessment Team (FEMAT). 1993. Forest Ecosystem Management: An Ecological, Economic, and Social Assessment. Appendix A of Draft Supplemental Environmental Impact Statement on Management of Habitat for Late-Successional and Old-Growth Forest Related Species within the Range of the Northern Spotted Owl. Portland: Federal Interagency SEIS Team

Goldstein J H, Caldarone G, Duarte T K, et al. 2012. Integrating ecosystem-service tradeoffs into land-use decisions. Proceedings of the National Academy of Science of the United States of America, 109(19): 7565-7570

Gordon I M. 1992. Nature Function. New York: Spinger-veriag

Guillem E E, Murray-Rust D, Robinson D T, et al. 2015. Modelling farmer decision-making to anticipate tradeoffs between provisioning ecosystem services and biodiversity. Agricultural Systems, 137: 12-23

Gunderson L H, Holling C S. 2001. Understanding thecomplexity of economic, ecological and socialsystems. Ecosystems, 6(4): 390-405

Gunderson L H, Holling C S. 2002. Panarchy: Understanding Transformations in Human and Natural Systems. Washington D. C.: Island Press

Haken H. 1969. Synergetics: Introduction and Advanced Topics. New York：Springer

Haken H. 2006. Synergetics of brain function. International Journal of Psychophysiology, 60(2): 110-124

Hartley R V L. 1928. Transmission of information. Bell System Technical Journal, 7(3): 535-563

Holdren J P, Ehrlich P R. 1974. Human population and the global environment. American Scientist, 62(3): 282-292

Holland J H. 1996. Hidden Order. New York: Basic Books

Holling C S. 1978. Adaptive Environmental Assessment and Management. Chinchester: Wiley

Holling C S. 2001. Understanding the complexity of economic, ecological and social systems. Ecosystems, 4(5): 390-405

Holling C S. 2004. From complex regions to complex worlds. Ecology and Society, 9(1): 11

Holling C S, Gunderson L. 2002. Panarchy: understanding transformationin human and natural systems.Washington D. C.: Island Press

Hu H T, Fu B J, Lu Y H, et al. 2015. SAORES: a spatially explicit assessment and optimization tool for regional ecosystem services. Landscape Ecology, 30(3): 547-560

Lee K N. 1993. Compass and Gyroscope. Integrating Science and Politics for the Environment. Washington D. C.: Island Press

Lee K N. 1999. Appraising adaptive management. Conservation Ecology, 3(2): 3

Leopold A. 1949. A Sandy County Almanac And Sketches From Here and There. New York: Cambridge University Press

Mandelbrot B. 1967. How long is the coast of Britain? Statistical self-similarity and fractional dimension. Science, 156 (3775): 636-638

Marsh G P. 1864. Man and Nature. New York: Charles Scribner

Natural Capital Project. 2011.InVEST: integrated valuation of ecosystem services and tradeoffs. [2021-12-21]. https://naturalcapitalproject.stanford.edu/software/invest

Nyberg J B. 1998. Statistics and the practice of adaptive management//Taylor B. Statistical Methods for Adaptive Management Studies. British Columbia: Ministry of Forests

Oram C, Marriott C. 2010. Using adaptive management to resolve uncertainties for wave and tidal energy projects. Oceanography, 23(2):92-97

Pahl-Wostl C, Sendzimir J, Jeffery P, et al. 2007. Managing change toward adaptive water management through social learning. Ecology and Society, 12(2): 30

Prigogine I, George C, Henin F. 1969. Dynamical and statistical descriptions of N-body systems. Physica, 45: 418-434

Riper C J V, Gerard T K, Stephen G, et al. 2012. Mapping outdoor recreationists' perceived social values for ecosystem services at Hinchinbrook Island National Park, Australia. Applied Geography, 35(1-2): 164-173

SCEP. 1970. Man's Impact on the Global Environment Assessment and Recommendations for Action. Cambridge, Mass: MIT Press

Shannon C E. 1948. A mathematical theory of communication. Bell System Technical Journal, 27: 379-423, 623-656

Shannon C E. 2001. A mathematical theory of communication. ACM SIGMOBILE Mobile Computing and Communications Review, 5: 3-55

Sherrouse B C, Semmens D J. 2014. Validating a method for transferring social values of ecosystem services between public lands in the Rocky Mountain region. Ecosystem Services, 8: 166-177

Sherrouse B C, Clement J M, Semmens D J. 2011. A GIS application for assessing, mapping, and quantifying the social values of ecosystem services. Applied Geography, 31(2): 748-760

Sherrouse B C, Semmens D J, Clement J M. 2014. An application of social values for ecosystem services(SolVES) to three national forests in Colorado and Wyoming. Ecological Indicators, 36: 68-79

Simon H A. 1973. The structure of ill structured problems. Artificial Intelligence, 4(3-4): 181-201

Simon H A. 1974. The Organization of Complex Systems. New York: Braziller

Strogatz S H. 2001. Exploring complex networks. Nature, 410(6825): 268-276

Tallis H, Ricketts T, Guerry A, et al. 2011. InVEST 2.2.4 User's Guide. Stanford: The Natural Capital Project

The Millennium Ecosystem Assessment 2005. Ecosystems and Human Well-being: Synthesis. Washington DC: Island Press

Thom R. 1975. Structural Stability and Morphogenesis—an Outline of a General Theory of Models. Boston：Addison-Wesley

Walker B, Salt D. 2006. Resilience Thinking: Sustaining Ecosystems and People in a Changing World. Washington D. C.: Island Press

Walker B, Holling C S, Carpenter S R, et al. 2004. Resilience, adapta-bility and transformability in social-ecological system. Ecology and Society, 9(2): 5-12

Walters C. 1997. Challenges in adaptive management of riparian and coastal ecosystems. Conservation Ecology, 1(2):1

Walters C J. 1986. Adaptive Management of Renewable Resources. New York: McMillan Press

Wiener N. 1948. Cybernetics: Or Control and Communication in the Animal and the Machine. Paris：Hermann et Cie

Wilgen B W, Biggs H C. 2011. A critical asessment of adaptive ecosystem management in a large savanna protected area in South Africa. Biological Conservation, 144(4): 1179-1187

第5章 韧性城市生态规划的原则与方法论

5.1 韧性城市生态规划的原则

韧性思想为实现资源利用的可持续发展提供基础，它所包含的思想与效率优先截然不同。那么，如何建构社会生态系统中的韧性呢？本章以韧性联盟 2015 年的《韧性建设的原则：在社会生态系统中维持生态系统服务》（*Principles for Building Resilience: Sustaining Ecosystem Services in Social-Ecological Systems*）一书为导引，介绍社会生态系统韧性建构的六个原则。

5.1.1 保持多样性和冗余度

1. 概念阐释

多样性的概念被用于许多不同的研究领域，并以多种不同的方式定义。Stirling（2007）综合跨领域的研究，将多样性概念分成三个方面，即种类（variety）（有多种要素组合）、均衡（balance）（每种要素的数目）和差异（disparity）（每种要素各不相同），为理解多样性提供了一个有用的框架（图 5.1）。这三个方面共同有助于体现多样性的特性。种类是多样性研究中最重要的方面，系统拥有不同类型的要素，如物种、景观斑块、文化群体或者机构的数目等；均衡的概念强调了系统由丰富的要素组成，并且这些要素大多具有独特性，呈现出高度倾斜的物质分配，即要素各不相同，且各要素代表不同的内涵；差异则是指系统的各要素之间的不同，一般并不特指生态学中的多样性概念，而是更多地被用于描述社会系统的多样性。

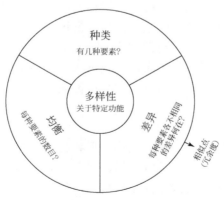

图 5.1 影响生态系统服务韧性的多样性的三个方面（Stirling，2007）

根据所考虑的元素，可以在特定的社会生态系统中描述许多不同类型的多样性。例如，可以根据存在的物种数量（种类）、它们的相对丰度（均衡）及物种在功能上彼此不同的程度（差异）来描述植物或动物物种之间的功能多样性（Kotschy，2013）。同样，可以将生计多样性（livelihood diversity）描述为可用生计选择的数量（种类）、每种选择目前实施的程度（均衡）、选择之间的差异程度（差异）或存在的文化群体的数量（文化种类）、这些群体的相对规模或权力（均衡）及它们之间的不同（差异）。

对于差异性而言，如果具有类似功能的多个要素，那么系统就具有冗余性。冗余度是由发挥类似功能元素的数量所决定的，类似功能的元素越多，则冗余度越大（Walker et al.，1999）。冗余可以为系统功能提供"保险"，允许某些系统元素补偿其他系统元素的损失或故障。例如，贫困的农民通常种植几种不同的粮食作物，因此任何一种作物的歉收都不会对粮食供应产生灾难性影响，从而确保比单一种植农业更持续的粮食供应（Altieri，2009）。

物种、景观类型、知识系统、参与者、文化团体或机构等社会生态系统组成部分的多样性和冗余性为应对变化和干扰，以及为应对不确定性和意外提供了选择。这些选项可以提高生态系统服务的可靠性及学习和创新的潜力。理论和实证研究表明，响应多样性与功能冗余度相结合，对于在面对干扰和持续变化时维持生态系统服务非常重要。

2. 基本内涵

（1）多样性的系统更具有韧性。其景观生态学基础是景观组分的类型、位置、数目、大小等在多样性的情况下均可以提升系统的稳定性，增强韧性。但是值得一提的是，这些组分越具有稀缺性、不可替代性，或者越处于关键位置，其多样性就越能提升韧性。

（2）当系统中的某些部分出现缺失或故障时，允许其他部分补充替代，以保证系统的正常运作，这些部分被称为冗余。一定的冗余度在系统内提供额外的"保险"作用。

（3）如果提供冗余的组件对变化和干扰的反应不同，也就是响应的多样化，那么冗余就更有价值。

生物多样性与社会物质经济的多样性都是支撑城市韧性重要且有效的策略。1981年的诺贝尔经济学奖得主James Tobin将他的成果总结为一句非常经典的话：不要把所有的鸡蛋放在同一个篮子里。这句话也可以理解为，可以通过分散投资、多样化投资的手段来降低风险。这个投资领域的道理，诠释了多样性的抗风险能力，在社会生态系统中同样适用。

3. 多样性与冗余度的景观生态学理论基础

景观多样性主要是指景观格局的多样和变异程度，与景观异质性密切关联。不同尺度的空间异质性驱动了生物和非生物的空间过程，后者反过来又塑造了环境与生物群体空间分布的多样化格局。景观多样性反映了景观镶嵌格局的复杂性和多样化程度，主要研究组成景观的斑块在数量、大小、形状、类型和分布，以及斑块间的连接度、连通性等结构和功能上的多样性。景观多样性在空间上可以分为三个层次：斑块多样性、斑块类型多样性和景观格局多样性。

1）斑块多样性

斑块多样性是指景观中斑块的数量、大小、形状的多样性和复杂性。斑块作为内部相对均一的景观组成部分，是特定物种的适宜生境，以及景观中物质和能量迁移、交换的场所。这里所讨论的斑块是指广义上景观的空间结构单元，包括通常所讲的斑块、廊道和基质。斑块多样性可以从以下三个方面理解。

（1）斑块数量。单位面积上斑块的数量，能指示景观的完整性和破碎化程度。斑块数量越多，景观破碎化程度越高。景观破碎化对生物多样性的效应是：一方面，缩小了某一类型生境的总面积和每一斑块的面积，会影响到种群大小和（灾害引起的）局部灭绝的速率；另一方面，不连续生境片段的面积大小和彼此隔离程度会影响物种散布和迁移的速率（图5.2）。

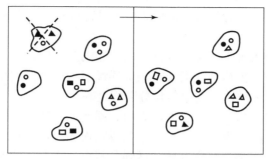

图 5.2　斑块数量多样性原理图示（Forman and Godron，1986）

斑块面积大小变化可衡量景观破碎化程度

（2）斑块面积。斑块面积大小变化是景观破碎化程度的重要指标，也是表征斑块多样性的指标。生境斑块的面积大小影响能量和养分的密度域分布，进而影响到物种的分布、局部种群的大小和生产力水平。一般来讲，斑块中能量和矿质养分的总量与其面积成正比，物种多样性和某一物种的平均生产力水平也随适宜斑块面积的增加而上升。同时，斑块与周围环境的相互作用会形成核心生境和边缘生境，后者受到边缘效应的影响较大。大型斑块保护水体或湖泊的水质，是大型脊椎动物的核心生境和避难场所；小型斑块以边缘生境为主，更适合边缘物种生存，是小型动物的避难所（图 5.3）。

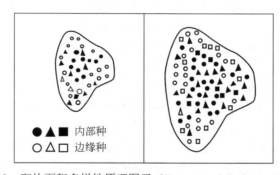

●▲■　内部种

○△□　边缘种

图 5.3　斑块面积多样性原理图示（Forman and Godron，1986）

（3）斑块形状。斑块的形状对物质和能量的迁移、生物种群扩散以及动物觅食行为等具有重要的影响。例如，通过林地迁移的昆虫或脊椎动物，或飞越林地的鸟类，更容易发现垂直于它们迁移方向的狭长采伐迹地，而遗漏圆形采伐迹地和平行于迁移方向的狭长采伐迹地。不同的斑块形状对径流过程和营养物质的截留都有不同的影响，而斑块形状最重要的生态学特征是生态交错带（ecotone）的边缘效应。

2）斑块类型多样性

斑块类型多样性指景观中斑块类型的丰富度和复杂度，包括景观斑块类型（如农地、森林、草地等）数量、不同类型斑块的数量及它们所占景观总体的面积比例。

斑块类型多样性的生态意义主要表现为对物种多样性的影响。类型多样性和物种多样性的关系不是简单的正比关系。斑块类型多样性既可能通过增加生境类型的多样性而增加生境类型之间的物种替换（β多样性），特别是增加适宜边缘生境的物种数量，又可能因生境类型增多、破碎化加强而减少局部的物种多样性（α多样性），特别是适宜内部稳定生境的物种。一般来说，斑块类型越多，内部物种越多元化，整个复合种群规模越大，生态系统越复杂，越趋于稳定。斑块类型多样性对径流、侵蚀等生态过程也有重要影响。

　　3）景观格局多样性

　　景观格局多样性是指景观斑块类型及其空间分布的多样性，以及各斑块类型之间和斑块之间空间构型与功能联系的多样性。景观格局多样性多考虑不同类型的空间分布、同一类型间的连接度和连通性、相邻斑块间的聚集与分散程度等。

　　斑块类型的空间结构，如林地、草地、农田、裸露地等的不同配置，对生态过程（物质迁移、能量交换、物种运动）有重要影响。相邻或相连的斑块内物种存活的可能性要比一个孤立斑块大得多，它们之间物种交换频繁，增强了整个生物群体的抗干扰能力，单独孤立斑块内物种灭绝的可能性更大（王军等，1999）。

5.1.2　管理连接度

1. 概念阐释

　　连接度是指社会生态系统的各个部分（即具有相似特征的实体，如物种、景观斑块、个体、组织等）相互交互（即交换信息、转移材料、转换能量等）的方式。例如，在考虑森林斑块及其在景观中的连接情况时，森林作为一个系统，森林斑块是系统的一部分，它们之间的相互作用决定了有机体从一个斑块移动到另一个斑块的难易程度。然而在这里，不单单考虑明确空间景观背景下的连接度。在可以概念化为单个组件总和的每个系统中，连接度是指这些组件之间相互作用的性质和强度。从这个意义上说，在任何生态或社会"景观"中，连接性是指资源、物种或社会行动者在斑块、栖息地或社会领域之间分散、迁移或互动的结构方式和强度（Bodin and Prell，2011）。虽然这些交互主要是静态映射的，但它们也会随着时间而变化。

　　另外，也可以从网络的角度来考虑连接性。在网络中，系统的所有单个组件都是嵌入在构成链接的连接网络中的节点（图 5.4）。连接包括物种相互作用、跨越栖息地的植被走廊或人类社区之间的沟通渠道等，它在社会生态系统内的分布方式决定了社会生态系统的结构。例如，组件之间可能存在或不存在连接；它们可能是单向交互或相互（互惠）交互。同时，一些组件或节点可能是高度连接的（即有很多连接），而另一些可能只有很少的连接（如森林边缘的一棵孤立的树）。连接还具有强度特征，强度是指节点连接或交互的强度。强度可以由各种因素决定，如栖息地之间的走廊质量、捕食者对特定猎物的偏好、传粉昆虫对植物的访问率或社会参与者之间互动的频率等。

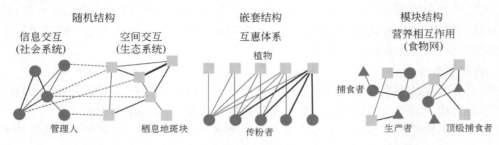

图 5.4　社会生态系统中连接架构的示意图（Biggs et al.，2015）

社会生态系统通过随机、嵌套和模块化三种方式组织，其中随机网络节点连接随机，嵌套网络节点分层交互，模块化网络节点分区域连接。线条表示节点间的不同类型交互，如竞争或营养关系，虚线表示跨系统交互，线条粗细反映交互强度，不同样式的线条和节点代表不同的系统组件

2. 基本内涵

（1）连接度既可以加强，也可以降低社会生态系统的韧性。

（2）良好的连接可以更高效地对抗干扰和破坏，并从中快速恢复。

（3）过度连接会导致干扰快速扩散，而使系统的各组分都受到影响，甚至可能导致系统崩溃。可以理解为连接度需要保持在一个临界阈值内，在临界阈值内可以提升韧性，反之则可能导致系统崩溃。

社会生态系统的连接度通常能促进生态系统服务恢复所需的能量、物质或信息的流动。特别是，连接度的强度和结构可以通过促进恢复或通过局部限制干扰的传播来保护系统服务免受干扰。管理连接度的意义在于保持适度的连接，例如，连续的林带必须建设防火道，也就是避免机制过度连接导致火灾蔓延；对高度连接的农业景观进行一定程度的切断，减少虫害或疾病的传播，此类措施对于污染也同样适用。而社区是疫情控制的有效治理尺度，其关键在于社区层面最容易管理与外界的连接度。

3. 连接度的景观生态学理论基础

景观连通性（landscape connectivity）是一种重要的景观生态属性，用来描述景观中一类斑块或景观整体格局的空间连接（或隔离）程度，或特指某种（物质、能量或信息）景观流在其中的流通能力。这种景观格局属性取决于相邻斑块间（或特定类型斑块间）的聚集与分散程度及景观障碍（barrier）的数量和属性。景观生态学中有三个相关的概念用以度量斑块间的隔离和分散程度，即廊道（corridor）、连通性（connectivity）和连接度（connectedness）。

动植物种群除了需要足够数量和大小的生境外，它们的生长和繁殖还需要景观中生境斑块之间的连续性。景观连通性就是指景观结构单元（斑块、廊道和基质）在空间上的连接和连续程度。景观连通性可以从结构连通性和功能连通性两个方面来理解。结构连通性，又称为连接度，或者邻近度（proximity），是指斑块间的物理距离。它是景观镶嵌格局（斑块-廊道-基质）的一种结构特征，该镶嵌格局发生变化，其连接度也受到显著影响。功能连通性，主要是指斑块之间的生态过程和功能的连接程度，如斑块之间的种子传播、物种迁移、水分和养分流动，甚至基因流动等生态过程的连接和交流程度。功能连通性的差异主要取决于特定生物体或生态过程的差异，而与一定空间幅度范围内的景观格局无关。通常，连通性较高的景观，其连接度也较高，但是连接度较低的景观，其功能连通性不一定低。

廊道是景观中一个非常重要的功能结构，能为许多动物迁移和扩散提供通道和临时庇护所。景观连通性与廊道两者之间的关系为：景观连通性是一个抽象的概念，而廊道是景观连通性的一种具体表现形式；廊道和景观连通性之间并不是简单的关系。斑块之间有廊道存在，其连通性也有可能为零；景观连通性在较大程度上与具体的生态过程、功能及廊道的组成、宽度、形状和质量有关。当斑块之间距离限定在某些物种、物质、能量、信息可以达到的范围内，或者景观中斑块与相邻景观元素之间具有相似的生态功能时，尽管不存在廊道，其连通性也较高。连接景观通常是相对的，例如，河流是水生生物（鱼类）重要的连接景观或廊道，但对于大型哺乳类动物，河流就是其阻隔景观了。道路也是一样，对于多数动物的效应是降低其连通性，而相对于人类就是增强其连通性。

景观连接度是由景观斑块之间的物理距离决定的，因此是可以量化的测定指标。景观生态学家发展了一些定量测定景观结构连通性的景观指数，如最小邻近距离指数、相邻指数、连接度指数、隔离度指数、相似性指数、对比度指数、聚集度指数、网络连通性指数、网络环度指数等。

　　提升景观连接度有四大空间法则（图 5.5）。①大生境斑块比小生境斑块景观连通性好；②有廊道连接的斑块比独立存在的斑块景观连通性好；③生境斑块与基质差异性小，景观连通性提高；④增加生境斑块可穿越边界的数量，景观连通性提高。这四个法则可以推导出最优景观连接度格局（图 5.6）。

法则	图解	原理说明
法则1：大生境斑块比小生境斑块景观连通性好	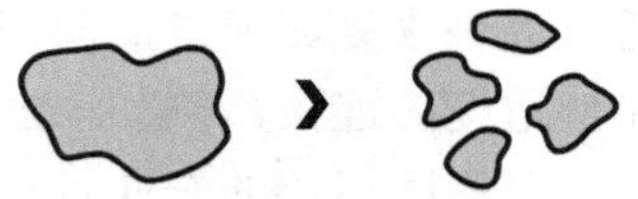	生境斑块越大，景观破碎化程度越低，景观连通性越好
法则2：廊道连接 有廊道连接的斑块比独立存在的斑块景观连通性好	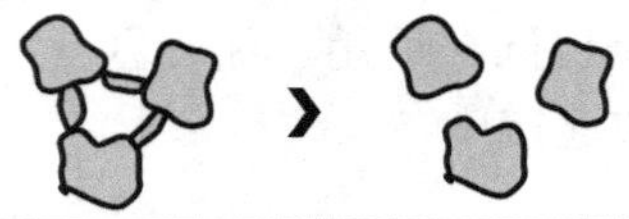	生境斑块之间存在廊道的连接，使景观破碎化程度降低，景观连通性提高
法则3：差异小 生境斑块与基质差异性小，景观连通性提高	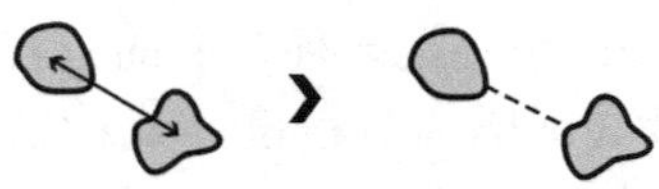	生境斑块与基质的差异性越小，生境斑块之间越容易连通，景观连通性越好
法则4：可穿越边界 增加生境斑块可穿越边界的数量，景观连通性提高	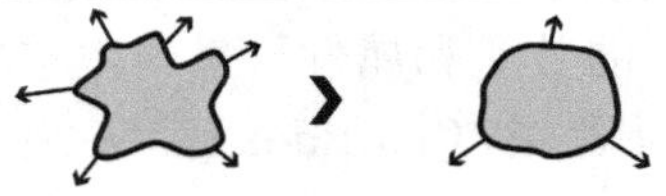	生境斑块的可穿越边界越多，斑块越渗透，景观连通性越高

图 5.5　提升景观连接度的四大空间法则（岳邦瑞等，2017）

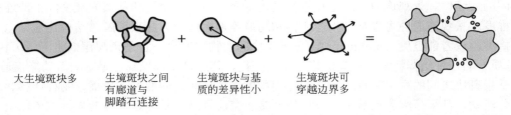

大生境斑块多　　生境斑块之间　　生境斑块与基　　生境斑块可
　　　　　　　有廊道与　　　质的差异性小　　穿越边界多
　　　　　　　脚踏石连接

图 5.6　最优景观连接度格局（岳邦瑞等，2017）

4. 拓展应用

　　在"大 U"（THE BIG U）项目当中，面对海平面上升、飓风、风暴潮的风险，项目设计了一个辅助沿海城市应对气候变化危机的可复制模块化系统。该项目由社区的需求和关注驱动，保护城市免受洪水和暴雨的侵袭，还为社区提供了社会和环境效益。

Box 5.1　"大 U"：设计重建 (The Big U：Rebuild by Design)

　　The Big U 是围绕曼哈顿的一个保护系统，从西 57 街向南延伸经过炮台区一直到东 42 街。它保护着连续 10 英里（1 英里≈1.61km）的低洼地带，这些地区构成了一个极其密集、充满活力却脆弱的城区。在"通过设计重建"的第三阶段，The Big U 团队为滨水区和相关社区的三个相邻区域创建了独立但协调的计划，每个分区都包括一个物理上独立的防洪区，与其他地区的洪水相分离，各个隔间协同工作，保护城市。每一项计划都是在与相关社区和地方、市、州、联邦利益攸关方密切协商后制定的，都有大于 1 的效益成本比，都是灵活的，易于阶段化实施，且可以与正在进行的现有项目集成。

5.1.3　管理慢变量和反馈

1. 概念阐释

社会生态系统由许多变量组成并受其影响，这些变量在一系列时间尺度上发生变化并相互作用。其中有一些变量是"慢"的，因为它们的变化比其他"快"变量要缓慢得多。在社会领域，法律制度、价值观、传统文化和世界观等变量可能是影响韧性的重要慢变量。例如，渐进式经济变化和社会偏好变化的复杂组合导致世界许多地区从以农业为主的景观迅速转变为混合土地利用系统，提供与旅游业和生态农业相关的各种额外生态系统服务。

需要注意的是，慢变量和快变量没有固定的时间尺度，而是在特定社会生态系统的背景下相互关联（Walker et al.，2012）。因此，完全有可能在一个环境或系统中被认为是快变量的要素在另一个环境或系统中被认为是慢的。对于任何给定的社会生态系统，慢变量通常决定了其底层结构，而系统的动力来自快变量之间的相互作用和反馈，这些变量对慢变量所产生的条件作出响应。因此，控制社会生态系统"配置"的变量，以及系统是否超过临界阈值的通常是慢变量。生态慢变量通常与调节生态系统服务有关，如侵蚀控制、洪水调节和养分保持。

2. 基本内涵

（1）管理慢变量和反馈对于维护社会生态系统的健康至关重要，以保持社会生态系统的配置和功能。

（2）一旦干扰和变化超过阈值，系统将难以恢复。

事物的变化有快有慢，人们总是更善于注意到快的变化，并迅速作出相关反应；而对于缓慢的变化，一方面更不容易被观察注意到，另一方面人们普遍认为个体的行为不能直接影响慢变量，或者出于对短期利益的追求而忽视对慢变量的管理和反馈。"温水煮青蛙"讲述的就是这个道理。慢变量的阈值通常更高，当跨越阈值后，系统的行为方式也已经发生了明显的变化，通常这时候人们才意识到它的存在，而阈值一旦被跨越，系统很难再退回到原有的状态。在某些情况下，跨越阈值会导致响应变量发生突然的、剧烈的变化，而在其他情况下，状态变量的响应是连续的、渐进式的。

然而在实践中，识别和管理关键的慢变量和反馈，以避免超过系统阈值或促进系统转换往往很困难。维持调节生态系统服务可能可以作为管理慢变量的一种切实可行的方法。其他一些战略手段则侧重于更好地理解不同社会生态结构背后的慢变量和反馈，监测慢变量和反馈的变化，管理反馈的强度，解决驱动因素之间缺失的反馈及对生态系统服务的影响。

3. 拓展应用

在旧金山湾区韧性规划的挑战赛中，阿拉梅达溪（Alameda Creek）关于沉积物的设计，诠释了对慢变量的管理，设计进行了积极的干预并将反馈纳入规划过程中。土壤的侵蚀、水土的流失促使沉积物的形成，沉积物被水库和水坝困在上游，并呈扇形堆积在河床的边缘，导致水平面上升、下游沉降，以及河道被淤积、鱼类无法洄游、滨河缺少活动空间等后果。那么如何利用自然的过程和力量将沉积物引导到恰当的区域？

设计者开辟了新的河道，将沉积物引导入滨河沼泽，在河床边建鹅卵石和沙砾构筑的防浪堤与复杂的中间堤坝等综合措施，将鹅卵石堤坝和沙砾堤坝建成复合防浪堤。随着时间的推移，滩涂的沼泽和湿地形成自适应过程，逐渐形成多样化丰富的沉积物形式。这就是一种韧性规划对于慢变量的管理策略。

5.1.4　培养复杂的适应性系统思考

1. 概念阐释

为社会提供生态系统服务的社会生态系统可以被看作复杂适应系统（CAS）。在本章中，CAS 思维被定义为将社会生态系统看作 CAS 并由此对管理产生影响的心理模型或世界观。CAS 的关键属性包括：高度互连、非线性变化的潜在性、固有的在某种程度上不可减少的不确定性（可能导致意外），以及社会生态系统中的多种观点。CAS 思考并没有试图减少不确定性和意外，而是将这些看作积极的动机与改变的机会。

将社会生态系统看作 CAS 的管理被认为是一种强调整体（但不是简化）的方法，以综合方式协调多种生态系统服务和权衡，并在多个时间和空间尺度上进行管理及反馈。CAS 方法还强调围绕社会生态系统的大量不确定性，因此需要不断学习和实验，并自适应地管理不确定性、干扰和意外，而不是试图消除它。因此，培养 CAS 思维不会直接影响生态系统服务的韧性，但是会改变和调整支撑管理流程和决策的认知基础和范式。也就是说，要承认社会生态系统是一个复杂且不可预测和相互依赖的网络。

2. 基本内涵

尽管 CAS 的思维并不能直接增强系统的韧性，但 CAS 思考是培养韧性行动管治的第一步。

社会-生态系统由许多相互作用的组件组成，这些组件可以单独或集体地适应变化，促使系统自我组织和进化，并且通常会出现不同规模的涌现属性。此外，系统可能会在不同制度之间发生转变，此类变化通常是突然和不可逆转的，从而形成一个运用与以前完全不同的方式进行观察、运行和提供生态系统服务的系统。这些特性使 CAS 在各个方面具有高度的不确定性，因此很难进行预测和控制。要理解复杂的适应系统，就要接受事物的一些方面，由于其本身的不可预测性、不完整的知识或多个知识框架等，无法减少其不确定性，这就需要培养 CAS 思考和能够解释这些不确定性的自适应管理方法。

那么 CAS 思考思维如何操作与应用呢？其准则主要包括：首先要培养一种包容不确定性的文化；其次从系统框架开始，承认多元化的认识论是复杂性的根源，并观察判断临界阈值；最后将机构与适应性系统流程相匹配，并认识到认知变化具有很多障碍。

3. 拓展应用

大堡礁（Great Barrier Reef）位于澳大利亚东北海岸，为世界七大自然奇观之一，珊瑚礁长期以来一直是保护的重点，随着对珊瑚礁的关注日益增加，人们认识到管理的认知基础需要改变。1975 年，珊瑚礁被指定为海洋公园，这是实施预防性和适应性管理的第一步：它禁止在珊瑚礁上采矿，并建立了禁入、禁捕和多用途区网络。尽管如此，珊瑚礁的保护压力仍在增大。1994 年，大堡礁海洋公园管理局启动了该地区的组织和制度变革战略，当局围绕包括韧性生态系统在内的核心战略目标进行了重组。

1999 年，启动了被称为代表性区域计划（Representative Areas Program，RAP）的系统保护规划方法。这个过程涉及对珊瑚礁社会生态系统作为复杂的适应系统进行深入的、适应性的理解。为了合法地实施新的分区计划，当局随后开展了广泛的公众参与项目，培养广泛的公众意识。RAP 于 2004 年生效，它强调关键生物区域的代表性、栖息地和物种种群之间的连通性及不确定性，持续的监测和研究支持使注水区面积得到了极大提升，提高了珊瑚礁的生物多样性和韧性。

5.1.5　促进多中心管制

1. 概念阐释

多中心性（polycentricity）由多个管理机构组成，它们在政策过程的不同层面相互作用（Ostrom et al., 1961）。在这里，治理是指群体之间在自我安排它们的关系的行为中进行审议和决策。每个管理机构都具有在特定地理区域内制定和执行规则的自主权。例如，虽然国家政府机构拥有制定对所有公民具有约束力的规则的合法权利，但区域管理团体（如自治县或流域管理机构）可能具有在其自己领域内自组织的自主权。在一个理想的多中心系统中，每个单独的管理机构都与其他权威机构进行横向和纵向的互动和联系，以实现协作和自治的平衡。

2. 基本内涵

（1）跨部门跨层次的合作促进连接度和跨文化、跨尺度的交流。

（2）多中心管制结构有助于对抗外界干扰和变化，相对应的利益相关者和正确的时机是关键。

多中心治理最初是一个政治学概念，随着发展很快被借鉴到其他学科。其中，多中心治理在自然资源管理领域的应用最为普遍。对比单一化集权体制，多中心治理更能促进各主体间知识、行动的相互融合，社会和生态层面的和谐统一，并建立信任和共识，使治理主体作出恰当的适应性调整。在由多个相对独立的治理主体构成的组织结构中，各主体往往具有更高的能动性，且能够在面对挑战时，找到更多确保生态系统服务持续发挥效益的方法。多中心管制的核心概念和潜在优势在于风险防范。有观点认为，拥有制度多样性和适应性的治理体系更有可能适应系统的变化或者抵御系统整体崩溃，从而降低政策失灵的风险。于是有学者提出利用多中心治理来提升生态系统的韧性，优化生态系统服务。

3. 拓展应用

伊萨河计划是享誉国际的城市河流恢复项目（图 5.7）。该计划于 2007 年获得了德国首个河流开发奖项，并被指定为河网组织、欧洲河流修复中心、欧洲气候适应平台、欧盟展望 2020 研究与创新计划资助的基于自然的城市创新和以自然为依据的项目等多个系统组织及行为主体进行学习效仿的优秀案例。伊萨河计划之所以能够获得广泛认可，主要是由于其在修复实践中开拓性地建构了一个多层级、多驱动力的多中心管制框架，这个多中心管制框架以地方当局、跨区域的水资源管理机构、慕尼黑市政府、规划部门、建设部门等为决策中心，联合欧盟层面、州层面的环境保护部门、遗迹保护部门等，并将市民、州议会等作为参与者。

Box 5.2　濒死的伊萨河：伊萨河计划（Die Isar：Isar-Plan）

背景：伊萨河（Die Isar）起源于卡尔文德尔山脉（Das Karwendel），流经慕尼黑等重要城市，最终向北注入多瑙河。19 世纪中叶，因常年洪水灾害，慕尼黑河段被裁弯取直，运用堤坝、洪泛平原、防洪墙、拦河坝系统及运河，使水力资源得以开发。但过度的水力开发使得伊萨河水位持续下降，直接导致了慕尼黑地区航运的衰败。到了 20 世纪，慕尼黑市内的河段更像是一条被硬质化的水渠，完全失去了其原有的面貌；不断增高的河堤和两侧陡峭的水泥堤防则使伊萨河变得难以亲近，渐渐无人问津。

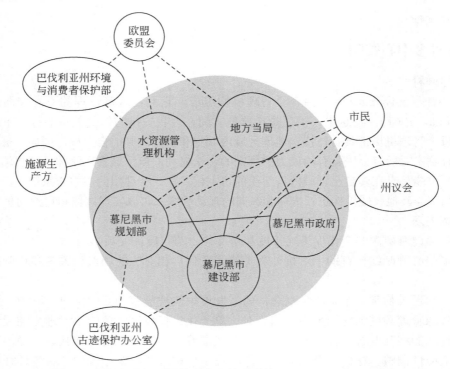

图 5.7　图解伊萨河不同的多中心治理系统（Zingraff et al.，2019）

治理计划：1995 年，巴伐利亚州水务局起草了"伊萨河计划"（Isar-Plan），和来自建设局、城市规划和建筑规范部门及健康与环境部门的代表组成了跨学科的合作团队。项目团队对沿河防洪状况、滨水游憩空间需求及区域动植物资源和栖息地的情况进行调查后，将项目区段确定为从慕尼黑市区南端格罗塞洛河（Großhesselohe）至博物馆岛（Museumsinsel）长 8km 的流域。经过一系列的研讨会，并结合现场勘察与民调的结果，项目组制定了以下目标：①提高防洪能力；②构建自然化的河流景观；③提供优质的游憩空间。2000 年市议会正式通过该项目草案，并于同年 2 月开始施工。

治理措施有：①河床去硬质化；②缓坡替代滚水堰；③引入水体沉积物；④引入阻流因素；⑤河岸线塑造；⑥水体改良与水量控制等。

5.1.6　广泛参与

1. 概念阐释

参与是指利益相关者在管理和治理过程中的积极互动（Stringer et al.，2006）。参与可以发生在生态系统服务过程的所有或部分阶段：从识别问题和目标到实施政策和监测结果，再到评估结果。一般来说，韧性文献中避免了对参与的规定性定义，因为参与者及他们的贡献取决于具体情况，应该在整个适应性管理周期中进行修订。自 20 世纪 60 年代以来，参与式方法，即"个人、团体和组织选择在作出影响他们的决策中发挥积极作用"已经出现并经历了一系列阶段，其特点是逐渐下放权力并逐渐纳入不同类型知识。

2. 基本内涵

（1）广泛和有效的参与可以建立信任，达成共通的理解。

（2）广泛参与更容易转变视角，换位思考，这是传统科学途径难以做到的。

参与被认为是旨在建立社会生态韧性的倡议的基础。多元化利益相关者的参与被认为有利于建立信任和关系，进而扩大知识的深度和多样性，并提高决策的合理性、合法性，同时帮助提高管理系统检测及面对冲击和干扰的能力。这些属性和因素是促进应对系统变化和提高韧性所需的集体行动的关键。

首先，参与可以通过建立协商过程和支持形成或发展关系来提高韧性管理的合法性。其次，参与还可以通过增加知识来促进对系统的理解。如果项目有各种行动者参与，包括那些具有非科学或经验知识的行动者，还可以通过提供一系列生态、社会和政治观点来加深对系统动态韧性的理解，这些观点基本是无法通过传统的科学过程获得的。最后，参与有助于加强信息收集与决策之间的联系，从而能够更加积极地应对系统变化，提高韧性。

3. 拓展应用

许多韧性规划中均体现了广泛参与的原则。例如，2012 年飓风"桑迪"登陆美国的东海岸使美国受灾严重，为了更好地完成灾后重建计划，美国的住房与城市发展部组织了一次全球性的竞赛。这个大赛提出了"通过设计重建——联合起来建设更有韧性的区域"（Rebuild by Design—Working Together to Build a more Resilient Region）的口号。该竞赛特别提出了跨学科、跨行业的共同参与和分工合作，这不仅包括了相关专业的人士和科学家，同时还包括政府的决策者、土地的所有者及其他的利益相关者。同时为了集思广益，达到广泛共识，公众的理解和认同也是必不可少的重要环节。

5.2　预　景　规　划

早期的城市发展比较缓慢，矛盾的激化需要较长时间，城市性质较为单一，适合采用渐进式的理性规划。这种城市规划，往往是基于城市既往的发展，在总结过去的基础上，根据现存问题，适当考虑今后可能发生的变化，然后进行的改造式规划。这种规划方法的流程是：调查—分析—规划。首先进行现状调查，收集城市发展及区域发展的相关数据，然后对这些数据进行分析，寻找其变化和发展的一般规律，试图寻找出可能建立的项目；然后在数据分析的基础上，考虑到对当前环境的分析，再根据规划的图则及条例进行规划。

而今，科学技术正日新月异地发展，社会环境正经历着深刻的变革，这些都使得城市结构变得日益复杂，城市发展的速度已经远远超出了过去，模式也大有不同。在城市的快速扩展进程中，其发展目标往往是模糊的，存在多目标发展的可能。面对瞬息万变的环境，传统的城市规划难以对城市的未来情景做出良好构想，缺乏灵活性，规划目标与实际发展相背离的问题突显出来，而且这样的城市规划，难以对未来城市的发展前景作出很好的预测。因此需要发展出一套新的适应非确定性条件下构想未来可能情景的方法，预景规划与多解规划就在这样的背景下应运而生。

美国学者 Steinitz 等（2003）认为对未来进行规划预测，是一个特别复杂且不确定的过程，假设一旦现实脱离了预定规划，则一些规划策略就会失效，这时人类活动对生态的影响也就无从预期了。基于此，Steinitz 给出的解决方案是：既然对未来的预测不可能达到精确，那么就应该对未来发展的各种可能性进行全面考虑。

Steinitz 主张基于区域当前的现状，推导出未来发展的多种假设，既有保守的也有激进的，随后基于这些假设模拟出未来可能的图景，将利弊一一列出。这使得决策者可以在多种规划图景中挑选更适宜、更能达到多方利益平衡的可行方案,并在发现现实发展脱离规划设想时,可以及时施加干预。

Steinitz 的规划思路本质上是在对可能的未来进行预期管理,也即如今预景规划的雏形。这一方法的目的并不在于指导区域向某一特定方向发展,而是为决策者提供了一套多元的未来图景,帮助他们预见不同的发展模式会带来何种不同的结果,从而提升未来规划的决策质量。同时也是在试图改变规划人员的心理模式,帮助规划人员重新思考他们习以为常的观点,思维方式从历史趋势外推法转变为未来情景逆推法,为城市应对未来风险提供有效策略。

5.2.1　预景规划的概述

预景规划(scenario based planning)又称为多解规划,指在不确定目标下,基于对历史经验外推、未来终端状态鉴别和预测事件的综合考虑得到的关于未来场景的规划方法。利用地理信息技术的模拟模型,通过设计一个预景,在区域景观分析和规划中全面考虑地区人口、经济、自然和环境等各种因素,从而形成多种设计方案,对不同的土地利用规划和管理决策产生的后果进行预测,促进了景观规划的可视化。针对不同因素和影响程度的变化,在发展过程模型的同时利用相应的框架指导未来用地分配,对产生的设计效果进行评价。

预景规划不是要给出结果,而是在管理预期。这一方法的目的并不在于指导区域向某一特定方向发展,而是为决策者提供了多种未来的可能性,从而提升决策质量,并非要求准确地预测今后的发展,抑或准确预测、预景未来的某个灾害事件,而是为了全面检查未来的种种可能,以便做好更加完善的规划准备。

预景规划是以未来目标为起点的倒推过程,其中包含了实施过程风险分析和防范措施的制定。它是一种系统的方法,创造性地去思考复杂和不确定性未来的各种可能。其核心是未来可能的变化,它包括许多重要的非确定性因素,而不是关注于单一结果的精确预测。预景规划追求的是应对不确定未来的能力,而不是强调唯一的最优解。预景规划突破了传统城市规划历史外推的局限,对规划的时间概念进行适当模糊,对城市的发展采取主动的规划模式,充分考虑城市特色、需求、发展等多方位信息,探寻城市发展的关键因素。

1. 概念演进

预景(scenario)一词源于戏剧艺术,韦氏新版大学词典有三种不同的解释:一是戏剧作品的情节或概要(the plot or outline of a dramatic work),二是分镜头的情节编写和事件安排(the written plot and arrangement of incidents of a motion picture),三是一系列行动或事件的概要或规划(an outline or plan of a projected series of actions or events)。从决策论的角度来看,预景是决策者对未来所期待的状态的描述和相关的系列事件,并由这些事件确定将现状导向未来的目标。

预景研究方法首先由美国国防部在 19 世纪 50 年代提出,当时,Herman Kahn 运用预景思想提出了未来并不是简单的有核战争和无核战争的世界,而是处于有无核战争之间的不同状态上,它打破了认为要么爆发核战争,要么不爆发核战争的传统看法,给美国军方以崭新的战略思维,并被运用于各级军官的日常训练中(Hall et al.,2005)。

预景规划研究的发展经历了如下几个阶段:20 世纪 60 年代比较强调基于已经稳定存在的趋势,而 80 年代则转向处理未来的不确定性,再以后则强调专家、决策者和公众的讨论及共同决策。

自 20 世纪 80 年代中期哈佛商业评论发表了壳牌(Shell)公司运用预景规划的成功案例,

预景研究方法逐渐应用于企业的发展决策过程，即在企业作出决策之前，设计几种未来可能发生的情形，并依次评估各种可能性下的结果与效益。企业决策者在这个过程中展开充分客观的讨论，使最终的企业发展决策更具韧性。

同时在 20 世纪 80 年代以后，随着环境问题的日益突出，为有效地协调保护与开发之间的矛盾，欧美生态和景观规划师将预景研究方法用于以可持续发展为目标的区域与环境管理的规划实践中。随后，预景研究方法也用于探讨不同发展需求下景观规划的保护与开发战略。

2000 年，美国国家环境保护局（US Environmental Protection Agency）发起联邦净水行动计划，要求各联邦机构注重流域保护，并在整个过程中增加公众参与，同时号召多方合作。Steinitz 及其团队也参与设计了这一保护性规划方案，他们在传统景观规划的基础上，提出了景观规划不仅是对局部地区的保护和利用，更是对区域整体空间可持续发展的保障，并创造性地提出了变化景观的多解规划和地理设计框架。

当今，预景方法被认为是处理动态的、复杂的、非线性和不确定的环境的最好方法之一，预景规划也被欧美国家/地区广泛运用于战略规划中（俞孔坚等，2004）。

2. 预景规划的理论基础

1）不确定性金字塔

韧性规划的出发点即应对潜在灾害对正常社会的干扰，其中包含自然灾害、瘟疫灾害等一系列突发事件，是一种防患于未然的规划。如何识别、应对未来不确定的气候风险是其中重要的一环。Wilby 和 Dessai（2010）从联合国政府间气候变化专门委员会定期发表的全球气候变化报告出发，研究探讨气候变化中的各种不确定因素。具体而言，在全球和区域气候模型中，不同的社会、经济、人口条件产生了一系列不确定性，从而影响大气温室气体的浓度，以及区域内的人类和自然环境。每个级别三角形数量的增加代表排列数量的增加，即不确定性范围的扩大。例如，即使是相对稳定的水文模型，由于校准方法和观测数据的不同，也可能产生多样的结果。

因而，如果采用"自上而下"（或称"情景主导"）的方法，在整个气候变化的预测中，排放情形、气候模型、区域尺度预警等的排列数量在每个阶段都会激增，当局部地区试图采取应对性措施时，规划者所面对的变量数目便十分庞大，这就是"不确定性金字塔"，即复杂系统各单元不定情形的累积（图 5.8）。

2）决策金字塔

同不确定性金字塔一样，规划决策也包含多个层级。

（1）愿景层级。愿景是一种由组织领导者与组织成员共同形成，具有引导与激励组织成员的未来情景的意象描绘，在不确定和不稳定的环境中，提出方向性的长程导向。愿景通常由价值体系决定，即基于价值观的"为什么"。例如，每个人都向往健康，因而需要建设健康城市；每个人都热爱现在的生活，因而需要提升城市韧性，提升城市抵御未来风险的能力。

（2）战略层级。战略指决定全局的策略。进行战略方面的设定以实现愿景，即基于策略的"做什么"。例如，为打造健康城市普及健康教育、增加运动空间，为构筑韧性城市建设应急中心、改善城市防洪体系等。

（3）战术层面。战术指指导和进行行为活动的方法。制定不同的规划，把战略通过具体的项目实现，即"在哪里做"。

（4）行动层面。行动指执行、完成具体的项目，即"怎么做"。例如，为建设韧性城市，改善城市防洪体系建立人工湿地，从项目选址规划到项目落成，从愿景到具体的执行，每一层都有多种选择，整个规划是多级选择组合的结果。实际规划中所面对的一系列不确定性因素和可行性，构成了预景规划的现实基础。

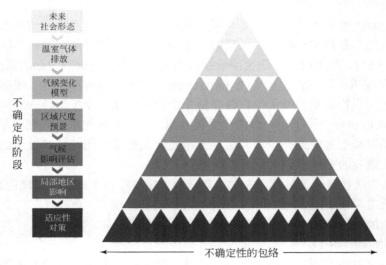

图 5.8　不确定性金字塔（Wilby and Dessai，2010）

3. 预景规划的特征

预景研究方法挑战现有思维障碍，利用直觉或构建景像的方式探索未来，包括以下两大类。

（1）在已知未来状态下探索所应采取的不同行动。例如，面对海平面上升带来的威胁，应选择建造防洪墙、防洪堤等灰色基础设施，还是利用生态驳岸等绿色基础设施，抑或二者结合。

（2）在已知现状政策下模拟未来的不同场景。例如，当选择建造防洪堤后，在 20 年一遇、50 年一遇、100 年一遇的风暴潮影响下，城市不同的受灾场景及灾害损失。

这是一种发散性的思维过程（图 5.9），它并非仅产生单一的建议，而是产生一组成熟的替代性方案，可以帮助决策者和其他利益相关者评估情景中每个选择的优势和劣势。它模拟了决策者面临的一系列选择的后果，而不是只为未来创造单一的愿景。

保持中立是预景研究的关键指导原则。尽一切努力以不偏不倚的方式，使用合宜价值观来指导研究。预景的解包括可能的预景、期望的预景和可实现的预景三类（图 5.10），其中期望的预景和可实现的预景的交集便是理想的规划方案（俞孔坚等，2004）。

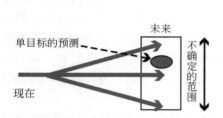

图 5.9　预景与预判的差别（Ringland and Schwartz，1998）

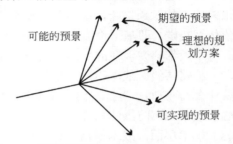

图 5.10　预景的不同的解的关系（Godet，2001）

4. 预景规划的基本要求

优秀的预景规划需具备"可靠""灵活"两个基本要求。可靠,指该方法能针对主要问题和相关因素,提出有力可行的解决方案。灵活,指可以根据不同的需要作出相应改变,包括改变时空间范围、增加或减少要素、更新数据、改善模型等。

5.2.2　建立预景的流程与途径

1. 建立预景的流程

Steinitz 等(2003)对预景规划和多解规划的解释见图 5.11。时间轴代表过去、现在到未来,"现在"以实心圈表示,而规划师可以通过设计预景来预测未来的情形,被称为"多解的未来",用空心圈来表示。——罗列所有预景后,便可对预景进行评估。在所有预景中,有一些可能是不切实际的、不着边际的猜想;但也有一些可能成为现实,在这些可能的预景中,有一些是具有操作价值的、值得推荐的愿景,而其中的一小部分,不仅是可荐的,而且在现有资源条件下是完全可行的,这些愿景便是规划行为努力的目标和方向。若干年后,如果预景真的实现,那么它也将成为下一个预景规划的起点。这就是预景规划的整体流程。

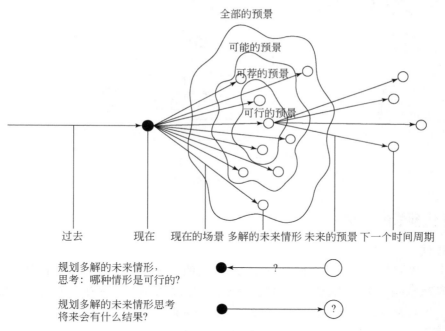

图 5.11　预景规划的整体流程(Steinitz et al.,2003)

2. 建立预景的途径

建立预景可以采用不同的方法。无论做出何种预景,其基本工作都是收集关于地区、政策、气候等方面的数据、文件及图集、登记信息等详细资料。在此基础上,最直接的方法即不做任何改动,维持现状进行发展,这就是预景规划中的"基础预景",一般用来作为参照物。除此之外,还需预想不同的情形,例如,通过头脑风暴、邀请专家研判、采用模型预先设定的预景、类比其他城市、分析历史趋势、文献研究成果综合分析等方法,评估模拟每种方法预计发生的结果。无论采用何种建立预景的方法,在整个过程中,都需要保持和利益相关者、当事人、规划对象的良好沟通，他们可能对潜在的变化更加了解。不同的规划方案最后会汇总成数字，或者是以详细图表的形式来展现出来（图 5.12）（Steinitz et al.，2003）。

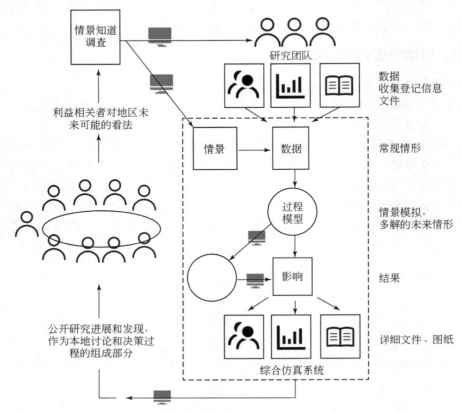

图 5.12　建立预景的途径（Steinitz et al.，2003）

5.2.3　评估预景的方法

1. 比较法

根据某一个目标，将不同的预景进行孰优孰劣的比较。例如，建立预景评估二维坐标系，横轴代表环境影响，纵轴代表经济表现。将不同的预景填入坐标系中，同时比较这两个不同轴的情况，即可判别既能够实现经济发展，又能够保护环境的具体情形。

2. 矩阵法

适用于需全面的、根据多方面评估预景的情况。将需要评估的内容单项一一列出，针对不同的预景，采取专家打分、利益相关者打分、计算机模拟、空间分析等方式，为每项评估内容进行评分，最终得到矩阵列表。

矩阵中的每个预景都有相应的评估分数，在此基础上，可着眼于重点因素，或利用加权汇总方式进行进一步评估，以实现规划情形的判别。

5.2.4　美国新泽西州大西洋城预景规划

大西洋城（Atlantic City）位于美国新泽西州大西洋沿岸的阿布西康岛。2012 年 10 月 29

日晚，飓风"桑迪"以一级强度在美国新泽西州大西洋城附近沿海登陆，登陆时中心附近最大风力有 12 级，给美国中东部地区特别是东北部各州带来了狂风暴雨天气。大量降雨和涌上堤岸的潮水使整个大西洋城大面积积水，基本阻断通行，整个城市陷于停顿。

根据"Surging Sea"海平面分析中心评估结果，灾后整个大西洋城被评估为"非常脆弱"，主要表现在：①防浪防洪堤坝等防御建筑标准低。大西洋城临海发展，且处于地势低洼的地区，但沿海防浪堤及防洪坝高度明显偏低。②灾害防御准备不充分。地铁车站内部和街道建有的挡水设施水平较低，极易沦为排水沟，"桑迪"影响前未及时采取有效封堵措施，同时抽水设备也准备不足，致使地铁交通陷入瘫痪；此外，变电站等电力设备的装备地点过低也导致飓风影响期间被淹没，造成大面积停电和火灾频发。

面对未来可能发生的风暴潮，哈佛大学景观设计团队着手对城市的重点区域进行重新规划，通过头脑风暴、与当地规划部门访谈等方式，将城市的"不确定性陷阱"归为三点：①未来飓风灾害的频度与烈度，类似"桑迪"的一级飓风是否会再次袭击本地；②气候变暖带来的海平面上升程度，若海平面维持现有的上升趋势（每 60 年上升 0.3m），滨海的度假宾馆和道路都将可能被淹没；③经济的长期经济趋势，本地经济能否在灾害过后恢复增长，如果经济增长，则能提供更多工作机会，城市土地可能得到有效的开发利用，而如果经济衰退，则土地的价值将会折损，开发规模和强度都会下降（Huang，2016）。

5.2.5　小结

世界是不可预知的，只能通过有限的预期范围进行工作。当面对无法控制、不确定的情况，预景规划提供了一个框架，能发展更有韧性的保护政策。它能很好地理解不确定性的暗示，描述可变性发展中不确定性的程度（王睿和周均清，2007）。

将预景规划方法应用于韧性城市规划中，其价值不在于提供某种更先进的规划方法。预景规划并没有从根本上否定理性规划，而是促使人们对理性规划的本质、规划的目的和意义进行深层次的思索，预景规划思考的是关于事物复杂矛盾性的知识与合理价值判断的结合，通过合理的价值目标来指导实现该目标的行为。

5.3　基于过程的气候适应性规划

5.3.1　气候适应性规划

气候变化是当前全球高度关注的科学和政治问题，气候变化导致了极端天气气候事件频发。当前，很多不确定因素又给国际应对气候变化形势带来了众多不确定性和新挑战。气候适应性规划则是通过建立规划控制要素与城市气候状况之间的耦合关系，寻找相互影响的内在规律和机制，提高城市韧性，减缓并适应气候变化，为开展城市开发建设活动提供政策指引。

气候适应性规划现已被运用到灾害风险防控、景观规划、生态规划等各个领域。2005 年以来，南非开普敦，美国芝加哥、纽约，加拿大多伦多、温哥华，英国伦敦、温莎，丹麦哥本哈根，荷兰鹿特丹等城市相继制定了气候适应性规划并付诸实施，取得了较好的效果。

5.3.2　国内外气候适应政策的发展历程

1. 《联合国气候变化框架公约》下国际气候变化适应政策

《联合国气候变化框架公约》把通过预防措施预测、防止或减少引起气候变化并缓解其不利影响作为 5 条指导原则之一，要求缔约方制定和实施减缓和适应气候变化的计划，开展合作共同适应气候变化的影响，同时要求发达国家缔约方为发展中国家缔约方适应气候变化提供资金援助。该公约生效后的历次缔约方会议都涉及气候变化适应议题。

2001 年该公约第 7 次缔约方会议是气候变化适应谈判的一个里程碑，会议决定在全球环境基金等资金支持下开展一系列气候变化适应行动，包括提供与适应相关的技术培训，开展脆弱性和适应评估的扶持性活动，将适应纳入国家政策和可持续发展规划等。同时，通过设立气候变化特别基金、适应基金、最不发达国家基金等资金机制支持发展中国家和最不发达国家的适应行动。2004~2007 年的缔约方会议先后通过《关于适应和应对措施的布宜诺斯艾利斯工作方案》等一系列工作方案和计划（图 5.13），逐步加强国际适应行动（孙傅和何霄嘉，2014）。

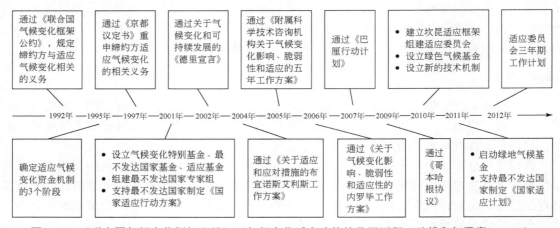

图 5.13　《联合国气候变化框架公约》下气候变化适应政策的发展历程（孙傅和何霄嘉，2014）

2009 年第 15 次缔约方会议通过了《哥本哈根协议》。2010 年的第 16 次缔约方会议是气候变化适应谈判的又一里程碑，会议决定建立坎昆适应框架和适应委员会以加强国际气候变化适应行动，设立绿色气候基金为行动提供资金，并且设立新的技术机制促进技术开发和转让。2011 年和 2012 年缔约方会议落实了此次会议的相关成果，确立了适应委员会的工作机制，通过了适应委员会三年期工作计划，启动了绿色气候基金，并确立了最不发达国家制定《国家适应计划》的工作机制等。回顾国际气候变化适应政策的发展历程可以看出，多数发达国家从 2006 年开始制定专门的气候变化适应政策，包括法律、框架、战略、规划等文件形式，最不发达国家在公约资金机制的支持下也相继开展了《国家适应行动方案》和《国家适应计划》的编制工作（表 5.1），制定专门的气候变化适应政策已经成为必然趋势（王祥荣等，2016）。

2. 我国气候适应政策发展历程

自 2007 年国务院发布《中国应对气候变化国家方案》以来，我国政府相继发布和实施了一系列与适应气候变化相关的政策，包括 2008~2013 年我国发布的《中国应对气候变化的政策与行动》白皮书、《中华人民共和国气候变化第二次国家信息通报》、《国家适应气候变化战略》等。这些政策、法规和规划的出台使我国初步形成了由上而下、由综合部门扩展到专业部门的适应气候变化政策体系（图 5.14）（彭斯震等，2015）。

表 5.1　全球 6 个最具代表性的韧性城市发展适应规划（王祥荣等，2016）

城市	对应策略	发布时间	主要气候风险	目标及重点领域	投资/美元
美国纽约	《纽约规划：更强大、更有韧性的纽约》	2013 年 6 月	洪水、风暴潮	修复飓风"桑迪"的影响，改造社区住宅、医院、电力、道路、供排水等基础设施，改进沿海防洪设施等	195 亿
英国伦敦	《管理风险和增强韧性》	2011 年 10 月	持续洪水、干旱和极端高温	管理洪水风险、增加公园和绿化，到 2015 年 100 万户居民家庭的水和能源设施更新改造	23 亿
美国芝加哥	《芝加哥气候行动计划》	2008 年 9 月	酷热夏天、浓雾、洪水和暴雨	目标："人居环境和谐的大城市典范"特色；用以滞纳雨水的绿色建筑、洪水管理、植树和绿色屋顶项目	—
荷兰鹿特丹	《鹿特丹气候防护计划》	2008 年 12 月	洪水、海平面上升	目标：到 2025 年对气候变化影响具有充分的韧性，建成世界最安全的港口城市 重点领域：洪水管理、船舶和乘客的可达性、适应性建筑、城市水系统、城市生活质量 特色：应对海平面上升的浮动式防洪闸、浮动房屋等	4000 万
厄瓜多尔基多	《基多气候变化战略》	2009 年 10 月	泥石流、洪水、干旱、冰川退缩	重点领域：生态系统和生物多样性，饮用水供给、公共健康、基础设施和电力生产、气候风险管理	3.5 亿
南非德班	《适应气候变化规划：面向韧性城市》	2010 年 11 月	洪水、海平面上升、海岸带侵蚀等	目标：2020 年建成为非洲最富关怀、最宜居城市 重点领域：水资源、健康和灾害管理	3000 万

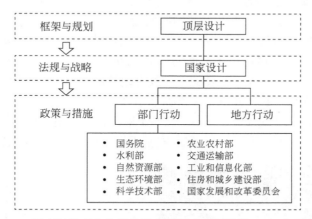

图 5.14　适应气候变化政策体系［根据（彭斯震等，2015）改绘］

在应对气候变化的大背景下，加速低碳转型已成为全球主流趋势。2022 年，我国先后印发两份重要文件：《国家适应气候变化战略 2035》和《减污降碳协同增效实施方案》，对"双碳"目标下气候适应性政策体系进行了补充。

与《国家适应气候变化战略》相比，《国家适应气候变化战略 2035》在基本原则上更加突出了预防为主，树立底线思维，提升自然生态系统和经济社会系统气候韧性；更加突出适应行动要基于科学评估，要强化系统布局，与经济社会发展规划、国土空间规划、城乡建设规划等重大规划有机衔接；更加注重统筹联动，坚持适应和减缓协同并进。在目标设定上进一步细化了分阶段要求，明确了 2025 年、2030 年和 2035 年主要目标。

　　下一步，中国将继续实施积极应对气候变化国家战略，把"双碳"工作纳入生态文明建设整体布局和经济社会发展全局，坚持降碳、减污、扩绿、增长协同推进，坚持系统观念，处理好发展与安全的关系，持续推动气候适应相关工作取得积极进展。

5.3.3　哥本哈根气候适应性规划

1. 哥本哈根概况及气候风险辨识

　　哥本哈根位于丹麦西兰岛东部，是丹麦的首都、最大城市及最大港口，同时也是丹麦政治、经济、文化和交通中心，世界著名的国际大都市，与瑞典第三大城市马尔默隔厄勒海峡相望。

　　人类活动的影响导致全球气温加速变暖、温室气体浓度增加、复合极端天气事件发生概率提升，全球气候系统正经历几千年来前所未有的变化，也给哥本哈根带来了严峻的挑战。哥本哈根急性风险表现为暴雨、洪涝、海平面上升、风暴潮，慢性风险表现为气候变化、高温等。

2. 气候适应性规划的发展历程与韧性策略

1)《哥本哈根气候计划》

　　2009 年 8 月，哥本哈根市政府出台《哥本哈根气候计划》（*Copenhagen Climate Plan*），希望通过实际行动，为未来城市绿色发展作出示范，以更好地应对气候变化带来的风险（王江波等，2020）。该计划提出，到 2025 年，使哥本哈根成为全世界第一个实现碳中和的城市。

2)《哥本哈根气候适应性规划》、《暴雨管理规划》与《哥本哈根 2025 气候计划》

　　在 2009 年 12 月举行的哥本哈根气候会议上，与会各国着重讨论了随着全球气候变化而产生的人类可持续发展问题、世界发展不均衡问题、全球环境治理与相互合作问题等，并签订了具有划时代意义的全球气候协议书——《哥本哈根协议》（*Copenhagen Accord*）。

　　2010 年 8 月，哥本哈根遭遇百年难遇的暴雨。2011 年 7 月 2 日，一场千年一遇的暴雨突如其来。与此同时，强降雨带来了风暴潮，导致海边的商业、娱乐设施损坏，经济损失惨重。

　　哥本哈根当局意识到，暴雨并不是一次偶然事件，由于气候变化的综合效应，气候变暖、海平面上升和风暴潮将会持续加剧，预计到 2110 年，哥本哈根港口的海平面将上升 1m，降水量预计将增加 30%～40%（图 5.15）。市政府基于城市现有的排水规划、绿色基础设施规划

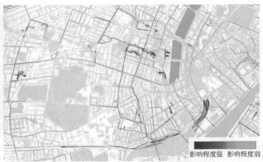

(a)采取适应性措施前百年一遇暴雨影响范围　　　　　　(b)采取适应性措施后百年一遇暴雨影响范围

图 5.15　2110 年哥本哈根暴雨引起城市内涝情况情景预测

和生物多样性战略，结合气候大会上提出的目标要求，集思广益，适时出台了新的《哥本哈根气候适应性规划》（*Copenhagen Climate Adaptation Plan*），将"建立一个气候安全的哥本哈根，一个绿色增长的哥本哈根"作为城市韧性建设的发展方向。

《哥本哈根气候适应性规划》提出了 4 个目标：①开发雨水排放的多重路径；②探索绿色解决方案以降低水灾风险；③减轻海平面上升危害；④制定具体的气候适应性策略。

具体措施包括保护现有绿地、增加蓝绿基础设施、构筑绿色基础设施网络等，通过实施"绿色屋顶计划"，发挥植被在吸收雨水、降低温度、创造栖息地及丰富城市功能方面的作用，并将其应用于 SLA 事务所的城市沙丘和 BIG 事务所的 8-house 等项目。此外，决策部门基于 10 年的综合公共风险评估数据，将其标准化后转化为应对风险的经济损失，并通过此种方法确定灾害等级。灾害来临时，哥本哈根市首选防止气候风险事故的发生，如果由于技术或经济因素无法终止事故发生，则将迅速地采取减小事故规模的行动。其中，决策部门针对城市暴雨事件的危害性制定了三级响应对策，并按照区域-城市-分区-街道-建筑五个空间层面分别进行（表 5.2）。

表 5.2　哥本哈根应对城市暴雨的分级管控对策

	第一阶段	第二阶段	第三阶段
地域/措施	降低事件发生的可能性	减小事件规模	降低事件脆弱性
区域层面	集水区降雨量延迟、抽水入海	集水区降雨量延迟、抽水入海	—
城市层面	城市层面构筑堤坝、提升建筑高度、增加城市排水容量、抽水入海	应急准备、基础设施安全预警	发布信息，将易受损害的区域转移到安全地带
分区层面	构筑堤坝、采用 B 计划*、提升建筑高度/阈值	采用 B 计划*、保护基础设施	将易受损害的区域转移到安全地带
街道层面	控制雨水径流、提升建筑物高度/阈值、本地雨水管理	控制雨水径流提升建筑物高度/阈值、堆砌沙袋	将易受损害的区域转移到安全地带
建筑层面	采用回水阀，提升建筑物高度/阈值	堆砌沙袋	将易受损害的区域转移到安全地带

　*"计划"表示特定情景下原措施无效时采取的进一步措施，即迅速将雨水输送到对其造成最小伤害或无损害区域的方法的总称，体现适应性。

3）哥本哈根气候措施年会与哥本哈根气候中心

单一城市无法抵抗气候变化带来的综合性挑战，因而，在制定城市内部气候适应性方案的基础上，必须积极与其他国家、城市联手，广泛合作，共同应对气候挑战。

自 2014 年以来，哥本哈根市政府每年秋天举办一次哥本哈根气候措施年会（Copenhagen Climate Solutions Annual Meeting），议题包括气候适应、交通、智能城市、节能、创新、国际合作、循环经济等，将城市内部的协同管理提升为城市间的横向协作（董彩霞，2016）。

哥本哈根市政府结合具体区域的脆弱性、风险辨识及变化趋势预测结果，为城市的各个分区制定具体的海绵城市景观设计方案。方案的核心是低投入-高效益的"蓝绿措施"，以多样化的雨水滞留措施来防控气候变化带来的各种风险。结合成本效益分析，规划提出了 8 种减缓灾害的介入手段，将"灰色"水利工程与"蓝绿"城市生态工程相结合，创造了一套普适性的洪水缓解模型，即"暴雨工具箱"（图 5.16）。

"暴雨工具箱"包含以下几个重要手段。

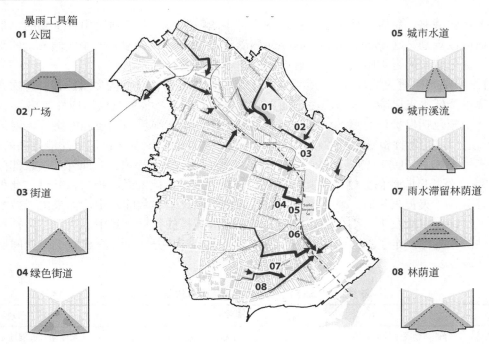

图 5.16　哥本哈根"暴雨工具箱"（付征垚等，2022）

1）雨水滞留公园

传统的工程设计方式只能通过建造巨型的、造价高昂的泄洪道或管网来传输雨水，鉴于大型暴雨事件十分罕见，雨洪基础设施绝大多数情况下都处于闲置状态。相比之下，景色宜人的"蓝绿公园"既能够为居民健康带来巨大裨益，设计改造后，这些公园又可成为吸纳特大洪水的"海绵"。规划充分利用哥本哈根市区三大内湖之一的圣约尔根湖，将湖水水位降低一半，使其成为一座风景秀美的湖滨公园。规划实现了以远低于传统水泥蓄水池的成本来建造巨型蓄水设施的目标，同时人们可以走进新建的蓝绿公园，享受闲暇与欢愉。

2）雨水滞留林荫道

林荫道将道路剖面变为"V"形，使中间的绿化低地形成一条巨大的海绵滞留带。暴雨天气时，雨水将从两侧的建筑物流向中间绿化带，在正常降雨及无雨天气时，低洼的绿带则可成为周边居民的休闲场所。

3）雨水滞留街道

首先，将低洼、脆弱区域的次级道路改造成雨水滞留街道，在实现雨水滞留净化雨水的同时实现对地下含水层的补给。其次，在极端脆弱的区域铺设管径达 3m 的地下排水管道网，将过量的雨洪引入中央湖区，进而排入海港。

4）城市水道

"V"形的道路剖面与传统的工程做法形成鲜明对比（图 5.17）。这样的转变缩减了路面宽度，同时提升了街道应对一般降雨和极端降雨的能力。

哥本哈根暴雨防控规划旨在通过愿景式的设计方案带来协同效应，使城市成为一个整体。这一愿景将城市空间中的水流作为一种资源进行引导，并充分利用水敏性的、蓝绿结合的处理方案提升城市宜居性，改造后的公园和聚会空间提升了城市的休闲价值，城市中的微气候得以改善，而与交通规划的协作也为城市安全及市民便利性做出了贡献。该生态防洪景观规划荣获 2016 年美国景观设计师协会（American Society of Landscape Architects，ASLA）分析规划类杰出奖。

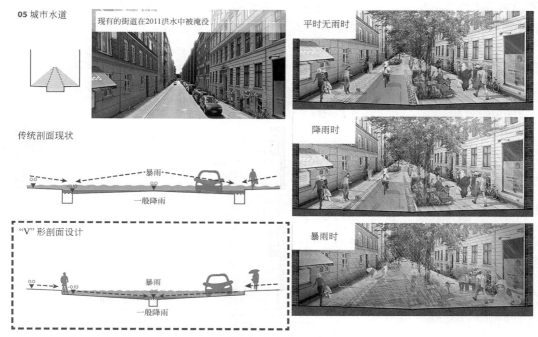

图 5.17　哥本哈根"暴雨工具箱"之城市水道（付征垚等，2022）

3. 气候适应性规划的过程性特征

总结哥本哈根应对气候变化的不确定性过程中运用的适应规划决策方法，主要包含气候情景预测分析、法规政策分级响应、灾害风险监测预警、社区利益主体参与等方面，各项决策方法中充分反映了气候适应性规划中的过程性特征（图 5.18）（蒋存妍等，2021）。

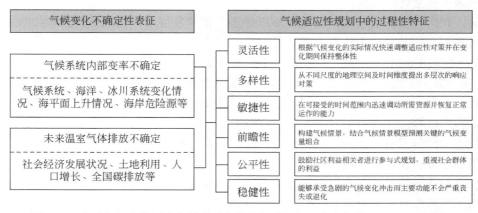

图 5.18　应对气候变化不确定性的过程性特征［根据（蒋存妍等，2021）改绘］

5.3.4　对我国气候适应性城市规划工作的启示

气候变化的不确定性给决策者带来了情景不确定、决策后果不确定、决策方案不确定等困难和风险。我国的气候适应性城市规划工作目前仍处于初期起步阶段，在应对气候变化不确定性方面的对策尚不完善。未来，可考虑建立图 5.19 所示的未来城市应对气候变化不确定性的动态适应性规划框架，在每个阶段通过关键途径与技术方法将气候适应性规划的过程性特征纳入规划决策，以增强各规划阶段应对气候变化不确定性的能力（蒋存妍等，2021）。

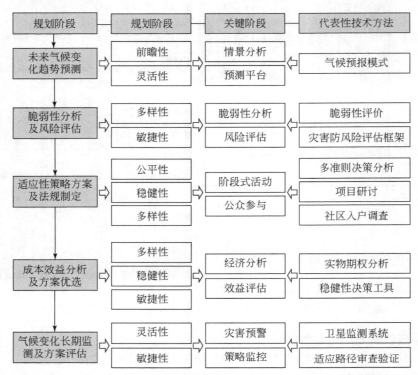

图 5.19　未来城市应对气候变化不确定性的动态适应性规划框架（蒋存妍等，2021）

1. 未来气候变化趋势预测

目前，我国气候系统模式的研发工作已经进入快速发展期，由国家气候中心自主建立的气候模式预测及检验精度已达到世界先进水平，且有部分研究机构参与到第六阶段耦合模式比较计划（Coupled Model Intercomparison Project Phase6，OMIP6）的国际工作中，未来将参与 IPCC 第六次评估报告的编写。然而，我国气候系统模式在模拟预估的不确定性方面还有待提升，且区域气候模型通常无法在城市、社区等决策单元和尺度上准确地预测气候变化。因此，未来我国应持续注重开发具有不同气候变化情景预测能力的气候模式，并不断完善不同气候事件下的预测模块，以解决决策过程中的不确定性问题。

2. 脆弱性分析及风险评估

武汉市是我国建设的首个气候适应性城市，2018 年，针对当前的气候变化形势，武汉市率先完成了气候变化脆弱性评估工作，并依托评估结果提出城市建设管理模式。未来我国的城市气候变化脆弱性评估工作应重点衡量不同情景下气候系统内部变率及未来温室气体排放的速率对城市的影响，确定受影响范围及其人口数量、公共设施的受影响程度等，并可通过脆弱性地图的形式直观呈现。此外，风险评估应通过构建由不确定因素组成的瞬态情景对城市区域造成的影响来体现，同时利用应对风险的经济损失来量化评估风险的级别与概率，相关计算结果可以作为确定灾害等级及适应性行动优先级的依据。

3. 适应性策略方案及法规制定

2016 年我国出台的《城市适应气候变化行动方案》提出了城市规划、基础设施建设、建筑等大领域的气候适应策略，有效推动了我国适应性气候变化工作的开展，但行动方案中对气候变化不确定性方面考虑不足。我国的"十四五"规划纲要中提出将进一步强化气候适应变化工作，同时在我国出台《国家适应气候变化战略 2035》和《减污降碳协同增效实施方案》，全面开展国土空间规划的背景下，未来在市级国土空间规划编制体系中应重点突出应对气候变化的动态适应重点内容，尤其在相关专项规划中应当形成多层次的城市空间响应措施，在灾害来临时可以做到分级管控，同时在时间层面形成短期—中期—长期的分阶段适应方案。此外，应当鼓励社区利益相关者进行自下而上的适应策略制定参与，同时强调以易受气候变化影响的社区及社会弱势群体的需求为基础，实现气候适应性的公平目标。

4. 成本效益分析及方案优选

气候变化的不确定性增加了不可预期风险发生的概率，因此投资成本效益也呈现不断波动的状态。对气候变化适应方案的执行情况、投资成本效益等进行评估，是确定首选适应路径并使适应策略达到最佳效果的主要方法。目前，我国关于气候适应策略成本和效益评估的研究数量远少于减缓策略，且由于成本效益分析涉及的内容十分庞杂，为经济评估的定量化带来切实的困难。未来应综合利用实物期权分析（physical option analysis，POA）、多准则决策分析（multi-criteria decision analysis，MCDA）等经济学方法，将经济要素与适应建设技术灾害影响等要素结合起来，对适应气候变化的成本和收益进行更切合现实需求的评估，进而帮助规划从业人员进行方案优选，同时更好地为气候适应政策制定服务。

5. 气候变化长期监测及方案评估

目前，我国灾害预警成果的国际影响力持续提升，并逐步建立了多渠道的预警业务平台，但仍存在传播不规范、更新不及时、信息来源不明确等问题，为公众获取准确有效的气象灾害信号预警带来一定难度。建立气候灾害的紧急预警体系，首先，应建立完整、动态的城市资料数据库，为城市气候变化预测与风险评估提供基础信息。其次，早期预警机制应尽可能多地利用现代社交网络平台进行通知、演练，并针对脆弱性人群和地区提供切实可行的应对措施。最后，结合人工智能、可视化大数据、深度学习等技术，构建多灾种、多尺度的预警平台和危险需求框架，对气候适应性措施的效果进行评估，并对适应方案进行循环调整。

5.4　基于自然的解决方案

城市化发展和日益增加的建设活动加剧了对生态环境的影响，给城市造成更大的气候风险。基于自然的解决方案（Nature-based Solutions，NbS）这一针对城市可持续发展的概念应运而生，为城市韧性提升带来了转机与潜力，其通过对自然资源的有效管理，将危机转化为城市转型发展新机遇，同时保护生物多样性，提升人类健康和福祉。在欧美地区，已广泛应用该理论指导解决自然灾害、环境修复、公共健康等问题。

5.4.1　NbS 概念的起源和发展

1. 2008 年前：从农业到工业，从水系统到生态系统

21 世纪初，NbS 的概念首先被用于病虫害综合治理、减缓农田径流等农业问题及与土地使用管理相关的领域中。2007 年，这个概念从农业领域拓展到工业设计范畴，Singh 等（2007）通过模拟防水叶的形貌来解决机械系统中的磨损问题，从而促进了对工业设计 NbS 的探索。此外，"仿生学"一词也被用于绿色基础设施和城市水管理的软工程方法。2005 年，《千年生态系统评估报告》指出自然生态系统与未来人类福祉有着密切关系。此后，NbS 被广泛运用于生态系统管理中。

2. 2008 年至今：缓解城市化和气候变化对社会生态系统的压力

2008 年后，NbS 相关的研究热点也转向全球气候变化的相关领域，并得到了广泛的国际关注。例如，2008 年世界银行发布的《生物多样性、气候变化和适应》报告中，将 NbS 作为气候变化减缓和适应项目投资的重点；2009 年世界自然保护联盟（International Union for Conservation of Nature，IUCN）在《联合国气候变化框架公约》的一份意见书中提出"应用 NbS 来解决气候变化问题"，并于 2012 年正式通过了该提议，将其作为 2013～2016 年工作计划中三项重点项目之一。由于国际研究机构的资助及 NbS 在解决城市问题方面特有的优点，许多欧洲国家迅速采纳并将之作为应对环境变化挑战的创新策略。此外，IUCN 也对该概念进行了深入研究，2015 年，其发布的《基于自然解决方案应对全球社会挑战》报告中，提出了以生物多样性和人类福祉为核心的 NbS 运营框架。

5.4.2　NbS 理论

1. NbS 的定义

目前，NbS 作为一种新概念已经在欧美地区得到了广泛的研究和实践，不同的国际组织和研究者都对 NbS 进行了定义。欧盟认为，"NbS 受到自然的启发和支持，具有成本效益，同时提供环境、社会和经济效益，并能帮助建立韧性。这些解决方案通过当地适应的、资源有效的和系统性的干预，将更多种类和数量的自然、自然特征和过程引入城市、景观和海景"，该定义的核心是希望通过应用自然资源来创造绿色经济收益和促进绿色增长。IUCN 认为，"NbS 是通过自适应保护、可持续管理和恢复、自然或改良的生态系统来有效应对社会挑战，同时提供人类健康和生物多样性的好处"，其总体目标是"支持实现社会发展目标以反映文化和社会价值，并通过增强生态系统韧性、更新能力和提供服务的方式保障人类福祉"。Eggermont 等（2015）认为"NbS 是通过对社会生态系统的综合管理，为人类社会传递持续和增长的生态服务，是动态的并留有空间做自我修复"；Maes 和 Jacobs（2017）认为"NbS 是一些使用生态系统服务的转变行为，减少不可再生自然资本的投入并增加对可再生自然过程的投资"。虽然国际组织和学者在概念文字描述上有所差异，但其核心内容都是围绕通过生态系统的有效管理来解决气候变化快速城市化遗留问题及其叠加效应。作为政府组织的欧盟更加注重绿色经济发展；IUCN 则偏向于生态系统的修复，而个人研究者定义的范畴似乎更加广泛，相关的研究范围较为模糊。

总体而言，基于自然的解决方案是指为了应对复杂的挑战，既需要依靠技术策略以解决发展中的工程问题，同时还需要通过全面管理社会生态系统，提高生态系统的服务能力的综合性方案。NbS 以推动人类发展进程的社会包容性和环境可持续性的发展方式，以综合的视角探索出一条应对复合挑战的新途径（李萌，2020；林伟斌和孙一民，2020）。

2. 不同视角及类型下的 NbS

NbS 在发展的过程中历经了不同学科与领域，涉及不同的利益群体，因此对 NbS 概念有着开放性的解读。表 5.3 显示了世界自然保护联盟和欧盟委员会在内涵、方法、目标和核心方面的观点。具体而言，世界自然保护联盟侧重于保护生态系统可持续发展，注重人类福祉视角下的生态系统服务；而欧盟委员会认为 NbS 是基于自然启发的策略，用以应对复杂挑战，兼顾社会、经济、生态系统的综合效益，该解读得到了韧性规划领域的普遍认同。

表 5.3　世界自然保护联盟和欧盟委员会关于 NbS 的概念比较

项目	世界自然保护联盟	欧盟委员会
内涵	为可持续管理和保护生态系统而采取的行动	受自然启发的、应对复杂挑战的策略
方法	以有效且具有生态适应性的方式	以资源经济高效且具有适应性的方式
目标	应对社会挑战的同时提升人类福祉和生物多样性	应对各种社会挑战，同时提供经济、社会和环境效益
核心	侧重生态系统可持续发展	兼顾经济可持续发展

不同类型对策的产生，取决于上述特征水平的变化。随着基于自然的解决方案服务的利益相关者的数量（y_1）越多，其能够提供的服务数量，以及同时满足各个利益群体需求（y_2）的能力就越低。如图 5.20 所示，根据以上特征及规律，将"基于自然的解决方案"分为以下3 类。

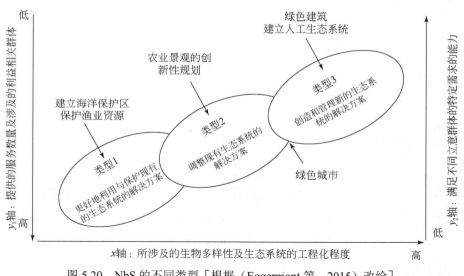

图 5.20　NbS 的不同类型［根据（Eggermont 等，2015）改绘］

5.4.3　欧美地区应用 NbS 促进城市适应性转型的案例

1. NbS 促进城市适应性转型：纽约斯塔滕岛"有生命的防波堤"工程

"有生命的防波堤"是一个创新性的沿海绿色基础设施项目，基于 NbS 理论，为城市气候适应性转型提供了解决方案。该项目为拉里坦湾和斯塔滕岛量身设计，通过处理极端事件导致的或长期积累的海岸侵蚀来降低海岸风险，以保护或拓宽海滩；同时削弱风浪，以提高安全性，并减少其对建筑物和基础设施的破坏。该项目还将帮助提升拉里坦湾水生生物栖息地的多样性——尤其是岩石或硬质结构栖息地，其功能与曾在该地区发现的牡蛎礁非常相似。

1）分层策略

传统的沿海基础设施主要通过在人与水之间建造堤坝等障碍来"保护"居民，这不仅阻隔了人们与海岸间的视觉联系，更可能加剧未来发生灾难性事故的可能性。而"有生命的防波堤"方案中所采用的防波堤策略则在降低灾害风险的同时，提高了对此类事故威胁的警觉性——它们并不将海水阻隔在外，而是减缓水流，降低海浪冲击，促进沉积和海滩建设，这样的防波堤也成为一种对海上风暴强度的视觉警示。

"有生命的防波堤"超越了堤坝等功能单一的防洪基础设施，着重采用分层策略来降低风险，在缓和风暴中最危及生命和最为有害的因素的同时，满足人们的日常亲水需求，并促进海岸线重建（图5.21）。该项目系统具有可复制性，有助于与海水建立更为平和、安全和高效的关系，构成其基础的"变化单元"具有多种用途——这一用于衰减波浪的链状防波堤，可减缓水流速度、减少侵蚀，有利于重建沿海栖息地。

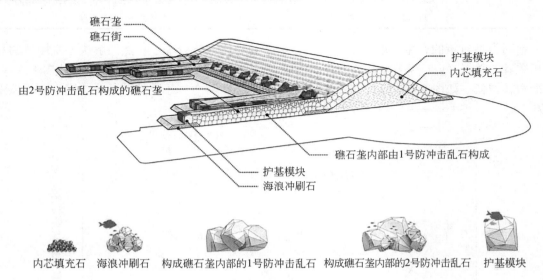

图 5.21　"有生命的防波堤"建构造图（SCAPE，2017）

2）提高生态韧性

防波堤的设计避开了濒危栖息地，整合了数个小型复杂结构，为各类物种（如鳍鱼类、龙虾和贝类）提供栖息地。"有生命的防波堤"所提供的栖息地遍及由潮下带到陆上岛屿之间的整个水域。在水下，小规模的"礁石街"与防波堤融为一体，为幼鱼提供觅食和掩藏场所。在水面上，防波堤可为海豹和巢居鸟类提供不易遭受其他物种侵扰的栖息地。而其他一些钟爱底泥的生物（如大叶藻和厚蛤）则可以在防波堤背风处松软的沉积物中生长繁殖。

3）牡蛎幼体的避风港

对于纽约市民而言，牡蛎或许是一种"迷人的麻烦"——由于港口水源被排放的污水所污染，牡蛎的质量很难得到保障。为此，方案提出通过监测策略与恢复技术双管齐下，防止对牡蛎的非法捕捞。而针对牡蛎幼体设置的生态混凝土结构可逐步促进牡蛎礁的生长。其中，生态混凝土可通过表面纹理、混凝土配比和宏观设计来增强水下生物的修复能力。随着牡蛎的生长，其生物特性将促使碳酸钙沉积，从而巩固并延长人造基础设施的使用寿命。

2. NbS 与灰色基础设施相结合：纽约霍华德海滩社区灾后重建项目

纽约皇后区的霍华德海滩（Howard Beach）社区在飓风"卡特里娜"来临之际遭到严重破坏。霍华德海滩社区灾后重建项目共制定了五套备选方案，其中既有传统的灰色基础设施方案，也有基于自然的解决方案（NbS），还包括二者的结合（图 5.22）。

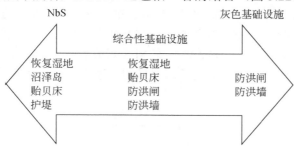

图 5.22　灰色基础设施、基于自然的解决方案及综合性基础设施

最后，项目组选定 NbS 与可升降的防洪闸相结合的备选方案，包括在春溪公园修复沼泽和贻贝，在海岸区域恢复湿地，新建带肋贝类岸线和岩石腹股沟。这种 NbS 和灰色基础设施相结合的方式，在应对百年一遇的洪水灾害时将减少约 2.25 亿美元的损失。

3. NbS 与水利工程结合：荷兰生命防护线工程

荷兰作为世界著名的低地国家，其独特的堤防系统作为社会经济系统的生命防护线，是这个国家最显著的特征之一。而在全球气候变化的影响下，不断袭击荷兰的洪涝灾害，引发了其对单一水利工程措施的反思与对更具灵活性和韧性策略的探索，NbS 就是其中一项重要的成果。

在诺德瓦德（Noordwaard）的斯特加特堡，为了增加堤防的防洪能力，在堤外种植了宽度为 60～80m 的网格交错排列的柳树林，不仅节省建设和维护成本，还创造了用作生物燃料的碳和柳树枝，改善了环境品质。

此外，荷兰外海的风暴潮也是严峻挑战之一，NbS 也是首选的应对策略。在海牙以南的代尔夫兰海滩（Delflandse Kust），政府通过堆叠 40m 高的超级沙丘开展"沙丘擎"实验。在 20 年内，由于风、波浪和水流的作用，沙子将沿着海岸自然地分散，并将海滩扩大到海洋区域形成新的低沙丘，这些沙丘擎为防御洪水提供了额外的安全性，同时提供了更多自然和娱乐的空间。在荷兰的政府报告中，三角洲委员会提议在未来 100 年内使用沙子堆积来增加宽 1000～1200m 的可以抵御强风暴的沿海岸缓冲区。

5.4.4　总结与展望

1. 不同维度的 NbS 实践特点

从以上案例可以看出 NbS 的实践具有几处特点。首先，在时空维度上，实践案例从场地尺度拓展到区域、流域尺度，注重自然过程及空间要素流动的关系。同时，重视将长期和短期效益相结合，将自然演替过程融入整体设计过程中。其次，在生态维度上，从复杂社会生态系统出发，重视生物多样性保护，通过 NbS 的应用增加系统应对环境变化的韧性，同时提升环境品质。再次，在经济维度上，注重成本绩效、低维护及地域性材料的应用，精细化监测不同措施的成本投入和效益产出。最后，在社会维度上，从解决环境问题拓展到解决公众就业等社会问题，为大众创造绿色经济收入。综上，NbS 作为综合的解决途径，指出了应对城市化和气候变化带来复杂问题的新出路。

2. 对我国城市发展适应性转型的启示

面对尖锐迫切的气候变化危机、复杂多元的快速城市化遗留问题、僵化陈旧的工程思维，城市修补、生态恢复、防灾减灾等工作迫在眉睫。在生态文明建设的时代背景下，要实现从粗放扩张式增长转向集约内涵式发展，建议将 NbS 作为我国转型发展的优先选择策略之一（图5.23）。同时需要转变思维、调整行政体制、加强专业人才的培养，提倡多专业学科融合、多部门合作、多行业协助。此外，世界其他国家 NbS 相关的研究和实践，不管是对海绵城市和城市双修政策，还是对将来我国自然资源部主导的国家空间规划体系的建立，都有启发和借鉴之处。

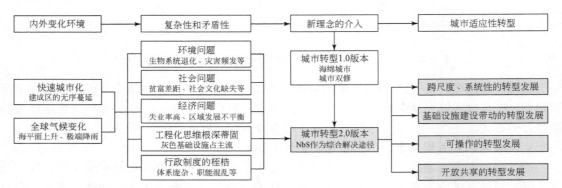

图 5.23　NbS 促进适应性转型的框架（林伟斌和孙一民，2020）

1）跨尺度、系统性的转型发展

面对气候变化和快速城市化的复杂问题，城市作为最庞大、复杂的人造系统，单一、静态的模式已无法支撑正确的城市发展决策。因此，在一些重大规划中，需要突破行政、区域边界，甚至从国家尺度执行基础建设计划，避免片面和局部的决策。例如，在海绵城市建设方面，从场地尺度拓展到集水区、流域的综合管理，从地表径流深化到地下水层的系统性考虑。在时间维度上，考虑在生命周期内气候变化对其有效性的影响，在跨时间、空间尺度上进行创新性的设计。在城市双修方面，以生态修复和城市修补为核心，还需要涉及社会平等、公共健康、社会网络等多层次的修复，同时提供就业及带动区域经济发展的机会。在构建国家空间规划体系方面，需要考虑系统的动态性，其中每个自然子系统都有各自的演替过程，并具有流动性。建议划分重要子系统之间空间界面时，考虑边界的韧性，避免单一、刚性的划分，并开展不同时期的监测和动态调整。

2）基础设施建设带动的转型发展

在工程化思维主导的社会环境中，基础设施是带动城市经济发展的重要驱动力，将这种强大效应用于促进城市转型是重要措施。在新区建设中，利用基础设施建设的机会将 NbS 与基础设施一体化实施，如市政系统、交通系统，避免重复建设，省时省力。另外，在旧城区则以 NbS 的建设带动基础设施的更新，促进区域产业转型，增加就业机会。同时，在政府整体区域协调规划中，将 NbS 转变成重要管制工具，同时提供项目的经费保障，既能解决 NbS 实施的法律效力问题又有财政经费支持。此外，在规划成果的绩效方法上，建议从以 GDP 增长作为核心的评价体系拓展到兼顾生物多样性保护、环境修复等层面的综合评估，走绿色可持续的发展道路。

3）可操作的转型发展

在现行庞杂的规划体系中，为保证适应性转型发展的有效实施，需要有一套目标明确、边界清晰、技术流程明朗和权责分明的可操作体系，形成以问题为导向的成果。在欧盟资助的 NbS 项目中，已经建立相应的案例库和工具来帮助项目的实施，如 OpenNESS 和 OPERAS。美国也开发了基于互联网的互动工具 NRCsolutions.org，该工具会帮助当地决策者、规划者和工程师利用 NbS 的机会，并根据不同尺度、类型提供精确的解决方案。我国在应用 NbS 时可以借鉴西方较为成熟的系统，根据实际情况将这些可操作的工具本土化，形成简洁实用的操作工具。

4）开放共享的转型发展

我国区域发展差异性大，资源分配不平衡，局部地区专业人才缺失严重。开放共享的平台有利于打造共同设计、共同管理、共同参与的全过程模式，促进不同地区之间利益相关者和参与者的相互交流，有利于在线共享有价值的 NbS 知识、经验和工具，缓解专业人才缺失的局势。在欧洲已经有成熟的平台上线，如 OPPLA 和 ThinkNature。在生态文明建设的新时期，应结合我国国土空间规划体系构建及城市双修、海绵城市等政策要求，应用 3S①、大数据等技术采集多源数据，与政府、设计师、利益相关者一起建立数据共享的信息反馈收集平台，并逐渐建构成熟的知识智库，解决区域差异、资源分布不平衡带来的政策实施不到位的问题。

5.5　韧性理念在不同规划层面的表达

5.5.1　荷兰空间规划中的韧性理念表达

作为一种战略性、基础性的规划手段，空间规划可以通过影响城市结构或土地利用等降低城市面对的多重风险及影响。传统规划对于空间如何应对变化、冲击及不确定性的关注有待提高，"韧性理念"在规划中的引入为协调城市发展目标和城市安全底线提供了一个新的视角。作为空间规划的先行区和创新区，荷兰敏锐地感受到通过空间规划应对气候环境变化和风险的重要性和紧迫性，积极探索空间规划与韧性理念的耦合，在应对气候变化、环境挑战和灾害风险方面取得了较大的成绩（鲁钰雯等，2020）。

1. 国家级空间规划中的韧性思维

荷兰地处莱茵河、马斯河、斯凯尔特河交汇的三角洲，超过 50%的国土处于海平面 1m以下。全球气候变化引发的海平面上升及日趋频繁的极端降雨情况，使荷兰面临日益严峻的挑战。同时，荷兰的自然资源、土地资源、淡水资源、能源均极端匮乏，尽管莱茵河、马斯河冲刷带来大量泥沙，但海水潮汐的力量，仍导致三角洲土地不断减少，土地资源持续短缺。

基于上述背景，荷兰国家级规划提取总结的韧性理念和特征如下。

1）前瞻性

荷兰自 2001 年起制定《三角洲计划》以抵御海洋风险，并为水安全制定可持续和综合的长期方法；2007 年 9 月《国家水资源管理愿景》列出长期的"气候保护"政策指导方针以提高"抵御气候变化影响"的能力，确定适应和缓解措施是中心支柱；《国家水规划（2016～2021）》

---

① 3S 指地理信息系统（geographic information system，GIS）、遥感（remote sensing，RS）和全球定位系统（global positioning system，GPS）。

提出监测当前情况以便了解未来趋势；《基础设施和空间结构愿景（2040）》提出将荷兰建设得更加便捷、宜居和安全。

2）模式创新

在空间规划前期，《三角洲计划》提出监测现状情况以更好地了解未来趋势，根据风险评估和概率设置"优先级"，并制定风险评估的科学创新方案和韧性新标准；《为河流提供更多空间》文件提出建设创新性的综合防洪区，收纳更多洪水并及时疏散到蓄洪区。

3）概念及技术创新

《为河流提供更多空间》创新性地提出综合防洪区，制定了韧性新标准；同时，提出泛滥平原发掘、堤坝重新选址、堤坝提升、障碍移除、建设洪水通道等 34 条措施（图 5.24）。这些措施同样也体现了对基地条件的适应性、多样性等多重韧性特征。

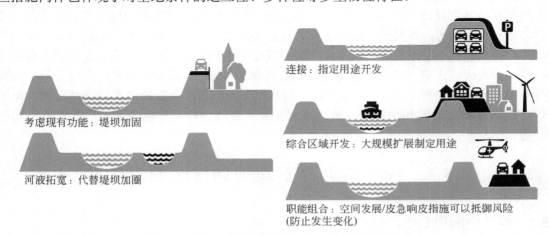

图 5.24　滨水空间的整合、联动、综合与巧妙组合

4）适应性

《国家水规划（2016～2021）》提出围绕雨洪安全、淡水供给、水质提升的适应性空间规划方案。2017 年版《三角洲计划》进一步与空间适应性相融合，提出对空间规划进行调整，具体空间规划措施包括：将韧性理念、自组织和自适应能力融入"海陆区域-河道"系统和生态断面的规划建设，以提高其应对雨洪风险的韧性缓冲能力；与水共同发展，城镇建设应顺应河流的自然发展形态，而非按照人工布局改造河流。《为河流提供更多空间》文件通过改变工程基础设施和土地使用战略，为水提供更多空间，增强河道韧性。

5）协作性

在国家—省—市三级结构的行政体系中，不同治理层级之间的有效协作能够及时传达规划政策中的韧性理念（概念、政策及行动）；空间规划政策关注的重点也从促进基础设施建设转向不同利益集团之间的协商与合作。

6）公平性

荷兰空间规划作为典型的公共政策，注重所有利益相关者的参与及社会公平。例如，为解决空间发展与规划政策之间的矛盾，最大限度保障居民权益，提出空间开发的多种方案，并组织各级政府、企业、居民等利益相关者进行座谈，共同推进空间规划的实施。

2. 格罗宁根省省级空间规划中的韧性思维

格罗宁根（Groningen）省位于荷兰的最北部，是重要的商品转运和贸易中心，受到气候变化、水灾害及能源紧缺等多重影响，适应气候变化成为其空间规划的核心。在此背景下，格罗宁根省希望通过提高空间韧性以应对气候快速变化，探讨如何在空间规划中创造更强的韧性（Roggema，2014）。

格罗宁根省力图通过提高空间规划的韧性来适应气候变化和解决能源枯竭问题，同时将韧性理解为区域随着环境变化而改变的能力，并将韧性的重要特征——"适应性"纳入空间规划中以更好地应对不确定性（Roggema，2007）。

在空间规划编制前期，通过绘制该地区海平面上升风险图和能源发展地图，将该区域水资源、农业资源、能源资源、海岸线保护、生态发展和城市发展等在空间规划中整合，生成格罗宁根省气候适应地图，并基于此地图提出韧性空间战略干预策略。

格罗宁根省空间规划侧重战略干预和政策引导，对韧性的理解强调为未来威胁和发展创造空间，利用复杂自适应空间系统韧性，使该区域在空间上能够主动作出反应以适应新的环境和发展，体现出的韧性特征如下。

1）战略性

综合评估海平面上升的风险和能源发展空间分布，整合水、农业、能源、海岸线保护、生态发展与城市发展，生成省级气候适应地图，提出韧性空间战略干预策略。相比国家层面相关内容，省级空间规划侧重技术支撑对空间资源和风险的评估，并可以锁定高风险区域，便于从区域视角向下传导，显示出突出的承上启下功能。

2）前瞻性、智慧创新性

将洛维斯湖、多拉德湾附近和代尔夫宰尔周边的用地当作"淹水区"和"气候缓冲区"，该区域盐水和淡水的结合使得在交汇处通过创新渗透装置产生能量成为可能，以此换取更大利益的安全空间，显示出空间博弈的智慧。

区域层面更容易达成此类资源要素的协调，以最小代价的淹水区和缓冲区，获得更大的人居安全空间，以此为基础，落实到下一个层面的空间规划才能有更清晰的定位和发展方向。

能源创新方面：设置"气候缓冲区"置换安全空间，除了空间的效益溢出，交汇处的盐水与淡水结合，使得通过创新渗透装置，创造新能源装置成为可能；生态走廊依托生物能转化成生物能廊道；在沿海建设风力涡轮公园、潮汐电站；这些解决能源匮乏的策略，靶点精准，智慧创新。

3）适应性

例如，在格罗宁根省北侧海岸前方建造新的瓦登岛，形成新的防护层，充分利用其自然条件提供新的安全区域；将代尔夫宰尔海闸定位在城外，可以创造更安全的环境并提供向海洋发展的机会；将生活区渐移至南面更安全的高海拔区域；在盐碱度升高的北岸地区发展盐土农业和水产养殖试验区；加高洛维斯湖的封闭坝，使该地区能够在冬季储存更多雨水，将区域地势最低的地区作为水存储区并创建健康的生态链接，利用现有的运河系统传输到农业生产地；在紧邻的勃土区拓展现有的农业，充分利用新的水系和生态湿地改善后的皮特殖民地地区，将其发展成大规模农业区（Roggema and Nikolay，2015）。

4）多样性

例如，创建功能多样化的高密度地区；倡导物种多样性，在南部地区建设一条强大的生态走廊，为生态栖息地提供空间。

3. 鹿特丹市市级空间规划中的韧性思维

"水城"鹿特丹市（Rotterdam）是荷兰第二大城市，欧洲第一大港口，亚欧大陆桥的西桥头堡，位于莱茵河与马斯河汇合处，地势较低。

在潜在的气候变化威胁下，韧性理念已逐渐影响鹿特丹土地利用、开发功能及建筑类型的分配方式。市级空间规划将韧性理解为提升城市在冲击和扰动下维持基本功能的能力，侧重具体的结构性规划或更为详细的土地利用规划，韧性的表现形式更具体，更具针对性，也能够更好地实施。鹿特丹的空间规划重点关注基础设施和脆弱地区，并认识到未来的发展是长期和不确定的，将水问题作为空间规划的重点，其空间规划策略体现出的韧性理念及特征如下。

1）战略性、前瞻性

《鹿特丹区域空间规划 2020》指出，气候变化"需要采取特殊应对措施，以使该地区免受洪水和水资源短缺的影响"，在某些地区"需要扩大水道，调整圩田以暂时储存多余的雨水"；提出多种与水系协调发展的方式，在河口地区为未来预留空白用地，建设堤坝以承受周期性的洪水；将马斯河指定为主要的公共区域，并将水位变化与建筑建设标准相关联。战略性和前瞻性紧紧关注关键风险和关键过程，并能够将其与空间布局、交通等基础设施等协同起来，相对省级空间规划，更为具体，更具落地性。

2）适应性

《鹿特丹适应战略》体现了全社会对水系统这个关键风险的适应。鹿特丹外堤的规划原则是基于适应性建筑、抗洪公共空间和自然建筑的多层防洪。鹿特丹内河在未来也将受到坚固而完整的城市堤坝的保护。在这些堤坝后面，城市的"海绵功能"将通过实施措施来恢复，在雨水落下的地方收集和储存雨水，并通过抗水街道、水上广场和生态系统延迟排水。

打造韧性水系统，更好地适应气候变化带来的影响（图 5.25）；提高建筑适应性，拆除河道上的人工建筑物，建造可漂浮在水面上的房屋。

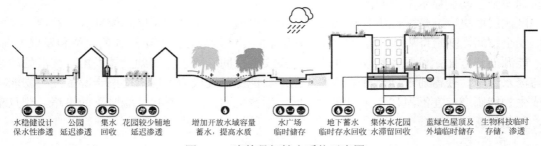

水稳健设计　公园　集水　花园较少铺地　　　增加开放水域容量　水广场　地下蓄水　集体水花园　蓝绿色屋顶及　生物科技临时
保水性渗透　延迟渗透　回收　延迟渗透　　　蓄水，提高水质　临时储存　临时存水回收　水滞留回收　外墙临时储存　存储，渗透

图 5.25　鹿特丹韧性水系统示意图

3）创新性

带动港口工业地区的能源转型，减少土地侵蚀和发展过程中填海的困扰；研究新的储水方法和水保护方法等。在失去活力的港口工业地区进行能源转型，减少土地侵蚀和填海困扰，并激发新港口地区的活力。

创新性的储水方式"水广场"。水广场将储水功能与城市公共空间品质提升结合起来，是一种双重角色的战略考量。广场雨水径流被划分为两个区域，分别流入梯形运动区和丘陵运动场，雨水经过过滤后经由流畅的斜坡、水墙等流入地下储水空间，可以直观看到水的流动。

海绵花园。气候变化有两个极端：极端降雨越来越频繁，而干旱期却越来越长。海绵花园能够迅速大量地吸收雨水，有效保持，并缓慢释放到地下水中。鹿特丹的海绵花园对土壤成分、种植类型、海绵技术进行试验，并进行了为期两年的监测。

景观纽带。将屋顶花园景观、城市慢行交通系统、城市绿地连接，创造一个连续的、立体的绿色空间纽带。这条飘在空中的纽带在不同高程的建筑中、建筑之间、街道之间穿行。在建筑连廊、街道架空处，设置停留点和观景点，创造出层次丰富、视域独特的游览体验。景观纽带将零星绿地及屋顶空间利用并连接，将景观资源最大化，也发挥了这些要素的海绵作用，收集雨水并过滤，对物种多样性也有促进作用。

4）多样性

《鹿特丹水规划 2035》及《气候变化策略》提出硬件防洪（堤坝、障碍物和其他水保护结构）及软件防洪（"防水"设计和开发的施工过程）共同作用，具体措施包括：创造兼备雨洪管理和公共活动的多功能城市水广场，利用缓冲地种植淡咸水交互植被，突出多样化的种植模式和生态潜力。

5.5.2　韧性理念传导与表达特征

韧性理念始终贯穿于各级空间规划，并在不同层面之间传导，但传导过程中，问题关注点会更具体、更多样化、更具适应性。这种协调不仅包括横向的平级部门之间的协调，也包括纵向的不同层级政府之间的协调和区域内及区域间的跨行政界线协调与合作。

1. 共同点：都有前瞻性、创新性、自学习、自组织、多样性的体现

（1）前瞻性：面向未来，抵御各种风险及不确定性。

（2）创新性：以创新思路应对未来风险挑战，探索更安全、有抵御能力的可持续发展之路。

（3）自学习：把每一次灾害当作触媒和机会，吸取经验。

（4）自组织：适应性过程中的重组、进化过程。

（5）多样性：面对不确定性及基础条件作出的多样性选择。

2. 不同点：不同层级的空间规划的韧性理念关注点不同

（1）国家层面：更注重目标导向、政策引导、模式创新，主要体现预防性和非结构性等特征，如前瞻性、智慧性、协作性、自学习能力和自组织能力等。

（2）省级层面：更注重战略干预与空间引导的创新，将目标具体化为空间布局，并以资源协调、空间置换、协同与博弈的方式，以与地面高程、盐碱度、风险等级等劣势相匹配的土地利用方式和资源利用方式，赢取兼优、次优格局。例如，在格罗林宁省的规划中，将低价值、高风险区作为"淹水区"及"气候缓冲区"，以最小的代价获取更大的安全空间，显示出空间置换的智慧；将代尔夫宰尔海闸定位于城外，盐碱度升高的北岸发展盐土农业和水产养殖试验区；最低区域作为水存储区并创建健康的生态链接，利用现有运河系统传输到农业生产地；在紧邻的勃土区拓展成大规模农业区；生活区渐移到南部高海拔区。这是省级层面空间规划的优势，可以在区域层面进行以小博大的空间利益博弈，区域层面资源要素的协调使得土地利用更合理。

（3）市级层面：侧重于空间结构及空间形式的创新，以及具体支撑技术的创新；同时，注重将上级政府政策纳入物质形态规划之中，韧性措施侧重实施性，更重视容易转化为具体空间要素的结构性韧性特征，如冗余性、多样性、独立性、相互依赖型、网络连通性、灵活适应性等。

5.5.3　经验与启示

1. 构建面向韧性发展的空间规划框架

依托韧性前瞻性、灵活适应性、创新性、协作性、自组织能力和自学习能力等特征，韧

性空间规划的可预见性更高，规划目标更长远。荷兰空间规划鼓励采取中长期方法，立足于对气候变化、自然环境和城市空间系统的充分了解，这种面向不确定性的长期规划框架一定程度上增强了韧性，能够提升城市系统受到冲击后恢复的能力。

我国空间规划改革也应重视韧性理念，将韧性纳入空间规划框架和目标。从空间规划与韧性理念的衔接切入，将韧性特征与空间规划各阶段内容相关联，通过韧性监测、韧性评估、韧性实施、韧性管理等步骤将韧性理念与空间规划进行耦合。①在空间规划前期准备阶段，利用前瞻性、自学习能力和自组织能力等进行韧性监测。②在韧性监测的基础上，结合自然环境、社会经济发展、城市空间布局及基础设施现状等数据进行韧性评估。③在韧性实施方面，冗余性、多样性、独立性、相互依赖性和多尺度网络连通性等特征能够构建多模式、多样化的城市安全发展格局。④在韧性管理方面，通过构建多级网络体系分散风险，推动空间规划各层级、各部门和各利益相关者间的高效协作性。根据自组织和自学习特征，重视自下而上的韧性参与方式，对地方或社区层面进行韧性指导，使其从容应对突发性事件（图5.26）。

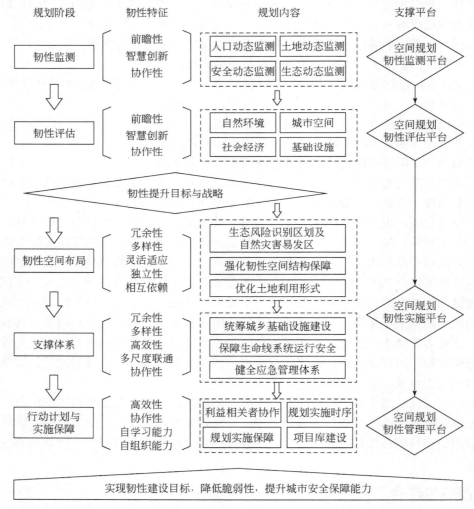

图 5.26　面向韧性发展的空间规划建设框架（鲁钰雯等，2020）

2. 明确各级国土空间规划关注的韧性重点

在我国空间规划编制过程中，需明确各级空间规划关注的韧性重点和深度，确定各级纵向政府规划事权。我国空间规划体系分为国家、省、市、县、乡（镇）五级，在韧性建设中，国家级空间规划应注重战略与目标导向，突出韧性发展目标，提出韧性指标，侧重预防型和非结构型的韧性特征。省级空间规划是对上级规划的落实和对下级规划的指导，应重视韧性管控和引导发展，注重构建多级联动的韧性综合管理平台和多元参与模式，提出市县级空间规划的韧性目标和原则。市、县、乡级规划是空间规划的基础，是进行各类开发的基本依据，应结合自身特点，侧重结构性韧性空间规划，将韧性理念落实到土地利用规划、基础设施规划等详细规划层面，明确韧性发展的约束性和管控性指标，强化对专项规划的指导和约束作用。

3. 完善韧性的监测、评估和预测信息平台

由于气候变化和灾害风险的影响具有不确定性，科学预测和情景模拟作为规划决策的参考越发受到重视。体现韧性前瞻性、创新性和自学习能力等特征的韧性监测、评估和预测十分重要。可以看出，荷兰空间规划不仅关注现状，还关注趋势和未来威胁，并通过科学预测识别和评估风险等级和干扰。

因此，建立空间规划韧性监测、评估和预测平台是我国空间规划的基础和韧性发展的前提，可以在国土空间基础信息平台的基础上建立韧性信息系统。首先，通过收集整理规划现状情况和韧性关键指标的跟踪反馈，建立韧性监测平台。其次，建立韧性空间量化评估模型，进行空间韧性评估，并设置优先级。根据评估结果，完善生态风险和自然灾害易发区识别区划，为下一步空间规划布局提供数据支撑。最后，在韧性监测和评估的基础上，构建科学完整的韧性预测平台。

4. 重视韧性规划实施与管理机制

荷兰空间规划重视规划的管理、实施和利益相关者之间的协作，重视专家咨询、公众参与，能够在规划和实施过程中协调各方面的利益冲突。

在我国空间规划编制过程中，也应重视规划实施和管理过程中利益相关者的协作，强调政府、专家和公众等不同利益相关者的积极参与和协作，形成多层级协作的实施管理机制，共同促进规划实施，落实韧性规划措施。

主要参考文献

董彩霞. 2016. 哥本哈根将在 2025 年成为零碳城市. 世界环境, (6): 68-71

付征垚, 韩玮, 张晓昕, 等. 2022. 哥本哈根暴雨管理规划实践与启示. 北京规划建设, (4): 18-23

蒋存妍, 袁青, 于婷婷. 2021. 城市应对气候变化不确定性的动态适应性规划国际经验及启示. 国际城市规划, 36(5): 13-22

李萌. 2020. 基于自然的解决方案理念及城市应用研究. 城市, (7): 17-28

林伟斌, 孙一民. 2020. 基于自然解决方案对我国城市适应性转型发展的启示. 国际城市规划, 35(2): 62-72

鲁钰雯, 翟国方, 施益军, 等. 2020. 荷兰空间规划中的韧性理念及其启示. 国际城市规划, 35(1): 102-110,117

彭斯震, 何霄嘉, 张九天, 等. 2015. 中国适应气候变化政策现状、问题和建议. 中国人口·资源与环境, 25(9): 1-7

彭震伟, 张立, 董舒婷, 等. 2020. 乡镇级国土空间总体规划的必要性、定位与重点内容. 城市规划学刊, (1): 31-36

孙傅, 何霄嘉. 2014. 国际气候变化适应政策发展动态及其对中国的启示. 中国人口·资源与环境, 24(5): 1-9

王江波, 于洋, 苟爱萍. 2020. 哥本哈根气候适应性规划与启示. 安徽建筑, 27(5): 28-30

王军, 傅伯杰, 陈利顶. 1999. 景观生态规划的原理和方法. 资源科学, (2): 73-78

王睿, 周均清. 2007. 城市规划中的情景规划方法研究. 国际城市规划, (2): 89-92

王祥荣, 谢玉静, 徐艺扬, 等. 2016. 气候变化与韧性城市发展对策研究. 上海城市规划, (1): 26-31

吴次芳, 叶艳妹, 吴宇哲, 等. 2019. 国土空间规划. 北京: 地质出版社

俞孔坚, 周年兴, 李迪华. 2004. 不确定目标的多解规划研究——以北京大环文化产业园的预景规划为例. 城市规划, (3): 57-61

岳邦瑞, 等. 2017. 图解景观生态规划设计原理. 北京: 中国建筑工业出版社

张永姣, 方创琳. 2016. 空间规划协调与多规合一研究: 评述与展望. 城市规划学刊, (2): 78-87

Altieri M. 2009. Agroecology, small farms, and food sovereignty. Monthly Review, 61(3): 102-113

Bodin O, Prell C. 2011. Social Networks and Natural Resource Management: Uncovering the Social Fabric of Environmental Governance. Cambridge:Cambridge University Press

Biggs R, Schlüter M, Schoon M L. 2015. Principles for Building Resilience: Sustaining Ecosystem Services in Social-Ecological Systems. Cambridge: Cambridge University Press

Climate Captial Copenhagen. 2012. Copenhagen climate plan (the short version). (2012-12-05) [2022-08-15]. https:// leap.sei.org/documents/ copenhagen.pdf

Climate Central. 2019. Climate central study triples estimates of world population threatened by sea level rise. (2019-10-29) [2022-01-18]. https://sealevel.climatecentral.org/

Coats J F S. 2000. Scenario planning. Technological Forecasting and Social Changer, 65: 115-123

Eggermont H, Balian E, Azevedo J M N, et al. 2015. Nature-based solutions: new influence for environmental management and research in Europe. GAIA-ecological Perspectives for Science and Society, 24(4): 243-248

Forman R T T, Godron M. 1986. Landscape Ecology. New York: Cambridge University Press

Godet M. 2001. Manual de Prospectiva Estratégica. Paris: Dunod

Hall J A, Coats E J, le Beau L S. 2005. Nonverbal behavior and the vertical dimension of social relations: a meta-analysis. Psychological Bulletin, 131(6): 898-924

Huang G. 2016. Modeling Uncertainties, Catalyst: Lineages & Trajectories. New York: School of Architecture

Kotschy K A. 2013. Biodiversity, Redundancy and Resilience of Riparian Vegetation under Different Land Management Regimes. Kimberley: University of the Witwatersrand

Kremen C, Ostfeld R S. 2005. A call to ecologists: measuring, analyzing, and managing ecosystem services. Frontiers in Ecology and the Environment, 3(10): 540-548.

Living Breakwaters, Inc. 2017. Rebuild by design. (2017-02-21) [2022-08-12]. http:// /stormrecovery.ny.gov/living-breakwaters-project-background-and-design

Lu P, Stead D. 2013. Understanding the notion of resilience in spatial planning: a case study of Rotterdam, the Netherlands. Cities, 35(4): 200-212

Maes J, Jacobs S. 2017. Nature-based solutions for Europe's sustainable development. Conservation Letters, 10(1): 121-124

Ministry of Infrastructure and the Environment. Delta Programme 2020. continuing the work on the delta: down to earth, alert, and prepared. (2019-09-17) [2022-01-14]. http:// english.deltaprogramma.nl/news/news/2019/09/17/delta-programme- 2020-continuing-the-work-on-the-delta-down-to-earth-alert-and-prepared

National Water Plan 2016-2021, Inc. 2015. Ministry of Infrastructure and the Environment. (2015-12-14) [2022-01-15]. http:∥www. government.nl/documents/policy-notes/2015/12/14/national-water-plan-2016-2021

NYRCR Howard Beach Planning Committee. 2015. Howard beach: NY rising community reconstruction plan. (2015-02-10) [2022-02-11]. https: ∥stormrecovery.ny.gov/sites/default/files/crp/community/documents/howard_beach_nyrcr_plan_28mb.pdf

Ostrom V, Tiebout C M, Warren R. 1961. The organization of government in metropolitan areas: a theoretical inquiry. American Political Science Review, 55: 831-842

Ringland G, Schwartz P P. 1998. Scenario Planning: Managing for the Future. New York: John Wiley & Sons

Roggema R. 2007. Spatial Impact of Adaptation to Climate Change in Groningen, Move with Time. Groningen: Province of Groningen

Roggema R. 2014. The Use of Spatial Planning to Increase the Resilience for Future Turbulence in the Spatial System of the Gmningen Region to Deall with Climate Change. Dordrecht: Springer

Roggema R, Nikolay P. 2015. Swarm planning: development of generative spatial planning tool for resilient cities. ECAADE 2015: Real Time - Extending the Reach of Computation,1:519-527

Roggema R, van Den Dobbelsteen, Stegenga K. 2006. Pallet of Possibilities, Grounds for Change. Groningen: Province of Groningen

Säljö R. 1979.Learning about learning. High Educ, 8: 443-451

SCAPE. 2017. 有生命的防波堤——纽约沿海绿色基础设施. 景观设计学, 5(4): 96-109

SCAPE, Governor's Office of Storm Recovery. 2017. Living breakwaters project background and design. (2017-03-23) [2022-08-12]. https: ∥ stormrecovery.ny.gov/living-breakwaters-project-background-and-design

Singh R A, Kim H J, Kim J, et al. 2007. A biomimetic approach for effective reduction in micro-scale friction by direct replication of topography of natural water-repellent surfaces. Journal of Mechanical Science and Technology, 21(4): 624-629

SpongeCity_Report, Inc. 2021. Rotterdam. (2021-12-16) [2022-01-15]. http:∥ static1.squarespace.com/static/5f08 2078d610926644d22e00/t/62a091c0bfc0ba4399970680/1654690346029/20211216_SpongeCity_Report_compressed.pdf

Steinitz C, Arias H, Bassett S, et al. 2003. Alternative Futures for Changing Landscapes: The Upper San Pedro River Basin In Arizona And Sonora.Washington D. C.: Island Press

Steinitz C, Faris R, Flaxman M, et al. 2005. Alternative futures for the region of La Paz Baja California Sur, Mexico. (2015-11-17) [2022-01-08]. https://icfdn.org/wp-content/uploads/2015/11/Loreto_Alternative_Futures_English.pdf

Stirling A. 2007. A general framework for analysing diversity in science, technology and society. J. R. Soc. Interface 4: 707-719

Stringer L C, Dougill A J, Fraser E, et al. 2006. Unpacking Participation in the adaptive management of social ecological systems: a critical review. Ecology and Society, 11: 39

The City of Copenhagen: Cloudburst Management Plan 2012, Inc. 2021. Municipality of copenhagen. (2012-10) [2022-08-10]. http: ∥ en.klimatilpasning.dk/media/665626/cph_-_cloudburst_management_plan.pdf

The Nature Conservancy. 2015. Urban coastal resilience: valuing nature's role-case study: Howard Beach, Queens, New York. (2015-07) [2022-02-12]. https: ∥www.nature.org/media/newyork/urban-coastal-resilience.pdf

Walker B, Kinzig A P, Langridge J. 1999. Plant attribute diversity, resilience, and ecosystem function: the nature and significance of dominant and minor species. Ecosystems, 2:95-113

Walker B H, Carpenter S R, Rockstrom J, et al. 2012. Drivers, "slow" variables, "fast" variables, shocks, and resilience. Ecology and Society, 17(3): 30

Wilby R L, Dessai S. 2010. Robust adaptation to climate change. Weather, 65(7): 180-185

Zingraff H, Martin J，Lupp G, et al. 2019. Designing a resilient waterscape using a living lab and catalyzing polycentric governance. Landscape Architecture Frontiers, 7(3): 12-31

第6章 多维度视角下的韧性城市生态规划

6.1 自然维度的韧性城市生态规划——以公共沉积物为例

6.1.1 项目概况

受一级飓风"桑迪"这类极端气候灾害的影响,美国各州认识到提前应对可能出现的风险的重要性,他们希望通过一种更加具有主动权的方式来保障自己的未来。随后,纽约市政府出台相关适应性规划以指导灾后纽约市的重建与恢复,以此提高城市韧性。

位于美国加利福尼亚州北部的旧金山湾区也积极开展一系列行动。2017年5月,旧金山湾区启动韧性设计挑战赛,这是一个为期一年的联合设计项目。项目以纽约的"通过设计重建"为蓝本,通过凝聚来自旧金山当地、美国国内及国际专家的智慧,并融合政府与本地居民的力量,为该区域制定创新性韧性提升方案,以有效应对海平面上升、暴雨、洪涝、地震等灾害。

近年来,人们围绕旧金山湾区已进行了大量的韧性提升工作。在此基础上,"韧性设计"重塑计划希望通过进一步的区域合作,勾画出更为清晰明确的发展蓝图。在空间规模上,它超越了单个城市或滨海区域的尺度;在战略意义上,它是旧金山湾区应对气候变化的未来行动中的重要一环。该计划以应对气候变化的关键需求作为切入点,并将推动各城市、社区积极采取行动,促成方案落地,从而打造一个更具灾害应对韧性的、更加安全的旧金山湾区。

该计划启动以来,得到了50余个设计团队的响应。评审委员会由来自美国国内及国际的专家组成,经过资格认证评审,有10个团队入选(最终有9个团队提交了设计方案)。同时,在当地居民与政府官员的共同努力下,还标定了约74处海平面上升后较易受灾的地点。2017年秋季,项目进入合作研究阶段。

入选团队在旧金山湾区开展了为期数月的研究、走访和社区调查工作,以了解该地区所面临的环境和社会压力。这些收集自居民的意见有助于积极大胆的改善举措的提出,设计团队也开始思考如何将创新想法和公共投资引入湾区。

这种合作研究激发出大量基于不同范围和尺度的初步设想,为接下来的合作设计阶段提供了基础。同时,来自湾区的20多个社区组织也加入到了此次设计之中,与设计团队协作探讨提升湾区韧性的方法。设计团队不仅旨在解决每一处易受灾地点目前面临的气候问题(如海平面上升、洪涝灾害、地震风险等),同时也考虑到了其他更紧迫的问题,包括住房短缺、流离失所、中产阶级化、公共用地可达性差、交通运输系统条件落后等。

2018年5月,每个设计团队与项目所在地利益相关方共同提出了最终的设计理念,并在"韧性湾区峰会"上向各个项目所在地的当地居民汇报了具体的施行方案。至此,由参与到该计划中的社区组织、政府官员、居民代表、设计师、工程师、科学家，及其他领域专家构成的团队积极推动着项目的进展。这种意料之外的群体合作激发了共同打造更具韧性的旧金山湾区的整体行动力。该计划不仅为当地所面临的问题提出了切实可行的解决方案，还为社区之间如何开展应对未来气候变化挑战的合作提供了行动范例。每个团队的方案都包含了近期和中长期的湾区改造计划，且全面提升了该地区在环境、社会、经济等方面的韧性。

最终的 9 个设计方案分别是：提升圣拉斐尔、人民计划、复兴艾莱斯河、连接和收集、南湾海绵、阿拉梅达溪的公共沉积物、河口公共区、我们的家园和海湾大道，具体方案会在第 7 章进行介绍。

6.1.2　阿拉梅达溪流韧性规划

阿拉梅达溪（Alameda Creek）流域是美国加利福尼亚州阿拉梅达郡最大的流域，总流域面积约为 695 平方英里（1 平方英里=2.59km²），河流主要流经弗里蒙特市（Fremont）、尤宁城（Union City）和纽瓦克市（Newark），并为旧金山提供饮用水与稀有的河岸栖息地。阿拉梅达溪流域是许多鸟类和其他野生动物的家园，而如今随着土壤侵蚀、水土流失，它的生态系统正受到威胁，进而对湾区生态环境造成影响。

1. 如何看待沉积物

阿拉梅达溪流韧性规划是旧金山湾区韧性设计生态韧性规划项目中的一项，方案名称为"公共沉积物——解锁阿拉梅达溪流"（Public Sediment—Unlock Alameda Creek）。通常来说，土壤侵蚀、水土流失而形成的沉积物是困扰流域生态问题的一个重要因素。"如何看待沉积物"这个问题有关价值观导向，因此被放在韧性规划的最前面。

在阿拉梅达溪流域，沼泽和泥滩是保护海岸沿线社区免受极端潮汐和海平面上升影响的基础设施，是旧金山湾城市边缘的一道缓冲屏障。沉积物对海岸沿线社区的生存起着关键性作用，随着时间的推移，它会逐渐填满湾区陆地，帮助海岸沿线社区跟上海平面上涨的步伐。如果没有这些沉积物，湾区的潮汐沼泽预计会在 2100 年被破坏或被完全摧毁。然而，湾区的潮汐生态系统（主要为沼泽和滩涂）正岌岌可危。这些生态系统只有在垂直方向上堆积足够厚度的沉积物，方可抵御海平面上升的威胁；否则，这些沼泽和滩涂将随着这片海湾地带被一并淹没。沉积物积累过程缓慢、海湾地带逐步被淹没等现象表明，当地的水土流失问题虽然不易察觉，但却极具毁灭性，其正一点点蚕食着当地的生态系统、游憩景观和数十万居民的栖居环境，并对关乎地区存亡的饮用水、能源和运输系统等构成了威胁。

设计团队把沼泽、泥滩及其沉积物均看作有生命的基础设施，肯定了沉积物对湾区的正向推动力量。据此，团队提出了富有创造性的解决方案：为了应对这一挑战，要聚焦于沉积物，将沉积物作为一种资源来看待，结合沼泽泥浆进行设计，并将之视为构建海湾地区韧性的基本要素，使沉积物成为公共资源。

2. 沉积物带来的挑战

那么利用沉积物存在哪些困难呢？在后续分析中团队发现，阿拉梅达溪流下游曾经呈发散的扇形，便于沉积物沉积在开阔的河滩上。现在，为了实现控制洪水这单一目的，小溪已经停止流动，并形成淤积。贝兰德地区需要沉积物来跟上海平面上升的步伐，然而沉积物却滞留在大坝和防洪渠道的上游，淤积在河道里，使得公众可达性受限，同时鱼群也无法洄游到它们之前的产卵地，海平面上升和泥沙淤积威胁着阿拉梅达溪的边缘地带。因此，团队必须利用自然过程和自然力量，设计一套方案将沉积物引导到恰当的区域，为自然、人和鱼类提供各得其所的空间。当然，这个计划需要长期、多部门的努力。那么，如何改变现有的沉积物模式呢？

需要确定区域内最关键的风险所在的位置。在关键风险地，制定以下分段分类的措施：①将沉积物引导入滨河的沼泽；②以鹅卵石和沙砾为材料建立防浪堤；③建设复杂的中间堤坝；④把原来的溪流改造，将溪水和沉积物引导进入沼泽；⑤分设支流与沼泽连接；⑥加强对上游沉积物的管理。

鹅卵石堤岸和沙砾堤岸形成复合防浪堤。随着时间推移，沼泽、滩涂和湿地逐渐形成丰富的沉积物形式。防浪堤采用多孔的模块式结构，既能灵活适应自然堤岸形态，又能为动植物提供栖息地，形成生态系统的物质载体。技术支持上，可以采用水动力模型，模拟河床沉积物的移动过程，同时用传感器检测水质、盐分等指标。

3. 规划策略和路径

1）解锁阿拉梅达溪：河流

阿拉梅达溪曾实施渠道化工程以保护弗里蒙特市、尤宁城及纽瓦克市的社区免受极端洪水的侵害。该方案旨在重新设计阿拉梅达溪以创建一个能够以可持续方式运输沉积物的功能性系统，从而适应海平面的上升、吸引居民的参与并为鱼类提供栖息地。

过去的阿拉梅达溪通过沉积物直接为湾区陆地提供滋养，并长期维护着栖息地的基础构造。而如今，渠道的修建使得湾区的生态系统日渐退化，使其无法恢复到原先的状态。在这一背景下，阿拉梅达溪公共沉积物计划提议重新引入可持续的沉积物径流、建立生态连通性及重塑通往溪流的公共路径，以应对未来气候变化的威胁。该项目在阿拉梅达郡防洪区实施的既有工程（低流量渠道）的基础上得以开展，其实施过程得益于阿拉梅达溪流域的多方合作伙伴的共同努力，包括阿拉梅达溪联盟、阿拉梅达郡水区及渔业恢复工作小组等。

渠道本身并不能起到输送沉积物的作用。如今，粗颗粒的沉积物在河道中聚积，降低了存蓄洪水的能力，并且需要不断地进行疏浚工作。该项目提出对渠道进行重新设计，挖掘出一条与水岸持平的新渠道，从而在每年洪水量最大时将沉积物输送至下游，并借助植被来稳固地形。新的渠道预计每年可以向湾区多输送 5000 立方码（1 立方码=0.76m³）的沉积物，在创造栖息地的同时带来了横跨河流的公共通道。

连续的河道是许多生物赖以生存的家园。在历史上，阿拉梅达溪曾经栖息着当地体积最庞大的硬头鳟，如今却由于渠道化工程和道路障碍而逐渐消失。整体规划中已经在基础设施的交叉口设置了鱼梯，但即便做出了这样的改进，阿拉梅达溪宽而浅的截面仍然对硬头鳟的迁徙形成了阻碍。本次计划提议建造一条更深的鱼道，使鱼类可以借助更深的水流成功迁移，同时规划希望将溪流建成一条丰富的生态通廊，地形起伏更丰富、河床更深，以便于鱼类繁殖，大大加强滩涂的生物多样性。为此设计采用一个生物毯替代传统的肋骨式包裹，该结构可以为多样化的植物生长提供袋状空间，稳定沉积物通道。蓄洪室的修建扩展了必不可少的觅食区和避难区，为河滩上包括硬头鳟在内的各类生物提供了理想的栖息环境。

既有的渠道化工程和护堤设施还为弗里蒙特市、尤宁城及纽瓦克市周边带来了影响，使得不同阶层的社区分化更加明显。尽管堤坝上的步道很受欢迎，但人群依然被隔离在顶部的边缘地带，无法近距离地接触和跨越河岸，也无法与变化的河流系统形成真正的互动。本次计划为开辟和连接更多的开放空间给附近的居民，提出建设四种类型的公共通道，包括泥土空间、潮水空间、平台步道及四季桥梁，它们分别回应了不同的洪流活动，并在冬季对通行路径进行相应调整。设计在水道沿线放置了传感器，传感器可以监测湾区的健康，并参与到当地社区的管理工作之中。这些附加功能将周边居民重新吸引到小溪边，并将分散的社区彼此联系起来。

2）解锁阿拉梅达溪：湾区陆地

该计划拟在沉积物径流与位于伊登码头（Eden Landing）的潮汐湾地之间建立直接的连接。对于湾区陆地的长期发展而言，水流的引导起着至关重要的作用：即使在脆弱状态下，阿拉梅达溪的水道也能够输送足够的沉积物以滋养恢复后的潮汐湿地，从而适应海平面的上升。引流工作看似简单，实际上受到复杂的物理条件和规章制度的约束，需要平衡洪水风险、各方责任、生境状态和公共路径等多方面的要求。本次计划方案旨在通过连接河流和湾区陆地来协调湾区边缘的人、沉积物及鱼类的生存环境，并以南湾盐池的修复项目（South Bay Salt Pond Restoration Project）为基础，将具体计划分为伊登码头、加州鱼类和野生动物区、阿拉梅达郡防洪区及东湾区域公园、湾区步道等多个部分。

计划提出了一个分多步完成的策略，最终目的是将沉积物与湾区陆地连接起来，并降低长期和短期的洪水风险。洪水风险防控的一系列措施包括修筑一道用于分隔人工池塘和潮汐池塘的堤坝，和一座模仿防洪岛屿的"卵石沙丘"，以减缓潮汐力并防止海湾陆地受到浪潮侵袭，保持阿拉梅达溪的湾口，并且创造转弯，这些弯口通常可以成为鸟类筑巢地及麻斑海豹的栖息地。这些干预措施实现了阿拉梅达溪的分流并使沉积物能够进入湾区陆地，并随着时间的推移不断滋养新的湿地垫层。

溪流的渠道化工程严重限制了河口混合带的生态发展，将原来宽阔而蜿蜒的湿地平原变成了单一的线性渠道。新造的河口重新引入了混合带，为鱼群等多种生物创造了过渡性的栖息空间，使其可以在未来适应盐水环境。

方案还包括在湾区陆地建造一系列新景点，包括海湾步道及一座俯瞰河口的桥梁，从而将湾区连接至伊登码头广阔的步道网络，创造出一个全景式游览目的地，同时带来面向新三角洲的清晰视野。

3）社区参与与意识提高

为了挽回阿拉梅达溪作为景观资源的公共形象，项目团队在河岸地带举办了多次活动，试图了解公众对河岸现状的认知、记忆及使用意向，并通过图册将人们的叙述记录下来，以反映他们对阿拉梅达溪不断变化的态度，为生态系统的未来发展提出建议，同时让学生、年轻人和居民们参与到这一动态的环境当中。阿拉梅达溪徒步项目还邀请了 100 多位社区居民和利益相关者前往防洪渠道进行参观，亲自体验他们久未触及的河流景观。项目团队旨在通过这一系列努力在阿拉梅达溪沿岸建立认同度更高的社区，使人们树立与河岸的资源发展相关的意识和积极性。

阿拉梅达溪公共沉积物计划响应了"用设计构建适应力"（Resilient by Design）倡议，旨在提高人们对湾区海平面上升的意识并提出应对该问题的可行性解决方案。项目的设计阶段于 2018 年完成，并在美国国家海洋和大气管理局（National Oceanic and Atmospheric Administration，NOAA）及国家鱼类和野生动物基金会（National Fish and Wildlife Foundation，NFWF）沿岸修复基金会的资助下以"卵石沙丘"作为首个试点工程，整体建造持续至 2019 年。

4）湾区尺度

阿拉梅达溪公共沉积物计划是一个测试性的项目。这个项目致力于解决未来数十年已知的风险，但是随着更大幅度的海平面增长，沉积物和小溪支流将不能胜任这一重担。为了湾区的未来，人们迫切地需要建立新的试点。在新的试点，沉积物将被回收，重新回到它原有的生态系统中，并为海平面上升做准备。

不过，用于此项目的技术与合作关系仍可以作为整个湾区发展的行动先例。未来十年，公共沉淀计划提出的工作方法和理念必将广泛地应用到其他支流沿岸，尤其是那些能够将大量沉积物带入河湾的支流、有大量沉积物积存在上游区域的支流，以及拥有巨大潮汐潜力并需要潮汐湾地垫层来支撑河口的支流。为了维持湾区的沉积物输入与支流输入量、海平面上升率及恢复潮汐湾地和保护沿海环境之间的平衡，制定适应性的区域沉积物管理策略志在必行。

公共沉积物代表了一种范式的转变，这个范式是关于应对气候变化的策略，不是采取忽略长期的后果将边缘硬化的做法，而是必须恢复生态系统。在阿拉梅达溪的其他支流也采取同样的做法，并将这个策略广泛应用到流到湾区的所有河流水系。从流域尺度来看，沉积物的需求有很大的缺口。这种利用自然的力量并将其融入改造过程中的形式，应该成为一种设计方法和模式，广泛应用于韧性城市生态规划领域。

6.2　社会维度的韧性城市生态规划

6.2.1　社会生态系统韧性的内涵

1. 社会生态系统的定义

社会生态系统是人类社会系统与自然生态系统在特定时空的有机结合，是两者相互依赖、动态相连，共同构成的一种复杂适应系统。社会生态系统强调人类社会与自然生态系统之间的相互作用和影响。在该复合系统中，人的活动对系统的稳定发挥着至关重要的作用。社会生态系统的构成要素包括人及其生存环境，社会系统中人的生产和生活与其依托的生存环境相互影响、彼此制约。

2. 社会生态系统韧性的内涵

社会生态系统韧性是指社会经济机构在面对扰动和变化时，通过对扰动和冲击进行缓冲、适应或转变，来维持人类福祉的能力。概念建立在社会生态韧性的基础上，在这种认知的框架下，韧性不应该仅仅被视为系统对初始状态或者某一稳定状态的恢复，而应该是社会生态系统在应对外部干扰时主动抵御、适应及转化的能力，更强调系统的恢复力、适应性和可变性。城市是一个不可分割的整体，也是一个社会生态系统。作为复杂的社会生态系统，城市整体韧性通过内部各个子系统韧性的累积、传递与协同作用共同表达出来。

3 社会生态系统韧性的实现途径

适应性治理是通过协调环境、经济和社会之间的相互关系来建立韧性管理策略，调节复杂适应性系统的状态，从而应对非线性变化、不确定性和复杂性的理论，被应用于社会生态系统。社会生态系统韧性的实现途径，是通过适应性的社会权利分配与行为决策机制，使社会生态系统能够在动态条件下可持续地保障人类福祉。

与此同时，生态系统服务在增强社会生态系统韧性中扮演关键角色，它是连接社会与生态两大亚系统的桥梁，为人类带来多重惠益，是研究社会生态系统的重要因素（图 6.1）。

6.2.2　公平、正义的哲学思辨

公平与正义的哲学思考，始终贯穿着东西方经济、政治和社会的发展。随着新自由主义、社群主义、福利主义和新马克思主义等思想潮流的兴起，在现代社会，对公平的探讨和应用变得越来越频繁。

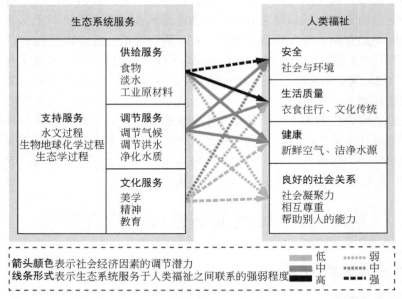

图 6.1　生态系统服务与人类福祉（MA，2005）

1. 均等—公平—正义的思想转变

公平的概念经历了均等、公平和正义的演进过程，对应地，在城市空间层面的探讨也经历了空间均等、社会公平和环境正义三个阶段。对于公平性的探讨逐渐深入，从不同的层面和角度，也越来越接近人与社会关系的本质，对于人与自然的关系探索也逐步加深。

总体上，公平的含义实现了从简单的资源均分到关注人群需求的社会公平，再到关注社会弱势群体的社会正义，再到不断探索人从自然中获得福祉的环境正义，呈现出逐级深入发展的过程；从各种资源的简单划分到不同人群所享有的基本权利，再上升到涉及人类福祉、幸福、健康等，逐渐呈现上升的过程（Jennings et al.，2012；Kabisch and Haase，2014）。

2. Rawls 的正义观

美国政治学家、伦理学家罗尔斯（Rawls）是这样诠释正义观的：让人人享有平等的权利和机会的同时，照顾最少受惠者利益，力图最大限度消除不平等现象。罗尔斯将正义称为"作为公平的正义"，认为公平正义是社会健康发展的基础。

Rawls 还提出了著名的正义原则："自由"和"差异"，与补充的"优先规则"，即首先保证所有公众的自由权利，其次是机会公平，再次是最少受惠者的利益，最后才考虑效率和社会整体福利，越靠后的目标诉求越极致（李石，2015）。

3. Fainstein 的空间正义理论

Fainstein 认为空间正义的基石在于保障弱势群体的城市空间权益，确保每个社会成员都能够分享空间发展的成果。Fainstein（1994）的目标是将进步的城市规划者早期对公平和物质福利的关注与多样性、参与性的考虑结合起来。

Fainstein 从纽约、伦敦和阿姆斯特丹的都市实践中归纳出正义城市范式（just city approach），包含"平等"、"多样性"与"民主"三个核心要素及一些实践性原则，但 Fainstein（2011）也坦承这些原则只是一个粗略的方向，并没有形成完善的理论工具来面临突发的内部冲突与挑战。

4. 城市规划核心价值观

《国家新型城镇化规划（2014—2020 年）》指出以人为本和公平共享是新型城镇化的首要原则。在新型城镇化发展过程中，公平与正义是社会生态系统韧性的底层逻辑，强调获得资源、分配及再分配的均衡性，具体指收入的两极分化、就业的性别分化、健康分化等社会公平程度，带有强烈的价值观色彩，指导着公共政策的制定和实施。

城市规划作为配置公共资源空间、推动健康城镇化的主动技术手段和公共政策，核心价值也应该是公正与公平的，这是现代城市规划在市场经济体制中生存和发挥作用的前提条件（孙施文，2006）。

6.2.3　社会韧性的指针：绿地公平性

1. 绿地公平性是社会公平的空间折射

城市绿地公平性指每个人具有平等地获取所需城市绿地的能力，也有平等地享受城市绿地服务的能力（Lucy，1981；Talen，1997；Byrne and Wolch，2009），包含"城市绿地"和"公平性"两个概念。"公平性"指的不是均等，也不是正义，由于自然绿地资源在空间分布上本身就具有非均衡性，绝对均等这种完全平均主义的公平难以实现，这里所探讨的"公平性"是一种相对公平。

绿地公平性在本质上探讨人与绿地的关系，即社会与自然的关系，主要研究对象是作为主体的"人"和作为客体的"绿地"，存在对人的服务水平和人对绿地获取能力这一组相互关系（图 6.2）。

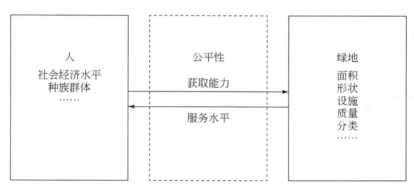

图 6.2　使用群体与绿地的关系示意

2. 罗尔斯正义原则在城市绿地的推演

绿地公平性是公平性在绿地空间的推演，与其他公平公正理论一样，具有公平性特有的层级性和优先度准则。姚洋（2002）在借鉴和整合迄今为止出现过的古典自由主义、功利主义、平均主义和罗尔斯正义原则等主要公正理论的基础上，提出了具有我国特色的城市规划公平理论（图 6.3）。

3. 正义导向的绿色空间规划途径

绿色空间规划制定流程中应进一步强化社会公平意识和正义精神，通过空间生产方式的调整减少非正义，寻求正义最大化的可能性，提高社会生态韧性。具体主要包括：关注需求的技术正义、包容人群的识别正义、促进参与的程序正义、倾向弱者的补偿正义和根植社区的执行正义。

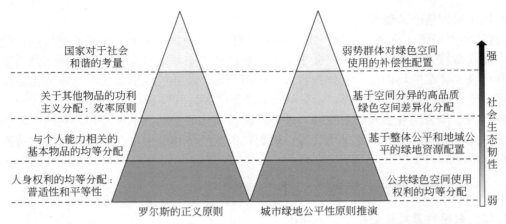

图 6.3　绿地公平性理论原则和罗尔斯正义原则的层级和优先度对比（姚洋，2002）

6.2.4　宏观层面的绿地公平性：以"绿楔计划"为例

1. 斯德哥尔摩"绿楔计划"的背景

在 20 世纪 90 年代，区域规划机构正式推出了斯德哥尔摩"绿楔计划"的概念。"绿楔计划"是在生态城市建设过程中一个长期持续、有广泛参与度的项目，并不受限于行政区划。它包括多层次的绿地类型，如自然保护地、海岸线、生态走廊、大型公园、邻里公园等。整个 20 世纪，城市发展沿着主要的公共交通走廊从斯德哥尔摩的城市核心向外延伸，将森林留在中间，构成了现在的斯德哥尔摩绿楔。绿楔共有十大部分（表 6.1），每个绿楔都有自己的标识，如不同的特征与功能定位。

表 6.1　十大绿楔名称及相应功能

绿楔名称	绿楔的功能或作用
Brunke bergs—Kilen	调节气候平衡
Sabbatsbergs—Kilen	人文景观纽带作用
Stadshags—Kilen	接近不同的体验价值
Kronobergs—Kilen	为生态系统服务
Hornstulls—Kilen	为城市环境做美化贡献
Ianto—Kilen	通往城市近郊乡村的通道
Stadsgards—Kilen	舒适安静区
Djurgards—Kilen	促进生物多样性
Ladugards—Kilen	促进公共卫生
Tyskbagar—Kilen	加强城市与乡村的联系

2. "绿楔计划"的公平性视角

可以采用缓冲区法来分析绿楔的服务水平与居民享受生态系统服务的正义程度。例如，以 200～1000m 为居民 5～10min 步行距离，那么 33%的居民步行 5min 就可以到达绿地；86%的居民步行 10min 可以享受到绿地的生态系统服务。因此其绿楔是一张覆盖面广且联系紧密的绿色网络，保证斯德哥尔摩的居民在 5～10min 一定可以到达一个面积不小于 12 英亩

（1 英亩=4046.86m²）的公园，同时也保证了大片绿楔的使用效率。城市绿地与自然绿地相互连接，由外而内，由表及里渗入城市中心，形成大片大片自然且可达性很高的优质绿地空间。

3. "绿楔计划"的公平性经验总结

斯德哥尔摩"绿楔计划"的公平性经验可以总结为两点。第一，自然生态用地是韧性系统中的慢变量，自然格局也是形成城市风貌的主要要素，是基因一样的存在。因此，在城市规划中给予自然生态用地和自然格局充分的尊重，可以大大提升城市的韧性。第二，依托自然慢变量，增强城市用地、交通等基础设施与自然的结构关系。这其实是管理连接度的韧性规划原则，一方面，以自然格局为框架，限制约束用地扩张和蔓延，降低城市发展对生态的干扰；另一方面，在微观层面增强交通系统与生态用地的耦合关系，可以促进慢行的健康生活方式，提升绿地可达性。

以上两点是保障斯德哥尔摩"绿楔计划"社会公平实现的韧性实现途径。它的实现需要长期持续的规划过程和政策协同的支持，并以参与式的规划路径贯穿其中，这也是真正需要学习的地方。

6.2.5　中观层面的绿地公平性：以杭州市与西班牙马德里为例

1. 杭州市绿地公平性背景

杭州市位于中国的东部沿海地区，是长三角重要的中心城市之一。经历过去 30 年的城市快速扩张与发展，杭州城市生态用地面积逐年缩小，生态斑块破碎程度逐年增高。但同时，杭州作为"国家生态园林城市"，在城市绿化上取得显著成绩，并且一直在各大"全国宜居城市"排行榜上位列前茅。

本节以杭州城市绿地为主要研究对象，选择了城市化水平较高、连片建成区较多的杭州主城区为研究区域。在绿色空间的分类上则以城市用地分类标准为基准，结合居民对绿地的实际需求，包括区域绿地、市级绿地、区级绿地、社区级绿地、街坊级绿地与小区绿地，同时基于可达性和可使用性的原则，将生态用地补充到生态系统服务与居民的健康需求的供需平衡中。研究表明，从城市绿地分布情况来看，绿地等级越高，受到自然资源要素的空间区位影响就越大，区域绿地的分布特别明显地按照自然资源原本的位置进行开发利用。

2. 基于步行可达性的杭州绿地公平性实证

本节还基于社区生活圈的概念，运用两步搜索移动法计算了 5min 和 15min 生活圈的空间差异和使用群体的差异。

研究表明，5min 与 15min 的生活圈可达性高低值分布具有相同的特征，高区主要分布在自然资源周边、新城核心区与老城核心区，呈现出自然资源依附新城带动开发、旧城更新置换的特征。而低值区主要分布在老城区非核心区、郊区与城乡接合部地区等。

根据可达性，以人口分布计算出杭州市绿地可达性分布的洛伦兹曲线图（图 6.4）。从洛伦兹曲线的图示中可以看出，5min 生活圈的城市绿地资源分配不均衡的情况比 15min 生活圈内城市绿地资源分配不均衡的情况还要严重。以 15min 生活圈的洛伦兹曲线为例，总人口累计比例为 50%时，绿地可达性累计比例约为 5%，也就是说 50%的总人口只对应了 5%的城市绿地可达性指标，存在严重的城市绿地可达性分配不均衡的状况。

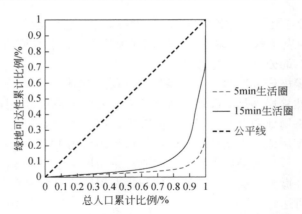

图 6.4　生活圈的城市绿地可达性分布的洛伦兹曲线图

3. 西班牙马德里绿地概况

马德里（Madrid）是西班牙首都及最大的城市，位于伊比利亚半岛中部、欧洲西南部，是西班牙的政治、经济、文化中心，也是世界级的文化名城。马德里在城市发展初期并未十分注重公共绿地的规划开发，和大部分古城一样，马德里的老城区建筑物密度极高，基本不存在大面积的公共绿地。直到 19 世纪，城市快速增长带来的健康问题使得公园和开放空间被视为提高城市生活质量的基本要素。但由于可开发的土地有限，策划的公园绿地等未能付诸实施。政府唯一能做的只能是增加街道绿化，但未能起到提升城市绿地空间的作用。马德里政府在多个时期积极调整绿地规划。如今，马德里拥有大量的城市公园、花园和森林公园，人均公共绿地面积远超世界卫生组织的建议标准。

本节以马德里全域绿地为主要研究对象，对不同人群人口密度分布、公共绿地分布进行分析。

1）人口密度分析

研究表明，马德里总体人口主要集中分布于老城区内，并且呈现明显的中心向外围扩散的圈层分布特征，内环集中了约 30%的人口，中环集中了约 50%的人口。相比于青少年群体，老龄群体更加集中于马德里中心城区，即内环区、建成年代较早的区域。

2）公共绿地分布分析

在此次的数据分析中，将公共绿地根据其不同的特征、大小、特色及所能提供的活动等分为社区级公园、区级公园、市级公园和区域公园四类。

从各级公共绿地分布情况来看，内环绿地较少，而且以小型的街道级绿地为主，大量区级和市级公共绿地集中在中环，呈现出基于老城中心的环状集聚特征。公共绿地在数量上由中心向外围递减，在面积上呈现"内环少—中环多—外环中"的分布特征。

4. 基于弱势群体使用的马德里绿地公平性实证

1）马德里绿地服务水平评价

将马德里市级、区级、社区级绿地使用 GIS 缓冲区分析法进行绿地服务水平分析，可以得到总体公共绿地的地均服务水平的空间分布（图 6.5）。

总体公共绿地服务水平呈现"内环中—中环高—外环低"的分布特征，与公共绿地分布格局基本一致，在中环的南部和东南部有明显的集聚特征。并且呈现出围绕老城边缘的环状高峰值聚集的典型特征。马德里的城市肌理是地均服务水平空间差异的主要原因。

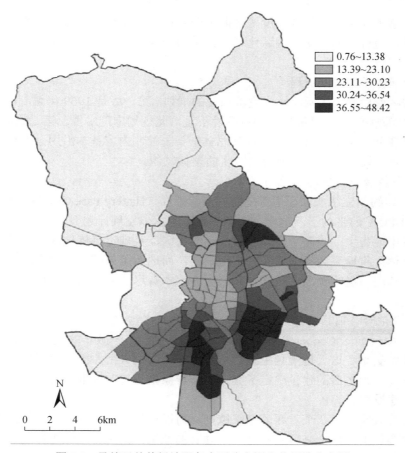

图 6.5　马德里总体绿地服务水平分布图公共绿地分布图

2）基于弱势群体使用的马德里绿地公平性分析

弱势群体的人口分布与公园绿地服务的分布之间存在明显的空间不匹配，特别是在内环地区，人口老龄化和青年群体的人口密度非常高，这意味着弱势群体的需求在内环中最高，但整体公园绿地服务水平最低，体现出"人口密度高—绿色空间服务低"的"不平衡"状态。在中部地区，由于中区大量公园绿地的增加，这种不匹配已经大大缓解。它显示出"人口密度高—绿色服务水平高"的相对匹配状态。在外环区，由于公园绿地面积较少，人口分布也分散，显示出"人口密度低—绿地服务水平低"的相对匹配状态。

6.2.6　微观层面的绿地公平性：以炮台公园为例

在微观层面，影响绿地公平性的因素很多，如政策制定、公众参与、规划程序等，具体项目的利益相关者有各自的立场，当个人或本群的利益与公共利益相冲突的时候，如何处理这种关系，是空间与社会公平的核心内容。

1. 纽约炮台公园区概况

炮台公园区（Battery Park City，BPC）位于美国纽约曼哈顿岛南端的西侧，西、南、北均以哈德逊河（Hudson River）为界，东以西区高速公路为界，是一个主要的住宅区。

炮台公园区经过几十年的规划建设，已经成为以公共绿地和高层公寓为核心的曼哈顿著名生活社区，它本身传统的社区尺度融合前卫的建筑风格体现了纽约这座城市新旧交杂的城市特色。同时，炮台公园区超高的绿化率与大量的开放空间，体现出人们对公共空间的需求的回应。

2. 炮台公园区规划发展历程

炮台公园区前后制定了两次较为完整系统的规划，第一版是 1969 年编制的总体规划，但由于 70 年代中期美国遭遇经济危机和可行性不足，此规划未能实现。第二版规划是 1979 年制定，1980 年通过并实施的规划方案，其总体框架与控制内容基本沿用至今，且建筑物也基本按照规划逐步建设，形成如今炮台公园区的整体风貌。

1）1969 年炮台公园区总体规划

1968 年，纽约州立法成立了炮台公园城市管理局（Battery Park City Authority，BPCA），1969 年，在 BPCA 的带领下，炮台公园区制定了"总体发展计划"。设想构建一个现代主义新城，以居住用地为主，由高层建筑物组成超级街区，且规定每栋楼内必须包含相等数量的中高低收入群体；将地块内的交通布置于地下层，而地面用来解决步行交通，为居民提供公园式的空间，从而与曼哈顿岛有机结合起来。方案本身尽管受到舆论支持，但因技术可行性较弱未能实施。

2）1979 年炮台公园区总体规划

1979 年，Alexander Cooper 和 Stanton Axtut 重新制定了一版新的规划，该规划于 1980 年正式通过并开始实施。这一轮规划主要是从对上一版规划失败原因的反思出发，找到存在的问题和弱势条件，为之后的建设确定了具体的指导原则与控制标准，分片区描述了重点地块的建设要求、建设愿景等。

此次规划总共制定了八个重要的组织原则，为以后的建设确立了统一的控制标准。这八个组织原则内容如下：炮台公园区不是一个独立的城镇，而是曼哈顿下城的一部分；其布局组织应当是曼哈顿下城街道和街区系统的延伸；应当提供一套多样化和积极的海滨设施；应当采取一种更易识别和理解的设计形式；交通应当更强调地面交通，而不是立体高架等形式，与现有的城市道路形成较为舒适的连接汇入口；应当复制与改进纽约社区的特点（土地混合利用与建筑类型密集）；炮台公园区内的商业中心应当作为设计的重点（布局与规划设计部分要比其他区域更为详细）；土地利用与发展管制应当尽量灵活，以便应对未来的市场需求做出相应的调整。这八项组织原则从开始实施至今仍然控制着炮台公园区的发展。

3. 炮台公园开放空间的多元定位

如今的炮台公园区是一个集居住、商业中心、游乐场、公园等为一体的综合性社区。南面与西面被哈德逊河包围，具有十分开阔的视野，可以远眺自由女神像；东面紧邻世界贸易中心，和华尔街咫尺之遥；炮台公园城社区本身南北两端均为高级住宅区，中心是世界金融中心建筑综合体，西侧是由河滨广场串联起的开敞空间，最南端则是大片绿地构成的炮台公园。其中，绿地与公共空间占到了总面积的近 40%，几乎每一座建筑物都被绿化所包围，这样的风景吸引着大量的游客与居民前来观赏，炮台公园区也成为曼哈顿闹市区里的世外桃源。

炮台公园区无疑具有多重属性。对于市民来说，它是曼哈顿海岸线的一部分，因此连续性与公共性必须成为其最重要的两个属性。在开放空间体系中，它发挥着游憩、休闲娱乐、健康促进等功能。而对于政府部门来说，炮台公园对开放空间、城市风貌、滨水空间更新和激活等具有显著的正向作用，具有公共性、公益性和系统性特征。而对于开发商来说，内部的高档商品房和商业效益的高收益、高回报是其主要的追求目标。

4. 公平性理念下的多利益主体博弈

在炮台公园区设计与建设过程中，存在很多个人与公众利益、不同利益群体的冲突（图 6.6），如社区居民与政府关于公共空间比例的冲突、政府与开发商关于收益最大化的冲突，市民及游客与政府关于空间用途与不同人群居住比例的冲突等。

1）回归最大多数人的最幸福原则

Fainstein（2011）对于这种冲突模式提出的基本做法就是：回归最大多数人的最幸福原则。这一原则有效平衡了个人幸福与社会幸福的关系，它更有助于引导人们追求幸福，在满足自身幸福的同时实现全社会的利益、幸福最大化。这一原则其实包含着两个具体原则，即最大多数人原则与最幸福原则。其中最大多数人原则在该原则中比最幸福原则具有更重要的价值，这两个原则推动了公平正义相关政策的制定（图 6.7）。

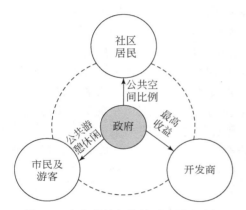

图 6.6　多方利益主体关系及诉求分析

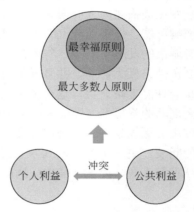

图 6.7　最大多数人原则与最幸福原则

2）多利益主体博弈

在炮台公园区的建造过程中，政府、开发商作为两大主体，从各自的角度出发有不同的关注重点，也有不同的诉求，两者互相牵制和妥协。从这两者不同的角度出发，探究在整个开发过程里，经济利益与公众利益是如何权衡的、效率与正义是如何权衡的，正是公平性在博弈中的体现。

（1）政府角度：规划标准与公民需求的权衡。在博弈过程中，政府作为利益分配的主体，尽可能满足多元主体的利益需求，排除阻力，坚持划分 40%的土地作为公共空间。不惜牺牲开发商的部分利益，也要满足社区居民的要求，也为市民提供公平的绿地服务。并且为了符合规划方案对公共空间的要求，政府取消了原本承诺的补贴住房的计划，保障了高、中、低等级收入群体的平等入住率。允许各种规模的企业入驻，多以小雇员企业为主，并且未出现因金融中心过分抬高入住价格的现象。

（2）开发商角度：经济利益与政策背景的妥协。炮台公园区作为典型的公私合作项目，开发商也拥有一定的话语权与主导权，整体的规划控制标准与后期建设工程都是在政府与市场的权衡妥协中完成的。

为了符合规划方案中对于公共空间的要求，开发商在建设方案里布置了大量的室内或室外、私人或公共的开放空间。在多利益主体博弈过程中，有些做法对于内部居民，即既得利益者来说，部分增值权益是受损的。Fainstein（2011）认为，正义与效率之间并不存在取舍，即便取舍真的存在，也应该首先考虑正义的需求。这句话在炮台公园社区项目中得到了很好的验证。资本与市场参与一度导向资源的高效分配，在政府公共政策的权衡中，市场放弃了部分利益的最大化，在多方博弈过程中达到双赢、多赢的局面，体现了公平正义在公共政策中的核心地位。正如布莱恩·巴里（Bryon Barry）所说，政治生活中缺少了社会正义就会使公共政策成为"无本之木，无源之水"，这也是炮台公园社区项目成功的价值内核。

6.3　面向气候变化的韧性生态规划

6.3.1　气候变化对城市发展的考验

1. 全球变暖对城市的影响

气候变化被描述为人类面临的最大挑战，引发海平面上升、全球变暖等各类灾害形式，其预期影响可能会损害地球上的每个自然系统和人为系统。

随着城市的发展与扩张，全球温室气体排放量逐年增加。一方面，这将会使海平面上升，对沿海城市带来极大影响，并且导致海水倒灌、排洪不畅、土壤盐渍化等后果。不仅如此，全球变暖会使温度带北移，这会增加低纬度地区的降雨量、高纬度地区的降雪量，而减少中纬度地区夏季的降雨量（图 6.8）。例如，我国中部和西北部内陆城市在夏季时降雨量减少，水资源使用会更加紧张。这种现象在一定程度上会破坏生态系统的平衡，导致生态的破坏、食物链的断裂。更严重的是，气候变暖会导致部分地区出现极端天气，如高温、暴雪等，容易引发呼吸道疾病，促使一些传染病的传播扩散，对人类生存和健康带来威胁。

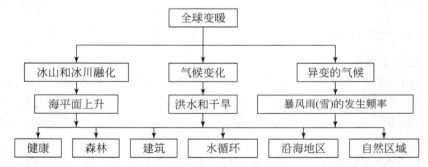

图 6.8　全球变暖给城市带来的影响示意图（蔡竹君，2018）

2. 气象灾害对城市的影响

由于近年来气候变化加剧，气象灾害发生频率不断加大。联合国政府间气候变化专门委员会（IPCC）发布的《气候变化 2021：自然科学基础》（*Climate Change* 2021：*the Physical Science Basis*）报告指出，近期全球气候系统所发生的整体变化都是过去几个世纪甚至上千万年所未见的。气候变化已经导致了全球许多地区出现极端天气与极端气候事件，包括热浪、强降雨、干旱和热带飓风等。例如，全球气候变化已经造成东亚、东南亚和南亚等地区的极端高温和极端降水剧增；在东亚地区，气候变化导致了农业和生态干旱（ecological drought）等问题。随着全球变暖，全世界所有地区预计都将经历多重的气候驱动影响（climatic impact-drivers），包括冷热、干湿、雪冰、风、海洋、公海及其他因素的影响。《气候变化 2022：影响、适应和脆弱性》（*Climate Change* 2022：*Impacts，Adaptation and Vulnerability*）报告证实了：气候变化正在影响数十亿人。城市承载了全球超过一半的人口，气候变化对城市的影响会更加显著。

我国受到的气象灾害主要包括台风、干旱、高温、洪水、沙尘暴等，近些年来一些飓风、龙卷风、冰雹、暴雨、暴雪等灾害发生的频率也逐渐变高。我国是全球气象灾害发生频率高、灾害种类多的国家，我国因自然灾害产生的损失也十分严重。

由此可见，气候变化给全球城市都带来了不容小觑的影响，城市在日后的发展中必然需要对这些影响给予极大关注。

6.3.2 沿海城市韧性生态规划案例

近些年，由于气候变化的影响，除极度脆弱敏感的生态区，湾区作为受到气候变化影响的典型区域，也越来越频繁地遭受到各种灾害的威胁，如极端气象灾害洪涝、飓风等。

世界著名的湾区有纽约湾区、东京湾区、旧金山湾区、伦敦港、悉尼湾区等。其中名列"世界三大湾区"的是经济实力最强的东京湾区、纽约湾区和旧金山湾区。湾区具有发达的国际交往网络、开放的经济结构、高效的资源配置能力及强大的集聚外溢功能，是世界经济的核心中枢，但同时其地处海陆交互作用的脆弱敏感地带，海平面上升意味着湾区沿海城市生态系统面临灾难性风险。气候变化所导致的灾害对湾区城市的社会、经济、自然、居民健康等方面均造成了难以弥补的影响。在这种背景下，各大湾区城市进行了积极的应对与探索。

1. 波士顿气候总动员

长期以来，波士顿市遭受着极端高温、暴雨、暴雪和洪涝的侵扰，这种状况很可能会一直持续下去。为应对这些挑战，波士顿政府于 2016 年发起了一项名为"波士顿气候总动员"（Climate Ready Boston）的行动计划，以适应气候变化。该计划是波士顿城市总体规划中的重要部分，它将气候变化融入城市规划中。波士顿气候总动员于 2000 年首次推出，2014 年设立"减少温室气体排放和评估其对气候变化的影响"的目标，2016 年进行城市气候的基础资料更新，包括预测未来气候变化情况、评估城市脆弱性、城市气候应对实现的原则策略及措施等内容。

报告对比了 1630 年与 2016 年波士顿地区的用地，并识别评估了至 2100 年温室气体排放所引发的极端高温天气、海平面上升、沿海风暴和极端降水四大风险（图 6.9）。该计划对 1% 洪水发生概率做了 2035～2050 年及 2050～2100 年两个时段的模拟，1% 的洪水发生概率的含义等同于 100 年一遇的洪水标准。

根据整个城市的脆弱性评估，波士顿气候总动员确定了八个重点研究区域，基于此确定了九个防洪干预区域。在该计划指导下，目前已经发布了三个地区的海岸韧性规划，分别为东波士顿和查尔斯顿海岸韧性规划、南波士顿海岸韧性规划、波士顿市区与北端海岸韧性规划。

2. 东波士顿和查尔斯顿海岸韧性规划

1）概况

东波士顿和查尔斯顿海岸韧性规划（Coastal Resilience Solutions for East Boston and Charlestown，CREBC）是该行动计划中第一个具体到社区的实际应用项目，它直接回应了《波士顿气候总动员报告（2016）》中的倡议，"优先考虑并研究在地区尺度施行洪涝防护的可行性"，并"为易受灾地区制定当地气候韧性规划，以为在地区尺度适应气候变化提供支持"。之所以首选这两个地区，是由于二者目前都面临着百年一遇的沿海洪灾的威胁，当地建有众多关键性基础设施，且居民无力应对灾害影响。

2）风险辨识及评估

2017 年 10 月，波士顿发布了第一个社区海岸恢复计划——东波士顿和查尔斯顿海岸韧性规划。在波士顿气候总动员的风险评价中，该地区 1%洪水发生概率的风险指数最高。报告对海平面上升进行了模拟预测，预计在未来几十年内，海平面将持续上升。这种上升将显著增加沿海洪灾的风险，特别是在一些低洼地区，如东波士顿和查尔斯顿。随着海平面的不断升高，一些地区原本百年一遇的洪水发生频率将显著增加，甚至可能变为每年一遇。这说明了海平面上升对沿海地区安全构成严重威胁。

图 6.9　波士顿的现在（2016 年）和历史（1630 年）海岸线

其中，东波士顿地区 1%的可能性洪水范围会随着海平面上升不断变化。东波士顿分布有大量的关键基础设施，如地铁、公路、隧道、通勤道路、地下通道等，狭窄的行洪断面增加了洪水的风险。而且该地区有大比例的弱势群体，高密度的住宅意味着他们缺乏足够的应对风险的经济能力、资源和行动能力，需要对其持续关注。

3）公众参与

来自东波士顿和查尔斯顿的 400 多名居民通过会议、社区活动、开放日及在线调查等方式参与了设计过程。公众关注的重点多在于安全可靠的机动车运输系统、保护及提供新的经济适用房、扩大就业等经济机会，以及更多的休闲娱乐游憩开放空间、更便捷地到达海滨地区等方面。

4）韧性评估框架

为了指导规划过程，并使其与波士顿总动员保持一致，规划制定了一套评估标准，包括有效性、可行性、适应性设计、社会影响、公平、价值创造及环境影响。在征得利益相关者意见的过程中，居民选择的最重要的类别是有效性，其次是环境影响、适应性设计及可行性（表 6.2）。

表 6.2　韧性评估框架

类别	标准	类别	标准
有效性	最大保护等级	社会影响	娱乐性
	洪水范围缩小		文化性
	避免损失与破坏		美观度
	居民保护	公平	新且公平的海滨通道
	关键资产保护		对弱势群体的额外好处
可行性	利益相关者接受度		社区伙伴关系
	可构造性		保障经济适用房的长期保护
	许可度	价值创造	在本地区或邻近地区创造的新价值
	可承受性（建造成本+维护成本）		促进未来资金或投资的能力
	可复制性	环境影响	水质与空气质量
适应性设计	设计寿命		栖息地价值
	性能表现		人类健康
	适应性/灵活性		气候适应
	阶段能力与实现时间		
	维护要求		

5）开放空间的策略

规划文本中提出了五种开放空间策略，具体包括：将滨水公园和广场抬高，加强竖向设计；滨水步道抬高设计；增加水上甲板等设施；基于自然的景观要素设计；加强机动交通和连通性。

在近期计划中，规划沿着板街（board street）设计了一个开放空间网络，形成沿海防洪系统。在海平面上升的情景下，这些区域将成为低成本的可淹没区域，体现了空间置换的智慧。

在远期计划中，该区域将建立整体连续的滨海防洪系统。浅色为墙体防洪设施、黑色为坡台、深色为公园开放空间。规划通过高架公路及可折叠的防洪墙来形成高度集成结构的室外设施和室外家具，这是一种相对简单且当地居民能负担得起的低造价的解决方案。虽然受周围建筑物的高度限制，这些基础设施不能提供长期的保护，但在短期内仍具有很强的可行性。在其他的滨水保护系统出现故障时，可以作为备用设施代替，体现了韧性的冗余度特征。规划还采用混合土地开发利用、激活当地经济和海运业等手段，这些灵活且容易复制的策略将优先应用于高风险区域。

6）东波士顿分区规划

东波士顿地区的近期行动包括：①在东波士顿绿道上修建可折叠的防洪墙；②在绿道的入口和皮尔斯公园处新建架空的开放空间；③对正在进行的开发项目进行适应性的改造。远期计划将扩大东波士顿的沿海防灾覆盖范围，以提高应对 2050 年 1%洪水发生概率的综合能力。

长期行动包括：①建设高架公园及人行道，以保护关键基础设施及居住在经济适用房的居民；②波尔齐奥公园和马布特港步道将被抬高，以拓宽洪水通道；③把现有的公园和建筑物的更新纳入滨水防洪措施中。

7）查尔斯顿分区规划

在查尔斯顿，关键的防洪战略点非常明确，即主街与沙利文广场。主街的主要问题在于宽度过窄和存在一些低洼地段，规划设有两个策略以供选择，包括针对性提升街道入口的标高 2 英寸（1 英寸≈2.54cm）或者拓宽街道，就可以抵御 2030 年持续上升的洪水线。提高道路标高会对公共设施和排水设施带来影响，所以需要建立独立的排水系统。全面推行该计划同样旨在保障众多居民、企业的安全，维护排水系统和关键设施的正常运行，防范 2050 年海平面上升引发的洪水威胁，并有望显著降低重大经济损失的风险。

3. 南波士顿海岸韧性规划

1）概况

南波士顿沿海韧性规划是继 2017 年 10 月东波士顿和查尔斯顿海岸韧性规划报告之后，波士顿气候总动员提出的第二个社区沿海韧性规划。

2）风险辨识及评估

图 6.10 中的虚线是 1852 年南波士顿的海岸线，这个区域是整个城市发展最快的区域之一。最初南波士顿地区仅限于位于高地的住宅区，因此一直是十分安全的。但随着海平面上升和极端天气的频繁出现，位于低地的填海区洪水风险剧增。由深到浅的色块分别表示 2018年、2030 年和 2070 年的水位线，箭头表示主要的洪水入侵路线。

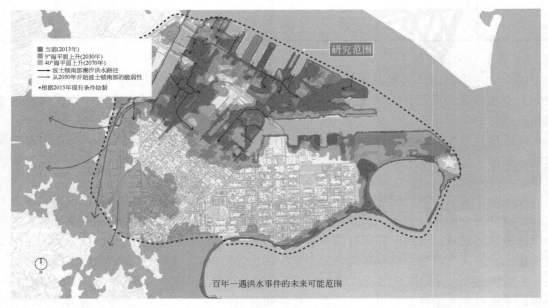

图 6.10　南波士顿潮汐洪水地图

3）分区海岸韧性规划

因为受南波士顿内不同区域间建筑环境的类型、规划和技术的限制，洪水风险的路径与利益相关者群体的差异影响，规划采用分区防洪系统，将南波士顿地区划分为五个分区，每个分区均给出若干备选方案，并根据近期、中期、远期计划分期实施。

分区防洪规划的规划模式可以分为以下几个步骤：①根据不同区域的特点，首先评估其风险等级和防洪的优先度。②给出多个方案，进行比较选择。③进行造价评估、公众偏好的调查。④根据现状条件的优劣势，综合进行评判。例如，在风险评估等级最高的堡角海峡（Fort Point Chanel）历史文化遗迹区域，规划根据风险分析和薄弱点研判，提出了两种策略。方案一是增强海港沿线的防洪能力。方案二则是在海水入口处设置闸门，在洪水来临前关闭闸门以避免损失。其中，近期行动建议通过增强海峡周边的防洪能力来提升沿海韧性。包括通过海港步道总体规划，创建海港步道公园，在步道的沿海侧设置土质的护堤；开发连续的滨海步道海岸线；利用现有的建筑物或走廊，发挥堤岸的防洪功能。

中期战略将防洪和休憩娱乐功能相结合。具体为：①在海峡沿岸增设防洪堤。②增设开放的公园空间，包括拓展海港步道公园的范围，向南延伸至东侧的基地，在水中种植盐水植物。③设置海湾步道和亲水平台。

4）开放空间策略

规划提出了六个空间策略，包括防水建筑、垂直防洪墙、抬高港区的步道、硬化路面建设、生态防洪堤和海滨沙丘。

具体做法是：通过提高洪水屏障和洪水码头的预算，防止直接的物理损害和位移成本的直接损害。在海平面上升的情况下，可以长期使用在中期设计和建造的土壤护堤或洪水墙。沿海港大道沿岸的沿海韧性解决方案在中期其他地区与沿海韧性解决方案相互依存。拟议的行动包括与港口步道相融合的防洪墙，现有建筑的防洪加固，以及干船坞附近的护堤建设。这些措施将与未来的开放空间设计相结合，共同提升该地区的防洪能力和环境品质。

在本项目中，采用了工具包的形式，按照位置的不同、原地形特征的差异及防洪等级而分别设置。选择合适的空间策略，例如，不同位置的海岸线，需要利用不同标高来达到同一个防洪等级。

4. 波士顿市区及北端海岸韧性规划

1）概况

从波士顿市区与北端海岸韧性规划的最终报告中可知，波士顿市区与北端区域构成高度复杂，许多详细的数据难以获取，空间统一开发难度大。波士顿市区及北端海岸韧性规划提出了一系列地区规模的策略，以保护这些重要社区免受沿海洪水和海平面上升的侵害。这些策略是通过多利益相关者计划过程制定的。

2）风险辨识及评估

波士顿市区与北端区域具有高度的复杂性，内有历史文化遗迹、高密度的滨水区、商业中心及主要的海上交通枢纽。而且大部分的地块由私人所有，致使许多详细的数据无法获得，也无法进行统一的空间开发。

区域内有几个明显的空间特征。①大开挖工程横穿其中，地面肯尼基绿道有多个地下工程的入口和坡道。②有一条历史遗迹路线穿过其中。③部分滨海区处于非岩石基层上，土壤的稳定性比较差。④一些滨海区环境质量差，且护坡、堤坝均不稳定。滨海区深受洪涝灾害及东北向风暴潮的影响。

3）开放空间及海滨韧性策略

规划依托现有的开放空间、自行车道、海滩湿地等系统的建构开放空间，提升海滨韧性。"蓝带"（Blueway）规划通过连接一些私人所有的海滨用地，形成有活力、连续性的开放空间体系。该规划依托现有的开放空间、自行车道、海滩湿地等系统建构开放空间，提升海滨韧性。此外，开放空间、港口步道元素及防浪设施的叠加形成多功能视觉形象、游览体验和社会文化功能兼具的韧性开放空间系统（图6.11）。

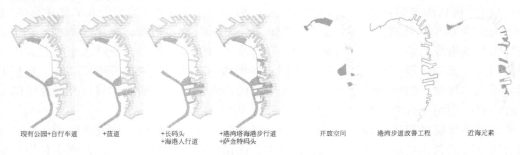

| 现有公园+自行车道 | +蓝道 | +长码头
+海港人行道 | +港湾塔海港步行道
+萨金特码头 | 开放空间 | 港湾步道改善工程 | 近海元素 |

图 6.11　Blueway 规划

4）开放空间的分层化设计

规划对项目的优先度进行排序，如码头、运输、历史遗迹保护等，并通过整合功能，优化提升开放空间，从而为滨水区提供土地开发的机遇，激发空间的活力。

分层化的开放空间设计策略，极其适合功能多样、地形复杂的场地，可以很好地因地制宜、分解高差，提供亲水机会，在私人的领地中保障公众的路权，并且对不同的洪水水位有很强的适应性。

5）开放空间的生态化策略

生态化的空间设计策略贯穿整个规划，如架空式和分层式的开放空间设计，降低海浪冲击的湿地设计、生态防洪堤的设计等，最低影响策略和生态化的设计原则与方法，提升了整个海滨生态系统的韧性。

6.3.3　适应气候变化的韧性生态规划路径

1. 气候变化背景下的国际韧性城市韧性规划

2012 年，联合国政府间气候变化专门委员会（IPCC）发布了《管理极端事件及灾害风险，推进适应气候变化》特别报告，提醒国际社会气候变化将增加灾害风险发生的不确定性，未来全球极端天气和气候事件及其影响将持续增多增强。这一警示绝非空穴来风，气候变化背景下，许多极端事件超出了人类知识和经验的范畴，即使是拥有完备的防灾减灾和应急管理能力的发达国家，也难免应对失措（郑艳，2012）。在遭遇到台风、洪涝等极端气候事件打击时，美国、英国、荷兰等国家的城市决策者意识到应对气候灾害风险的重要性，先后制定了城市防灾计划或适应计划，其中的经验和教训值得我国城市借鉴。国际韧性城市显著的共性就是强调城市对未来气候风险的综合防护能力，以打造安全、韧性、宜居的城市为目标。

2. 适应气候变化的韧性规划对策

1）建立灾害模拟平台，完善风险评估体系

灾害风险评估是减缓气候变化的韧性生态规划工作的基础。可以通过气候情景分析与风险识别，研判研究区域的气候变化趋势，建立气候变化情景，分析可能发生的气候风险或灾害；并进行气候灾害影响分析，将气候风险或灾害叠加自然生态系统、社会经济系统进行分析，识别气候风险或灾害可能造成影响的系统或区域；预测城市内潜在的危险区域，为韧性城市建设指明方向与建设重点。建立灾害情景模拟平台，通过构建多灾种、多尺度的大型实验基础设施，模拟灾害发生时的情景，辨明灾害对城市建设、经济、环境等方面的影响，提高风险评估的效率与科学性。

2）完善应对气候变化的韧性规划体系

（1）完善规划技术路线。应对气候变化有适应和减缓两种主要途径，这里侧重讨论适应气候变化的韧性规划对策。形成"前期准备—脆弱性分析与风险评估—政府管理体制机制优化—不确定导向的韧性规划制定—规划实施、监测与评价"的韧性城市视角下的规划技术路线（图 6.12）。

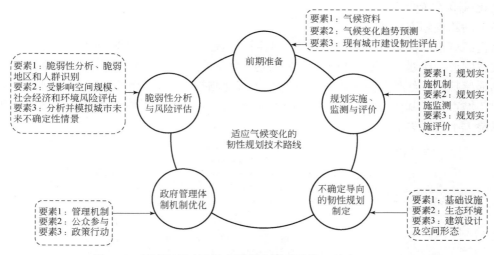

图 6.12　适应气候变化的韧性规划技术路线（管力，2018）

各阶段工作内容如下：在前期准备阶段，收集区域内的气候资料，预测未来气候变化趋势，理清规划目标、流程、技术和方法等；对现状城市的韧性进行评估，为后续规划编制提供基础和依据。在气候变化的脆弱性分析和风险评估阶段，首先，根据气候变化的预测结果，通过 GIS 平台或利用专业分析软件识别受其影响的区域及人群；其次，模拟城市未来可能发生的不确定的情景，对受影响区域的社会、经济、城市建设和环境进行风险评估。在政府管理体制机制优化阶段，通过建立多部门协作机制与公众参与机制，让与韧性城市相关的多元主体参与到适应性规划过程中，提高规划编制科学性，促进规划有效实施。在制定不确定性导向的韧性规划阶段，结合现行城乡规划编制体系，将城市韧性理念融入各级规划编制中，强调规划内容的动态性与灵活性，从用地布局、道路交通、基础设施、生态环境、建筑设计等方面，针对暴雨、干旱、洪涝等不同的极端气候类型，制定详细的适应性规划措施。在规划实施、监测与评价阶段，建立长效的监测和评估机制。从用地布局、基础设施建设、生态环境保护等方面对适应性规划实施情况进行综合评估，并判定城市韧性是否有所提高；在此基础上，反馈规划实施意见，并根据气候变化预测及其趋势，对韧性规划方案进行不断调整，形成一个循环的规划过程。

（2）明确规划内容。在制定韧性规划内容时，应充分考虑不同区域的气候风险、城市规模和功能、经济水平等因素，明确各个城市的规划重点，制定差别化的适应性规划方案。具体而言，例如，我国东部地区主要面临着海平面上升、强降水、台风、洪水等极端天气，因此，适应性规划应尽可能减小此类极端气候带来的不利影响，从完善城市河网水系、排水系统规划、海岸带设计、城市生命线系统建设、极端天气监测预警等方面，制定适应性规划措施。此外，明确各层级适应性规划的规划内容，保证适应性规划的连续性，进而指导韧性城市建设。在城镇体系规划层面，一是在大区域层面严格保护生态空间，共同维护生态安全；二是应加强规划地区各城市之间的合作，从区域空间格局、交通、防灾系统规划等方面，统筹考虑区域整体的韧性规划内容，提升城市群的气候适应性。在省、市、县空间规划层面，加强土地用途管制，通过资源环境承载力、生态敏感性、国土空间开发适宜性和建设用地适宜性评价等分析，划定城市"三区四线"，制定城市空间布局一张图，实现规划从被动应对到主动避让风险的转变等。

（3）创新规划方法及技术。

为提高城市的灾害抵抗能力，建立"监测—预警—模拟"的规划编制技术体系，覆盖规划方案编制前、规划方案制定和规划方案实施三个阶段（图6.13）。充分结合气候学的相关技术，如遥感技术、红外传感技术、车载光学大气遥测技术等对城市气温、大气进行多尺度监测，收集城市气候基础资料；也可以通过统计分析、可视化大数据等途径，评估气候变化带来的风险大小和损失等。

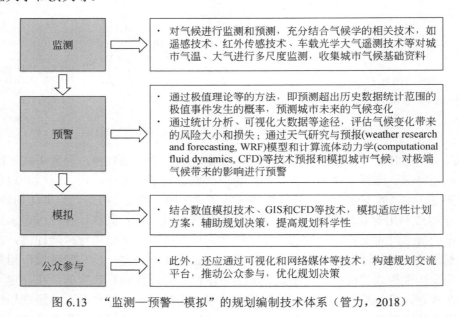

图6.13　"监测—预警—模拟"的规划编制技术体系（管力，2018）

3）建立部门联动机制

韧性城市建设和应对气候变化的规划编制与实施涉及多目标、多部门和多领域的合作。因此，规划应由单一部门、单一灾种的主导模式向多部门协作的模式转变，建立跨学科、多领域、跨部门的多部门联动机制。如芝加哥的绿色指导委员会，纳入各部门的人员，推动所有部门积极参与，以保证行动方案能够反映大部分部门的利益和立场。

4）提高公众参与

应对气候变化的韧性规划的实施成效与公众参与密切相关，公众在城市规划、建设、管理和应急等环节存在着气候安全和适应诉求，公众参与是韧性规划的重要环节，当建立全过程、多方位的规划公众参与体系，推进多层面利益相关者，包括政府、专家、企业和居民共担风险, 共同制定规划。具体而言, 在前期准备和气候变化的脆弱性分析与风险评估阶段,将城市气候现状、城市未来气候变化趋势及可能存在的风险等内容通过网络、媒体等方式向公众公布, 让公众了解城市气候变化的情况, 并提出环境治理诉求和规划意见; 在政府管理体制机制优化阶段, 完善现有的公众参与制度, 明确公众参与韧性规划的内容、途径, 并建立公众意见的反馈机制; 在不确定性导向的韧性规划制定阶段, 通过网络、听证会、讨论会等形式, 广泛吸纳社会公众、企业和专家等不同利益群体的诉求和建议, 使公众参与到规划决策中; 在规划实施、监测与评价阶段, 建立公众监督机制, 保障规划有效实施。

3. 湾区城市的韧性生态规划经验与启示

1) 注重湾区城市特征识别与风险研判

明确受灾种类, 如海平面上升、高温热浪、暴雨、洪涝、飓风、极寒等。通过灾害风险评估确定城市所面临的风险大小、风险区域和脆弱人群, 通过城市韧性框架对城市韧性能力进行评估, 确定城市韧性能力强弱; 在过程中强调气候学相关理论与技术、智能技术等的应用, 提高决策的科学性。

2) 加强区域合作与政府部门间的协作

气候问题是一个区域问题, 湾区尺度也并非仅限于一个城市。湾区的韧性生态规划要注重加强区域与多个部门间的协同与合作, 建立由政府作为主体的工作小组, 负责适应计划的制定与实施工作, 提高规划的影响力, 建立跨部门、跨学科甚至是跨区域的联动工作机制,加强多部门、多学科的合作交流。

3) 鼓励并支持多主体参与气候治理

在应对气候变化行动中, 主动寻求与开发商、企业、非营利组织、社区居民等多元行动主体的合作以保障该项目的可行性与公平性。气候变化与生活息息相关, 有效的行动需要每个公民的参与。

4) 以生态为导向, 多种环境政策工具协同作用

波士顿在提升气候适应力方面, 采取了多元化的政策手段, 包括强制性法规、经济激励措施和自愿参与机制。该市制定了以自然生态为核心的宏观政策框架, 以及细致的规划设计和工程技术策略。通过明确的技术路径、针对不同气候风险的应对措施, 以及具体的行动计划, 加上多样化的实施手段, 波士顿确保了气候韧性规划的有效执行和落地。

5) 关注城市弱势群体, 注重环境正义

在韧性生态规划中, 要坚持公平性原则, 以 "做到特殊群体和低收入社区绝不能受到气候灾害的严重影响, 减缓气候变化和备灾工作的利益应在所有居民之间公平分享" 为导向,在具体的气候行动计划中关注城市脆弱群体, 如老人、残疾人、低收入群体等, 注重保障他们的权益。

6.4　复合维度的韧性生态规划

6.4.1　韧性生态规划的四个维度

在当前时代背景下, 韧性生态规划应面向更广泛的需求, 打造生产、生活、生态有机融合的城市单元, 以营造稳定的城市生态格局和舒适安全的城市生活环境。复合维度的韧性生态规划综合功能、社会、空间、生态等多重维度, 为应对城市气候变化提供了新的思路。

功能维度：复合维度的韧性生态规划将韧性建设与社会功能相结合，满足市民多元化的文化、娱乐、教育需求，致力于营造有机联系、动态适应、充满活力的城市氛围。

社会维度：兼顾不同群体需求，尤其是弱势群体的权益，体现了社会公平。

空间维度：彰显出自然有机、生态共生、多样混合、整体关联的规划特征，加强空间的系统性与连续性。

生态维度：重视生物多样性保护，建立复杂的社会生态系统，构建城市生态安全格局，保持生态系统的完整性与可持续性；建立包括快速公交、慢行系统等的多式联运都市区绿色交通网络。

6.4.2　复合维度韧性生态规划路径

复合维度韧性生态规划必须将气候变化–城市功能–城市韧性三个规划加以统筹考虑。

气候变化是当今世界面临的共同威胁之一，妥善应对气候变化是人居环境各类规划（包括城市生态规划）不可推卸的责任。生态型城市功能的物质化可使城市功能对气候的负面效应降到低限度。生态型城市功能的物质化指城市生态功能的物质化，即使生态空间、自然保护区、生态服务功能、生物多样性等得到提升与优化，并且通过城市功能的低碳化、城市功能的生态化和城市生态功能的主导化提升城市生态环境质量，在获得较好的气候效应的同时也提升城市韧性。

城市功能是城市之所以存在并延续的根本原因，与社会环境、城市空间紧密关联。传统城市功能的物质化过程造成了不透水区域的增加，农田、森林、湿地等生态区域的减少，与此同时，也造成了资源能源的大量消耗和温室气体排放量的增加。传统城市功能的物质化过程既伴随着负面气候效应，也导致了城市韧性水平的下降。

因此，韧性生态规划需把握社会、空间、生态等复合维度，编制融贯城市功能–气候变化–城市韧性相互紧密关联系统的统筹和综合规划，并将其作为城市生态规划的重要内容之一，这是实质性提升城市生态规划对城市韧性响应水平的有效举措，也是提升城市生态规划的时代性、融贯性、可持续性、应需性、有效性的重要举措（沈清基，2018）。

6.4.3　多目标导引下的复合维度韧性规划案例分析

1. The BIG U 项目背景及概况

1）项目背景

2012 年飓风"桑迪"袭击纽约，造成重大损失。美国联邦应急管理局扩大洪涝危险区范围，曼哈顿沿海 10 英里也包含在内。纽约市和联邦政府共同资助防灾项目，降低海平面上升的影响。The BIG 公司的 The Big U 方案在规划征集活动中获奖，并获得美国住房和城市发展部的资助。该方案旨在用自然方法应对海平面上升问题。

2）项目面临的挑战

The BIG U 项目的挑战在于：需要为曼哈顿低洼地区提供防护，使其免受洪水、风暴和海平面上升等气候变化的影响；原本拟定在海岸边建造防洪堤，然而，一旦建立起高大的防洪堤，便会切断社区与海岸线的联系，并对海岸区的文化、休闲及旅游造成巨大冲击。

此外，The BIG U 项目面对的困境，不仅仅是飓风"桑迪"对防洪生命线的冲击，还有洪泛平原上城市居民的生活挑战：社交空间不足、房屋积水、文化商贸场所缺乏管理等。如何在保护城市街区不受暴雨和海平面上升威胁的同时，为当地带来所需的文化、休闲与社会经济效益？项目组将经典的工程基础设施元素与社区的文化与社会功能相结合，创造出新的经济、旅游、社会服务机会与休闲娱乐空间，助力城市未来发展。保护曼哈顿免受洪水、风暴的威胁，其基本任务就是建立一定高度的屏障。

The BIG U 项目试图以全然不同的设计手段应对城市对 14 英尺（1 英尺=0.3048m）高标准防浪堤设计的需求：防护性基础设施将进一步丰富水滨水地带、创造栖息地，同时也加强了其与位于高处的社区的联系。同时，设计团队提出了一系列创新性的措施，包括种有海草、能够作为生态栖息地的护堤，可以兼做滑板公园与露天剧场的堤岸，以及可以为临时咖啡厅与静态休闲活动提供空间的防浪堤。这种社会、生态、经济等多功能的混合，正是韧性规划复合维度的体现。

3）The BIG U 项目概念规划

The BIG U 项目聚焦在飓风"桑迪"中受损最严重的 3 个片区：东河公园、布鲁克林和曼哈顿两桥之间和中国城；炮台公园至布鲁克林大桥之间区域。连续的堤岸空间形成一系列"隔室"区域，将洪水阻挡在外，保护着内部分散的低洼洪涝区域，如同一面盾牌，让纽约的繁荣不受气候变化的威胁。而每一片区域内的防护措施、功能与休闲设施都依其所保护的海岸街区的需求与特色而定。分区设计赋予了整个项目更多的灵活性，各片区可根据实际情况增加具体设施与资金投入，同时保证整体防护系统的运作不受局部片区的影响。

在规划方案的制定过程中，The BIG U 项目利用社区工作坊（community workshops），对每一片区民众的意见进行收集。连接、绿色空间、可达性、娱乐设施等是公众普遍关心的话题，也是项目组在规划过程中的核心议题。

2. The BIG U 项目详细规划

1）C1 东河公园（C1 East River Park）

东岸的东河公园处于深洪泛滥区，与社区的联系极差，缺乏商业功能与其他生活便利设施。片区不仅具有良好的防洪、防风暴的效益，也为人们提供了多样化的社会活动选择，包含骑行、垂钓、眺望、浴场、集散等复合功能。

规划将原本平坦、无遮挡的绿地改造为护堤与连绵起伏的坡地，扩大了种植和社交空间，当洪水来临时，起伏的护堤将为公园里活动的人们提供保护。空间维度与生态维度上，在邻近地区的街道中插入坡道和桥梁，配合集中的绿色基础设施改善工程，为通往公园提供方便和清晰的指引。

宽阔的桥梁和坡道上种植着各种耐盐碱乔木、灌木和多年生草本植物，创造出从社区到公园身临其境的景观体验。一侧的无障碍坡道缓缓通向公园，并配有宽敞的台阶和多样化的座位。东河公园的自行车道和公园服务路连接着高低起伏的护堤，创造了不同的骑自行车和慢跑体验。长椅围绕着现有的树木，营造出私密的交流空间。而慢行系统作为城市绿色交通体系的一部分，促进健康生活方式（图 6.14）。

2）C2 两桥区域/中国城（C2 Two Bridges/Chinatown）

C2 片区分布着大量公共住房和其他非营利性组织建造的经济适用房。风暴来临时，洪水漫过滨水区直达住宅区域，住宅底层常常被水淹没。街道缺乏活力，社区中心、老年中心、游泳池、运动场等休闲娱乐项目配置不足，也没有药店、杂货店等基础设施。布鲁克林大桥和东河公园之间是一条狭长的道路，缺乏公共活动场所。夜晚高架桥下灯光昏暗，是安全事故的高发地。

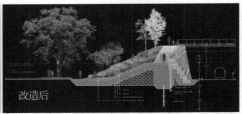

图 6.14　The Undulating Berm 改造方案

该方案主要由四个部分组成，其核心是位于 A1 区域的翻转防洪墙与 C 区域的建筑底层空间改造。

可翻转的面板在桥底创造了一个充满艺术和灯光的"天花板"。这个特殊的"天花板"功能丰富：在风暴期间，面板向下翻转形成浪涌屏障；而在平时，由社区艺术家装饰的镶板在东河广场顶部创造出极具特色的展示空间，使街区充满艺术气息。晚上，"天花板"上的集成照明灯将原本危险的区域变成安全的目的地，供人们漫步、交谈。在冬季，"天花板"还能在高速公路下方创建出多元化的活动空间。

建筑底层空间改造。底层居民被转移到一个新建的公共住房单元，而原本的底层住宅则被改造成为防洪且防水的建筑，并置入自助洗衣店、商店和社区功能，这种社区层面的策略能够有效提高当地居民，尤其是社会弱势群体的生活质量，同时也为社区防洪活动提供了空间，体现功能性与社会性。

另一个方案设置了 A2 区域的创新设计大长凳（Big Bench）——一种削弱飓风和海啸的长凳。在高架下方插入一条锯齿状的 4 英尺高的大长凳，与极限的风暴潮高度持平，以有效削弱飓风和海啸。长凳两侧，是规划的社交、太极、滑板与泳池空间，为社区居民的日常活动创造了便利（图 6.15）。

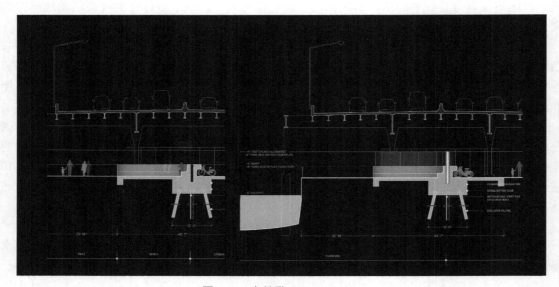

图 6.15　大长凳（Big Bench）

3）C3 炮台公园—布鲁克林大桥（C3 Battery to Brooklyn Bridge）

C3 片区近半为人造土地，形成广阔平坦的洪泛区，而对城市与美国而言，C3 片区有着更为深远的经济和文化意义。炮台公园中新建的景观护堤与综合性文化设施将重新激活这片美国最具标志性的开放空间，也庇护着其后举足轻重的金融中心。

现状高架下几乎没有防洪措施。飓风"桑迪"期间，炮台公园的东西边界是主要的入口，洪水冲进曼哈顿下城，造成数十亿美元的房地产和交通基础设施损失。规划旨在加强曼哈顿下城的旅游基础设施，将保护性基础设施与便民设施结合起来，为游客和当地居民提供更好的海滨环境。

规划建造一座极富特色的新建筑——反向水族馆，作为海事博物馆或环境教育设施。高强度的玻璃结构，创造了独特的水中教育和文化体验。置身反向水族馆中，游客能够观察潮汐变化和海平面上升的全过程，既满足了不同社会群体的需求，又提供了一个防洪屏障（图 6.16）。

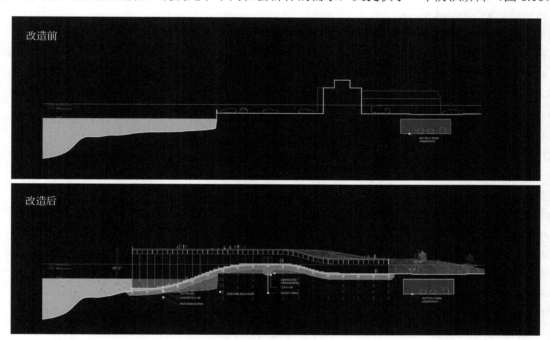

图 6.16　反向水族馆

从生态维度来看，炮台护堤与西边的高架炮台场地相连，形成了一个宽阔的堤坝，延伸到码头、广场和瓦格纳公园，保护了炮台地下通道、布鲁克林炮台隧道和世贸中心遗址，同时为居民和游客提供了多样化的绿色基础设施。

4）项目后续进展

对于本项目的后续进展，"东海岸韧性项目"（East Side Coastal Resiliency Project）共包含7 个板块，分别是项目进展、韧性及防洪、项目背景及目标、项目设计、环境相关文件、纽约交通部街道封闭地图和公园社区休闲资源。如对于东河公园的加强连通性的设计、布鲁克林与曼哈顿两桥之间及中国城的滨水平台的设计、关于旋转式和卷曲式防洪闸门的具体设计等。

项目提供了一个了解从概念到实施各个环节的窗口，即概念需要结合具体地形进行深化设计，需要各部门的协同运作，更需要广泛的公众参与。在这个过程中，从物质层面到社会层面的韧性逐步建立、加强和完善。

主要参考文献

蔡竹君. 2018. 气候变化影响下城市韧性发展策略的国际经验研究. 南京: 南京工业大学硕士学位论文

曹逸希. 2020. 韧性城市理念下应对气候变化影响的规划策略. 陕西水利, (5): 220-221, 224

陈昭. 2021. 基本福利的空间再分配——试论实践性空间正义及其规划应对. 国际城市规划, 36(4): 73-81

费恩斯坦. 2016. 正义城市. 武烜, 译. 北京: 社会科学文献出版社

高家骥, 李雪铭, 陈大川, 等. 2017. 基于 GIS 的大连市沙河口区城市绿地公平性研究——以可持续人居环境为视角. 测绘通报, (6): 40-44, 52

管力. 2018. 韧性城市下应对气候变化的适应性规划探索. 中国建筑工业出版社: 共享与品质——2018 中国城市规划年会论文集(01 城市安全与防灾规划)刊

李翅, 马鑫雨. 2021. 黄河滩区空间韧性规划方法探索与实践——以新乡市段为例. 风景园林, 28(7): 24-30

李琳琳. 2016. 基于多元场景、复合维度理念的城市滨水区设计——以通州区通吕运河一河两岸城市设计为例. 华中建筑, 34(8): 93-97

李石. 2015. 论罗尔斯正义理论中的"优先规则". 哲学动态, (9): 68-74

罗尔斯. 1991. 正义论. 谢延光, 等译. 上海: 上海译文出版社

马世骏, 王如松. 1984. 社会-经济-自然复合生态系统. 生态学报, (1): 1-9

沈清基. 2018. 韧性思维与城市生态规划. 上海城市规划, (3): 1-7

宋爽, 王帅, 傅伯杰, 等. 2019. 社会—生态系统适应性治理研究进展与展望. 地理学报, 74(11): 2401-2410

孙施文. 2006. 城市规划不能承受之重——城市规划的价值观之辨. 城市规划学刊, (1): 11-17

唐子来, 顾姝. 2016. 再议上海市中心城区公共绿地分布的社会绩效评价:从社会公平到社会正义. 城市规划学刊, (1): 15-21

王琦妍. 2011. 社会-生态系统概念性框架研究综述. 中国人口·资源与环境, 21(S1): 440-443

王如松, 欧阳志云. 2012. 社会-经济-自然复合生态系统与可持续发展. 中国科学院院刊, 27(3): 337-345

姚洋. 2002. 自由公正和制度变迁. 郑州: 河南人民出版社

郑艳. 2012. 适应型城市: 将适应气候变化与气候风险管理纳入城市规划. 城市发展研究, 19(1): 47-51

郑艳. 2013. 推动城市适应规划, 构建韧性城市——发达国家的案例与启示. 世界环境, (6): 50-53

Ahern J. 2011. From fail-safe to safe-to-fail: sustainability and resilience in the new urban world. Landscape and Urban Planning, 100(4): 341-343

Altieri M A. 2009. Agroecology, small farms, and food sovereignty. Monthly Review, 61:102-113

Aude I H, Juliette M, Lupp G, et al. 2019. Designing a resilient waterscape using a living lab and catalyzing polycentric governance. Landscape Architecture Frontiers, 7(3): 12-31

Battery Park City Authority. 1979. Battery park city draft summary report and 1979 mater plan. (1979-11-05) [2018-10-03]. https://openlab.citytech.cuny.edu/zagaroliarch3522fa2021/files/2019/11/1979-Master-Plan-2.pdf

Battery Park City Authority. 1979. Parks user count and study 2017-2018. (2018-10-03) [2018-10-03]. https://media.bpca.ny.gov/uploads/2018/10/Battery-Park-City-Authority-Parks-User-Count-Study-October-2018.pdf

Biggs R, Schlüter M, Schoon M. 2015. Principles for Building Resilience: Sustaining Ecosystem Services in Social-Ecological Systems. Cambridge: Cambridge University Press

Bodin Ö, Prell C. 2011. Social Networks and Natural Resource Management: Uncovering the Social Fabric of Environmental Governance. Cambridge: Cambridge University Press

Boone C G, Buckley G L, Grove J M, et al. 2009. Parks and people: an environmental justice inquiry in Baltimore,

Maryland. Annals of the Association of American Geographers, 99(4): 767-787

Byrne J, Wolch J. 2009. Nature, raoe, parks: past research and future directions for geographic research. Human Geography, 33(6): 743-765

Fainstein S S. 1994. The City Builders: Property, Politics, and Planning in London and New York. Hoboken: Blackwell

Fainstein S S. 2011. The Just City. Ithaca: Cornell University Press

Forman R T T, Godron H. 1986. Landscape Ecology. New York: John Wiley & Sons

Holling C S. 1973. Resilience and stability of ecological systems. Annual Review of Ecology and Systematics, 4: 1-23

Holling C S, Gunderson L H. 1995. Barriers and Bridges to the Renewal of Ecosystems and Institutions. New York: Columbia University Press

IPCC. 2021. Climate Change 2021: the Physical Science Basis. [2022-10-03]. https://www.ipcc. ch/report/ar6/wg1/

IPCC. 2022. Climate Change 2022: Impacts, Adaptation and Vulnerability. (2022-08-03) [2022-10-03]. https://www. ipcc.ch/report/ar6/wg2/

Jennings V, Johnson G C, Gragg R S. 2012. Promoting environmental justice through urban green space access: a synopsis. Environmental Justice, 5(1): 1-7

Kabisch N, Haase D. 2014. Green justice or just green? Provision of urban green spaces in Berlin, Germany. Landscape and Urban Planning, 122: 129-139

Kremen, C. 2005. Managing ecosystem services: what do we need to know about their ecology? Ecology Letters, 8(5): 468-479

Lucy W. 1981. Equity and planning for local services. Journal of the American Planning Association, 47(4): 447-457

MA (Millennium Ecosystem Assessment). 2005. In Ecosystems and Human Well- Being: Current State and Trends: Synthesis. Washington D. C.: Island Press

Ostrom V, Tiebout C M, Warren R. 1961. The organization of government in metropolitan areas: a theoretical inquiry. American Political Science Review, 55(4): 831-842

Reichholf J H, Arzet K. 2011. Das Buch zum Abschluß des Projekts 'Isarplan'. Munich: Buch & Media

Resilient by Design. 2018. Unlock Alameda Creek. (2018-05-31) [2022-08-15]. https://rebuildbydesign.org/work/ projects/unlock-alameda-creek/

Rigolon A. 2016. A complex landscape of inequity in access to urban parks: a literature review. Landscape and Urban Planning, 153: 160-169

Säljö R. 1979 . Learning in the learner's perspective: some common-sense conceptions. Reports from the Institute of Education. Gothenburg: University of Gothenburg

Stoss. 2018. Coastal Resilience Solutions for East Boston and Charlestown. (2018-10-09) [2022-08-17]. https://doi. org/10.15302/J-LAF-20180408

Stoss. 2020. Coastal Resilience Solutions For Downtown Boston And North End. (2020-09) [2022-08-17]. https:// www.stoss.net/coastal- resilience-solutions-downtown-boston

Stringer L C, Dougill A J, Fraser E, et al. 2006. Unpacking 'participation' in the adaptive management of social-ecological systems: a critical review. Ecology and Society, 11(2): 39

Talen E. 1997. The social equity of urban service distribution: an exploration of park access in Pueblo, Colorado, and Macon, Georgia. Urban Geography, 18(6): 521-541

Walsh M J. 2018. Coastal Resilience Solutions For South Boston. Boston: City of Boston

第 7 章　国内外实践案例分析

7.1　纽约：有生命力的海岸线

7.1.1　有生命力的海岸线

1. 基本概念

"有生命力的海岸线"（living shoreline）是近年来出现的旨在解决海岸线侵蚀和保护滨海湿地等生态脆弱地区的一种创新方法。传统常用的"灰色""硬"海岸防护结构物，如板桩挡土墙或海堤，长期来讲会逐渐使海岸线侵蚀恶化。"有生命力的海岸线"注重包含尽可能多的自然元素特征，这些元素在吸收波浪能量和防止海岸线侵蚀方面创造了更有效的缓冲带。建造"有生命力的海岸线"的过程被称为"绿色""软"工程，其将生态学原理融入稳定海岸线的工程技术。

海岸线通常包括自然栖息地和人造结构的特征，这些特征之间的关系和相互作用是确定沿海脆弱性、可靠性、抗风险和自我修复能力的重要变量。而降低海岸线的风险系数可以通过以下几种方法实现。

第一，结构性手段。结构性手段包括海墙、护岸和防波堤，其通过减少波浪、洪水对海岸线的侵蚀和破坏，来减少海岸线的风险。

第二，非结构性手段。包括制定公共政策，并通过管理实践、监管政策和经济社会政策等手段降低海岸线的风险。如建筑收购搬迁、结构性防洪措施、防洪系统建设、防洪规划、海岸线土地使用法规、应急风险响应体系等。

第三，自然要素及基于自然要素的手段。自然要素是通过自然界中的物理、生物、地质和化学过程创造出来的，如沼泽、沙丘和牡蛎礁。基于自然要素的手段是由设计、工程和构筑物所创造的，本质上是对自然的模仿。"有生命力的海岸线"就是基于自然要素的手段。

除了非结构性和结构性措施外，通过纳入自然和基于自然的综合方法来提高社会、经济和生态系统的韧性，在社会发展和环境保护方面具有更大的价值。为了推广这种方法，美国国家海洋局组建了一个实验社区，并构架了一个可供参与者和科学家讨论与交流经验的论坛，这个实验社区的目标是探寻一种基于自然的、有效减少海岸线风险的系统方法和措施，要求既保持健康的环境，又能够创造一个富有生命力和活力的海岸线。首先提供了一种综合的地貌工程系统方法，在景观尺度上，它将软性、绿色的自然要素和硬性、灰色的人工结构结合起来，保持自然陆地与水系界面的连续性，减少相互之间的侵蚀，同时为多物种提供了栖息地。该实验尝试实现以下目标：①稳定海岸线，减少当前的海岸线侵蚀和风暴破坏率；②提供生态系统服务（如鱼类和其他水生物种的栖息地）和增加蓄洪能力；③保持土地和水生态系统之间的联系，以增强韧性。

2. "有生命力的海岸线"与传统硬质海岸对比

当从系统层面考虑传统硬质海岸功能时，可以看到硬化海岸线的"累积生态系统效应"。

通过硬化手段"武装"局部小段的海岸线可能只产生局部的不利影响，但随着越来越多和更大面积的海岸线被硬化，沿海生态系统和它们提供的"服务"会发生变化。例如，已硬化的海岸线会对岸线附近的潮下层生境的底栖动物（钻在沉积物中的生物，如蛤蜊和蠕虫）的稳定化产生负面影响。

　　除此之外，传统的硬质海岸阻断了陆上生态系统和海洋生态系统的连通，不利于生态系统的生长和发展。人工的结构并不具有自稳定性，会不断地遭受海浪的侵蚀，并且随着风暴潮和海平面上升的加剧，人工构筑物必须要进行不断的维护与巩固。如果按照过去的发展态势，预计到 2100 年，全世界近三分之一的海岸线将硬质化，并且随着全球海平面的不断上升，传统的人工防波堤和挡墙等结构可能会随着海水平均潮位最终超过其设计高度而失效，届时全球维护和加固这些构筑物的成本将会非常高。

　　而具有完整的自然海岸生境（如湿地、沙丘、红树林和珊瑚礁）的海岸线遭受严重风暴后，往往能很快进行自我修复，灾害风险对其的破坏和影响能够被限制在一定区间内，这样的自然结构比人工硬化的海岸线更具韧性。并且根据统计，自然海岸周边的生物栖息地更加具有活力，能够吸引更多的鸟类、鱼类及其他生物种类在此生活和落脚，蕴含着极高的科学研究、自然与社会价值。

　　自然的海岸生境结构不仅可以通过植物固定碳元素、减少大气中的含碳量，还能在一定程度上减缓温室效应。并且由于自然潮汐和沉降运动，陆地海岸线会出现自然的而非人工的缓慢升高，这有助于应对全球海平面上升的威胁。此外，自然植被能够清洁水体和岸线，不仅能够衰减海浪的能量，同时可以保持类似湿地的"潮间带"，能够定期将有机沉积物输送到此，为各种动物和微生物提供健康、原生态的栖息地。

　　据统计，一段 5m 宽的"潮间带"湿地，大概能够吸收总量 15%的海浪冲击。如果遭遇风暴潮等较大的自然灾害，一定宽度的湿地也可以相应有效地吸收风暴潮的能量，从而减弱其对海岸线的威胁。即使在大型灾害中"有生命力的海岸线"被破坏，其自身及周边区域内的动植物和有机微生物也具有很强的适应和自我恢复能力。

　　"有生命力的海岸线"同时也具有极佳的美观特点和视觉优势，深受旅游观光者的欢迎，其可以为市民提供休闲和娱乐的生活空间。并且根据 NOAA 的统计，"有生命力的海岸线"的安装和维护费用比传统硬质海岸线低得多，安装成本为每英尺 1000～5000 美元不等，安装完成后，后续每年的维护费用也通常低于每英尺 100 美元。这相较于传统硬质海岸具有巨大的低成本优势，并且具有极大的社会经济和文化价值。

7.1.2　"有生命力的海岸线"实际案例

1. 纽约市应急管理面对海岸侵蚀的应对措施

　　纽约市的未来将被社会不断增长的人口、不断老化的基础设施和不断变化的气候所影响、再造甚至破坏，使纽约面临严峻的"复合链生灾害"。纽约市的金融资产和经济规模，以及纽约在区域、国家和全球经济中的作用，意味着各种负面影响对城市的损害会远远超出纽约的韧性阈值。所以纽约需要对危险事件做好准备，并有能力从中迅速反弹。

　　海岸侵蚀暴露了纽约对沿海风暴等风险的脆弱性，使城市面临更多自然资源枯竭、基础设施损坏、人身伤害和经济困难的风险。

　　1）风险现状

　　海岸侵蚀是指在海洋、海浪和海滩的相互作用下，海岸线土地的损失或移位，因地点而异，海岸侵蚀可以快速或逐渐发生，并可能受到海岸特定区域的人类活动干预的影响。海岸侵蚀的后果有两种测定方式——①以每年海岸线衰退的速度来测度；②以沙子损失的数量来测度。以下列举三个造成了纽约海岸侵蚀的因素。

其一，沿海风暴和恶劣天气等事件。一次较大的海岸侵蚀可能是由某次事件所驱动的，而且这样的事件往往发生得相当迅速——大段的海滩、沙丘或山体在几天甚至几小时内就会消失。例如，根据美国陆军工程兵团（United States Army Corps of Engineers，USACE）的数据，飓风"桑迪"导致洛克威半岛（Rockaway Peninsula）损失了 350 万立方码的沙土，科尼岛（Coney Island）也损失了 68 万立方码的沙子。

其二，自然因素。在纽约市 520 英里的海岸线上，由于地质、海岸线位置的物理性质及海岸线上不同强度的波浪作用的不同，彼此之间的侵蚀率差异很大。区域内的沙子和沉积物往往只是从一个地方移到另一个地方，整体上看依然停留在整个海岸线自然系统内，并没有被彻底疏浚和永久清除。

其三，人类的干预。纽约市的一些沿海地区有稳定的进水口或其他工程结构，以保护私人财产并且防止自然海滩侵蚀。硬化的结构被用来破坏沙子和沉积物的自然转移，但有时这些结构的部署没有充分考虑海岸侵蚀周期或流体力学，无意中增加了侵蚀的程度。

2）纽约管理风险的措施

为了管制海岸侵蚀风险，纽约市与联邦的相关部门进行了合作。例如，USACE 对区域内的水体、可航行的河流和湿地有管辖权。纽约周围的许多水域都受 USACE 的监管。

（1）监管和政策措施。纽约州环境部在所有国家指定的海岸侵蚀危险区内执行法规，并限制沿海开发，以保护有风险的地区。

纽约州《环境保护法》对海岸侵蚀危险区内的财产进行管理，限制沿海开发，以保护敏感地区。《海岸侵蚀管理条例》也要求海岸侵蚀危险区内的所有拟建工程都要有纽约州环境部颁发的海岸侵蚀管理许可证。例如，在沿海土地上建造或放置结构、改变沿海土地的状况，如平整、挖掘、倾倒、采矿、疏浚和填充，以及其他扰动土壤的活动，都需要获得许可。

由纽约市城市规划局（Department of City Planning，DCP）监督的纽约市滨水区振兴计划为滨水区的规划、保护和开发项目制定了一系列政策，并确保这些政策得到长期一致的执行。一些其他的措施和政策如下：

建筑许可证。通常需要建造或修改现有的结构，纳入沿海侵蚀管理条例，以确保建筑活动不会加速海岸线的侵蚀。

规定某些类型的土地使用或新发展与海岸侵蚀危险区的最小距离。《国家海岸侵蚀危险区地图》将平均侵蚀率等于 1 英尺/年或更高的地区进行了标识。

规定沿海地区的功能和允许的出口类型。例如，《海岸障碍物资源法》（Coastal Barrier Resources Act，CBRA）中规定了适用于沿海不同类别的私人和公共土地单位的联邦法规。

（2）自然与开放空间保护措施。在岸边或水中放置自然和基于自然的缓冲区和保护设施，即"有生命力的海岸线"，有助于保持现有的海岸线。其中的环境控制措施如下：

海滩滋养，是在海滩上放置沙子（通常是从附近的海洋底部挖出的），以增加海岸线和高地之间的海拔和距离。这创造了一个缓冲区，在风暴和波浪的能量撞击到以前的侵蚀区之前，将其转移，减少洪水和沙丘侵蚀的风险。

植被通常被种植在海滩、沙丘和不稳定的海岸线上，以固定沙子和/或土壤的位置。"有生命力的海岸线"是由植物、沙子或土壤组成的，通常与硬质结构相结合，如防浪板或石笼网，以稳定海岸线，防止侵蚀，并保持野生动物和海洋栖息地。

建造的湿地是新的或恢复的潮汐湿地，使用植物来固定土壤，防止侵蚀，并创造野生动物栖息地。构建植被岛，利用固定的或漂浮的离岸结构，如锚定的垫子或填充岛，提供生态效益，并能最大限度地减少海浪的侵蚀。

（3）适当的建筑保护措施。为了完整地保护城市环境，纽约在五个区建立了强大的侵蚀控制结构，包括岸上的或水中的工程结构，如果这些硬质结构的选址和尺寸合适，可以短时间内在一定程度上减轻海岸侵蚀的力量，并将海岸线固定在原地。具体的措施如下：

海堤，海堤被认为是隔墙的一种，是与海岸线平行的巨大石头、岩石或混凝土结构，旨在通过固定海岸线来抵御可能侵蚀海岸的海浪的力量。

护岸，护岸是一种倾斜的结构，通常由石头或混凝土块制成，以保护下面的土壤免受侵蚀，并尽量减少波浪的能量。防浪板和石笼网是常见的护堤类型。

隔墙，隔墙是垂直的挡土墙，通常由木材或钢板制成，旨在固定土壤和稳定海岸线。

沟渠，沟渠是垂直于岸边延伸到水中的结构，以捕获沙子，防止侵蚀，并打破波浪。

防波堤，防波堤是平行于海岸线的近海岩石结构，可以破浪以减少海岸线的侵蚀。

人工鱼礁，人工鱼礁是由岩石、混凝土或其他材料建造的完全或部分淹没的结构，以打破波浪，减少海岸线的侵蚀力，并提供海洋栖息地。

2. 布鲁克林大桥公园

布鲁克林大桥公园项目始于 2002 年，至今已经有 20 多年，仍在继续当中。经过 20 多年的规划和建设，这个占地 83 英亩的后工业化滨水区的改造已基本完成。自 2010 年第一段开放以来，该公园已成为人们城市生活中的重要去处。

1）项目背景

在精心筹划该项目时，设计师们将最初阶段的关注焦点投向了这片土地所面临的最艰巨的挑战以及所拥有的最宝贵的资源上。被城市基础设施切断的邻近社区重新与城市连接在一起，成为城市节点，而第一个码头的改造则丰富了一系列的水边活动和公民活动。面对具有挑战性的场地条件，在建设初期设定的生态性能的高标准指导了后期阶段，并促使进一步的创新。以当地为重点的城市边缘和水的变革性体验的结合，巩固了布鲁克林大桥公园作为一个城市公园的地位，并且它的影响力还在继续增长。

2）项目创新

（1）构建海岸线韧性。海岸公园系统的构建必须坚守可持续性原则，鉴于低洼地带每日都经受着潮汐的考验，以及不时袭来的风暴与洪水，其稳定性与适应性显得尤为关键。设计师巧妙地将综合性方案与韧性目标结合，创新地构想出一种全新的边缘形态，既优化了环境性能，又丰富了人们的体验。他们充分利用当地丰富的石料资源，构筑起坚固而经济的护坡。这种护坡不仅成本较低，而且能够比传统的不透水墙更好地吸收潮汐和风暴潮的冲击力。其独特的材质不仅赋予了设计师无限的创意空间，可以雕刻成多种实用形式，更为整个场地带来了材质上的连贯性与和谐感。这些精心设计的护坡不仅提供了非正式的休息座椅，还为船坞和地形的高度变化提供了平缓或陡峭的斜坡，成为种植区的庇护之所。更值得一提的是，它们有效改善了海洋生物的栖息地环境，为敏感的潮间带生态系统筑起了一道天然的"防波堤"，实现了人与自然的和谐共生。

除此之外，设计师独具匠心地在码头区域创建了盐沼，这一经过深入研究和精心测试的高度工程化项目，成功将曾经在城市滨水区常见的生态群落重新引入，为公园的边缘体验增添了一个充满生机的潮间带。同时，这一盐沼也作为大型沼泽地成为防洪基础设施的关键测试案例，展现了其卓越的实用价值。在盐沼建成不久之后，试验区域便在飓风"桑迪"的冲击下迅速恢复，充分证明了其强大的韧性和生态功能。这一盐沼地及其潮汐环境的可及性，不仅丰富了公园的生态多样性，更为布鲁克林大桥公园赢得了大学环境教育科目的广泛赞誉，成为众多学者和学生最受欢迎的调研目的地。

（2）利用天然材料。与公园的密集规划相结合的是综合的景观组合，包括茂密的树林树篱、咸水和淡水湿地、田园绿荫。这些生动的景观是通过对资源的可循环使用形成的，所选择的物种都是能够承受城市条件、盐雾、大风和定期的盐水影响的。公园的大部分灌溉需求是通过场地雨水的循环再利用来满足的。绿篱和林下区域密密麻麻地种植了小灌木，由随着时间的推移确定的适应性强的物种组成。

由于项目和景观类型的多样性，在设计中实现整体的一致性并保持与该地丰富的文化历史的联系尤为重要。公园所呈现出的粗犷真实感来自于对老旧建筑残余材料的合理使用，包括从旧码头的花岗岩前景拆除的城市桥梁的石头和由拆除的场地建筑的老黄松梁制成的凳子板条。新材料与装置的选取，旨在确保其在城市沿海环境中的简洁性与耐用性。在设计过程中，不可避免地借鉴了过往的工业应用经验，从海洋港口常见的镀锌钢与石头防波堤，到具有天然抗腐性能的洋槐围栏杆，均被巧妙地融入其中。

（3）社区的公众参与。在规划设计期间，设计师有很多问题：有人会在一个多高程和多层次变化的地方使用公园吗？公园与水系的关系是什么？在已知的限制条件下，它如何能吸引足够多的人？景观设计师们参加了与邻居和社区团体的约300次联合会议。1999年，一位年迈的居民在一次会议上说："我是老年人，靠退休金收入生活，我无法再去乡下度假。我希望能够在晚上到这个公园的水边，把我的脚放在水里，欣赏月亮的倒影。"

她的恳求引起了设计师的共鸣，他们知道单纯的景观价值并不能维持公园的吸引力。"水"必须是一个可以享受和使用的地方。设计团队努力创造尽可能多的与海岸线互动的方式，用复杂多变的边缘取代了纯粹的隔板，使人们能够接近和触摸水面。

布鲁克林大桥公园之所以成功，是因为它的设计者在设想公园可能成为什么的时候，尊重了社会与自然要素的实际情况。设计师建造的"生态环境"并不是作为纯粹的设计而设计的，想象一下数以百计的市民可以聚集在一起参加夏季电影节，而一处经过微调的盐沼社区就在几英尺之外安静地、自然地生长。

7.1.3　总结

沿海社区面临着来自海岸线侵蚀的持续挑战。虽然侵蚀是一个自然而然的沿海过程，但众多珍贵的资源与国家海岸线紧密相连，所以应悉心守护这段海岸线，以防止强烈风暴、海浪侵蚀和海平面上升造成大的损害。

海岸线的稳定不需要在陆地和水之间建立屏障（如海堤和隔墙等硬性结构）。新的方案，如自然海岸线，作为传统海岸线稳定技术的初步的替代方案，正得到越来越多的关注。自然海岸线可以减少破坏和侵蚀，同时为社会提供生态系统服务，包括食物生产、营养物质和沉积物清除及水质改善。自然海岸线是一个宽泛的术语，包括河口海岸、海湾、遮蔽海岸线和支流等一系列海岸线稳定要素。一个自然海岸线有一个主要由本地材料组成的"脚印"——它将植被或其他活的、自然的"软"元素单独或与某种类型的硬海岸线结构（如牡蛎礁或岩床）结合起来以增加稳定性。自然海岸线保持了自然"土地-水系"界面的连续性，减少了侵蚀，同时提供了栖息地的价值,增强了海岸的韧性。

在此背景下,"有生命力的海岸线"技术成为了构建自然海岸线、管理海岸侵蚀的一个重要工具,可以增强鱼类和海洋资源的潮间带生境,并增强沿海社区和生态系统对海平面上升、气候变化和极端气候事件的韧性。倘若在恰当的地点加以运用,"有生命力的海岸线"不仅能够维系持续的沿海进程与生态系统的紧密联系,更能为海岸线带来稳固的保障。因此,极力倡导将此技术作为遮蔽海岸的重要海岸线稳定措施,以此守护并优化"陆地-水系"界面的生态环境,确保其能持续提供生态系统服务。

7.2 旧金山湾区韧性设计挑战赛

7.2.1 湾区韧性设计挑战赛概况

旧金山湾区(San Francisco Bay Area)位于加利福尼亚州北部,是美国西海岸围绕旧金山湾(San Francisco Bay)和圣巴勃罗湾(San Pablo Bay)河口的一片城市群,共包括九个县,101 个建制城市,陆地面积 18040km^2,人口超过 760 万。湾区被称为世界上最宜居的区域之一,区域内有许多大家耳熟能详的国家公园,如约塞米蒂国家公园(Yosemite National Park),红杉树国家公园(Sequoia National Park)。湾区内的纳帕谷(Napa Valley)还盛产美国最高品质的葡萄酒。同时,湾区也是世界最重要的科教文化中心之一,有大家所熟悉的加利福尼亚大学伯克利分校、斯坦福大学等。但是多年来,湾区一直深受海平面上升、风暴潮、洪涝、地震等灾害的影响。

2017 年 5 月,为期一年的湾区韧性设计挑战赛(Resilient by Design)启动,当地居民,社区组织,政府及国际专家聚集在一起,为应对海平面上升、极端风暴、洪灾和地震等灾害,积极寻求基于社区的协同解决方案。该挑战赛源于"设计重建"(Rebuild by Design)——一个因纽约地区飓风"桑迪"灾后重建问题发起的公私合作计划,其因激发了创新性的灾后重建设计方案而广受赞誉。

湾区韧性设计挑战赛希望通过进一步的区域合作,勾画出更为清晰明确的发展蓝图。在空间规模上,它超越了单个城市或滨海区域的尺度;在战略意义上,它是旧金山湾区应对气候变化的未来行动中的重要一环。该计划以应对气候变化的关键需求作为切入点,并将推动各城市、社区积极采取行动,促成方案落地,从而打造一个更具灾害应对韧性的、更加安全的旧金山湾区。

2018 年 5 月,每个设计团队为项目所在地利益相关方共同提出了最终的设计理念,并在"韧性湾区峰会"上向各个项目所在地的当地居民汇报了具体的施行方案。至此,由参与到该计划中的社区组织、政府官员、居民代表、设计师、工程师、科学家,以及其他领域专家构成的团队积极推动着项目的进展。这种意料之外的群体合作激发了共同打造更具韧性的旧金山湾区的整体行动力。该计划不仅为当地所面临的问题提出了切实可行的解决方案,还为社区之间如何开展应对未来气候变化挑战的合作提供了行动范例。每个团队的方案都包含了近期和中长期的湾区改造计划,且全面提升了该地区在环境、社会、经济等方面的韧性。

7.2.2　美国旧金山湾区"韧性设计"重塑计划最终设计方案

1. 提升圣拉斐尔（Elevate San Rafael）

地点：马林郡圣拉斐尔市（San Rafael，Marin County）

设计：Bionic Team

"提升圣拉斐尔"方案为应对复杂的环境变化提出了新的响应范式。方案的内容可概括为：提高海拔、提高每位居民的生活质量和社会联系。方案提出：除了运用已实证有效的方式提升滨海地区的韧性外，城市的改善更需要在社会观念、财政、基础设施等方面开展大量工作。这种对湾区关系的战略性改变和重新定义为全面提升当地居民生活质量创造了难能可贵的机会。具体行动包括：提高居住地的海拔，增强居民的社会联系并让每个人生活得更有尊严；提高人们的社会地位和经济收入，制定城市改善政策；将基础设施建在海拔更高的场地上，并赋予它们更多新的功能，从而维持并逐步提升城市的整体生态水平。

2. 人民计划（The Peoples Plan）

地点：马林郡马林市（Marin City，Marin County）

设计：The Permaculture and Social Equity Team

这种意料之外的群体合作激发了共同打造更具韧性的旧金山湾区的整体行动力。在实践过程中，"人民计划"项目得以确立，它真实地反映了当地居民和社会的愿望。通过全社会的共同参与，设计团队扩充了评估和应对风险的知识，并制定出近期和远期实施策略。部分重点项目最早于2018年夏天开始实施。

3. 复兴艾莱斯河（Islais Hyper-Creek）

地点：旧金山郡艾莱斯河（Islais Creek，San Francisco County）

设计：The Big、One 和 Sherwood Team 组成的联合团队

"复兴艾莱斯河"方案为艾莱斯河流域描绘了一幅生态与工业和谐共生的美好愿景。方案提议建立一座大型公园，修复潮汐河流系统和重现柔美的海岸线，使河流与已有数十年历史的海洋产业、轻工制造业和物流产业和谐共存。该公园在提升当地自然和社会韧性方面均将发挥重要作用：其可以储存、输送和净化水资源，保护河流沿岸的社区，并为社区提供必要设施及多种裨益。工业用地将被限制在一个较小的区域内，采用互补集群的形式布局，以提高生产生活效率并创造新的经济机会。在各利益相关方和当地社区的共同参与下，设计团队提出了6个试点项目，并将其作为实现该长期愿景规划的开端。

4. 连接和收集（Connect and Collect）

地点：圣马特奥郡南旧金山地区（South San Francisco，San Mateo）

设计：由 Hassell，MVRDV，Deltares，Goudappel，Lotus Water，Civic Edge，Idyllist，Hatch，Page 和 Turnbull 组成的联合队伍

"连接和收集"——构建更具韧性的南旧金山方案提出，沿南旧金山的科尔马河建立更多的公共绿地，以提升公共可达性。通过在当地现有的橙色纪念公园与一座新建的海滨公园之间打造连续的公共廊道，可以缓解洪泛影响、减轻海平面上升威胁、修复乡土动植物群落与栖息地，为居民修建更多便利设施，并倡导健康的生活方式。

5. 南湾海绵（South Bay Sponge）

地点：圣马特奥与圣克拉郡（San Mateo and Santa Clara Counties）

设计：Field Operations Team

　　"南湾海绵"方案创建了一个旨在提升项目所在地预期适应性的设计框架——不仅对海岸线和基础设施进行调整，还将改进规划、设计和合作方法，以在湾区形成新的更具韧性的人居形式。同时，湾区有着极其丰富的内涵，它不仅美丽祥和，还要满足不同人群对生态、娱乐、经济和身份认同等方面的诉求。在气候变化和海平面上升的大环境背景下，由 Field Operations 景观设计事务所率领的团队通过与南湾和硅谷的社区的密切合作，制定出了一个充满活力、生机勃勃的规划框架，以期在自然与科技力量的共同作用下，使城镇、社会结构、整体健康和福祉水平等都更具韧性。

6. 阿拉梅达河的公共沉积物（Public Sediment for Alameda Creek）

　　地点：阿拉梅达郡阿拉梅达河（Alameda Creek，Alameda County）

　　设计：Public Sediment Team

　　作为保护性基础设施的潮汐生态系统，是旧金山湾城市边缘的一道缓冲屏障。然而，湾区的潮汐生态系统（主要为沼泽和滩涂）正岌岌可危。这些生态系统只有在垂直方向上堆积足够厚度的沉积物，方可抵御海平面上升的威胁；否则，这些沼泽和滩涂将随着这片海湾地带被一并淹没。沉积物积累过程缓慢、海湾地带逐步被淹没等现象表明，当地的水土流失问题虽然不易察觉，但却极具毁灭性，其正一点点蚕食着当地的生态系统、游憩景观和数十万居民的栖居环境，并对关乎地区存亡的饮用水、能源和运输系统等构成威胁。设计团队提出了富有创造性的解决方案：为了应对这一挑战，要聚焦于沉积物，并将之视为构建海湾地区韧性的基本要素。

7. 河口公共区（Estuary Commons）

　　地点：阿拉梅达郡圣莱安德罗湾区（San Leandro Bay，Alameda County）

　　设计：All Bay Collective

　　为了保护当地居民区并修复原生栖息地，设计团队对圣莱安德罗湾区的海岸线进行了重新构想，并提议建立一个"河口公共区"。通过建造池塘、重塑地貌和拓宽河流，奥克兰的最东部、阿拉梅达和圣莱安德罗等地区不仅能够适应海平面上升和地下水漫涨，还拥有可供后世享用的生机盎然的绿道网络。该团队与东奥克兰的 8 个社区组织紧密合作，使那些曾经被忽视的社区成为设计和规划过程的重要参与者。

8. 我们的家园（Our Home）

　　地点：康特拉科斯塔郡北里士满市（North Richmond，Contra Costa County）

　　设计：Mithun Home Team

　　"我们的家园"方案由一系列旨在应对海平面上升问题的子项目组成，试图为一直以来深陷健康和经济困境的当地家庭提供帮助。通过将修建小批量住房、建立社区土地信托、发行社会影响债券与社区基础设施建设等措施结合，可以降低获得住房的成本；方案提议建造绿色基础设施，通过修建一条贯穿项目区域的堤坝，"将沼泽引入主要街道中"；并种植 20000 余棵树木来净化空气和水。这些策略可以依托并结合当地现行的就业和职业计划，从而使北里士满的居民真正受益。

9. 海湾大道（The Grand Bayway）

　　地点：圣巴勃罗湾、索诺玛和纳帕郡（San Pablo Bay，Sonoma and Napa Counties）

　　设计：Common Ground Team

　　37 号州内高速公路是一条地势较低的通勤主干道，其途经圣巴勃罗湾区北缘，面临着交通瘫痪和由海平面上升带来的越来越严重的洪涝问题。公路修建在一座岌岌可危的堤坝之上，堤坝之内是一大片以沼泽为主的漫滩。加利福尼亚大学戴维斯分校道路生态中心的佛拉瑟·谢灵博士认为："这条高速公路可能不仅妨碍了交通，也限制了潮汐的自然涌动"。因此该项目将这条高速公路构想为一条未来的高架风景道，其同时也将成为一个标志性的"门户"，将这片鲜为人知的广阔的生态开放空间呈现在世人眼前。这条海湾大道还将成为一个面向自行车骑行者、跑步者、皮划艇爱好者、露营者和渔民的中央公园，为快速扩张的旧金山湾区北部地区勾勒出一幅更符合 21 世纪敏感性需求的发展蓝图。

7.2.3 不同维度下的湾区韧性设计

为了帮助同学们理解和学习，本节根据这九个设计方案所面临的挑战、设计策略及解决方案的差异，将九个方案的韧性视角分为四个维度：复合维度下的韧性设计、生态维度下的韧性设计、社会维度下的韧性设计和空间维度下的韧性设计（表 7.1）。

表 7.1　不同维度的韧性设计

韧性维度	项目地点	项目特征
复合维度下的韧性设计	圣马特奥郡南旧金山地区	通过综合协同的途径，建构自然生态、空间结构、社会人文等多维度的韧性
生态维度下的韧性设计	圣马特奥与圣克拉拉郡、阿拉梅达郡阿拉梅达河	利用沼泽湿地、河口沉积物等生态手段提升韧性
社会维度下的韧性设计	马林郡圣拉斐尔市、马林郡马林市、康特拉科斯塔郡里士满市、阿拉梅达郡圣莱安德罗湾区	聚焦社区韧性，旨在推动公众参与，消除社会与环境的不平等、不正义问题
空间维度下的韧性设计	圣巴勃罗湾、索诺玛和纳帕郡、旧金山郡艾莱斯河	强调以空间的手段，提升韧性，同时激发社区活力

本书将以南旧金山地区的"连接和收集"方案为例，通过综合协同的途径，介绍自然生态、空间结构、社会人文等多维度的韧性，将其列为复合维度下的韧性设计。

南湾和阿拉梅达溪两个地区的基地地势比较低，海平面上升带来的直接风险更加巨大，因此两个方案都致力于加强自然生态的韧性。这种意料之外的群体合作激发了共同打造更具韧性的旧金山湾区的整体行动力。阿拉梅达溪的韧性设计方案则充分发挥了河口淤积沉积物的价值，设计利用了自然力量和过程，用堤坝、支流改道等方式，将河口沉积物冲刷至需要回填的位置并加以利用。

圣拉斐尔地区的劳动力和基础设施非常集中，因此韧性设计方案希望通过利益群体的多方参与，在公众参与的过程中建构社区韧性。马林市集中了大量低收入人群和有色人种，面临绅士化的风险，同时该地区长期遭受土壤侵蚀和基础设施落后的威胁，因此韧性设计方案希望通过公众参与推动环境正义。北里士满处于低洼地区，文化、环境和社会公正问题突出。韧性设计方案希望通过解决住房问题，建设与大湾区的公共交通联系，水质量、空气质量、生物多样性等全面提升的生态廊道，从而提升家园的归属感。圣莱安德罗湾被称为"河口区的河口区"，是湾区的典型代表地区。该地区深受海平面上升及地下水位上升的双重威胁，仅依靠堤坝、海堤等工程设施无法解决问题。因此，韧性设计方案希望构建动态、自适应的韧性系统，恢复河口地区的生态环境，建构交通和生态走廊，提升基地与大湾区的连接度。同时该方案还推出了"ABC 工具包"，让社区居民可以参与到社区韧性投资的决策中。这四个韧性设计方案均位于湾区地势较高处，在种族问题、生态环境、基础设施、发展机会等方面均存在不同程度的社会不公平现象,因此他们在设计策略上都聚焦社区韧性,旨在推动公众参与,消除社会与环境的不平等、不正义问题。

伊斯兰斯溪社区是在 1906 年地震遗留的瓦砾上建立起来的,该区域海岸地质极不稳定,土壤面临液化风险,且工业用地占比大。规划希望创建溪流复合生态系统,通过整合雨洪管理、防火带、野生动物走廊等措施,结合社区公共空间游憩系统,打造创业创新湾区。北湾的圣巴勃罗湾地势较低,土壤含水量高、区域内有大量的沼泽、滨海泥滩和冲积平原。规划在评估高风险地区的同时,也锁定了高安全系数的区域。韧性设计方案在"安全地块"新建了一条恢宏的圆形高架风景道,恢复大片生态开放空间以供居民骑车、跑步等活动。团队希望这条高架风景道能够成为 21 世纪的中央公园,激发区域的空间活力。

7.3 加纳:整体韧性小镇

7.3.1 加纳温尼巴整体韧性规划

1. 背景介绍

人们每天都生产垃圾,垃圾的回收是一个巨大的社会与环境问题。在西非几内亚湾沿岸的沙滩上分布有许多不正规的进口垃圾回收产业,由于地质地貌,几内亚湾沿岸分布着一串上百个天然潟湖,潟湖是世界上重要的湿地生态系统之一,而因为这些垃圾回收产业,这个重要的生态系统和周围的社区正在遭受威胁。

本项目以此为背景展开。在西非加纳首都阿卡拉市旁有一个名为科勒(Korle)的潟湖,它曾经是被当地部落所敬奉的圣湖,并给周边的渔村詹姆斯敦(Jamestown)带来了繁荣的市场。然而,现在此处的居民却只能住在一个六百万人口的大城市旁边,以处理非法垃圾为生。科勒湖在饱受附近各种垃圾回收产业污染后,已经生物性死亡。在 2002 年,这里被称为地球表面污染最严重的水体,处理不了的垃圾被就地焚烧,像塑料袋这样的垃圾被直接冲进大海。这可以被认为是一个地区失去经济恢复能力和生态恢复能力,从而正在失去他们文化的极端例子。

所幸,在阿卡拉市的南边,还有一个普通的不为人知的海滨小镇,叫温尼巴(Winneba)。温尼巴拥有 5 万~6 万人口,小城从一个普普通通的沿海渔村成长起来,现在还建有一所加纳师范大学的分校。镇边有一个穆尼潟湖(Lake Muni Lagoon),该湖营养丰富的湿地栖息地为鸟类、海龟和鱼类等提供了觅食、栖息和筑巢的场所,被列入国际湿地保护公约《拉姆塞尔公约》(Ramsar Treaty),并受到加纳林业和野生动物部门的保护。潟湖旁边还有一座曼库山(Manku Mountain),风景非常优美。

2. 危机研判

几个世纪以来,城市和潟湖之间的健康关系中保持着相对平衡,然而今天的温尼巴正处于危机的边缘。

(1)城市扩张:温尼巴的城市扩张非常快,人口从 1984 年的 27105 人至 2020 年近 60000 人,正逐渐变成首都的卫星城。但是该城基础设施严重缺失,伴随这种强劲增长的是基础设施和规划的相对缺乏,特别是旧城,固体废物堵塞排水沟和水道,导致雨季洪水频发,城市饱受洪涝影响。

(2)潟湖生态:温尼巴城边的潟湖也正在遭受生态危机。过去岸边的红树林由于被砍作柴火使用，已经消失干净，新的红树苗因为水体盐度变化太大而无法存活。城市扩张造成许多住宅非法沿湖建造，城市污水未经处理被直接排放进潟湖。固体垃圾也没有任何收集渠道，直接在湖边填埋。

（3）气候变化：气候变化使得问题变得更加复杂，海平面上升将直接威胁渔村的存在，降水的增多和糟糕的排水系统给城市带来越来越多的洪涝灾害。2009年的一场洪水，曾经把潟湖边缘的盐池冲毁，摧毁了整个制盐行业，并导致许多人失业。

（4）传统经济：传统手工渔业每年都在减少，当地渔民转而使用更大更密的渔网，从而导致了涸泽而渔的情形。

（5）文化传承：当地著名的文化传统和重要的节庆活动——猎鹿节，也受到威胁。在过去，每年五月，当地旱季结束雨季来临，各个部落会派出壮士前往野外捕捉一只野生鹿，来祭祀自己的祖先。久而久之，猎鹿节成为当地和全国知名的文化活动。而如今已经有若干年没有捕获野生鹿，文化传统的延续成了一个问题。

可以说，温尼巴面对的是从短期到长期，从环境到经济到文化全方位的危机。稍有不慎，就有可能造成破产渔民以垃圾回收为生的场面，重复科勒潟湖的故事。从理论上讲，这是一个典型的韧性和可持续性的问题。当经济、生态和文化失去韧性，终将导致社区无法持续下去，例如，洪水冲垮盐田无法恢复，一年的旱灾使野生鹿消失，猎鹿节失去原有吸引力，一季的收获不足整个社区陷入经济危机等。

为了解决上述问题，规划团队提出了"整体韧性"（holistic resilience）这个概念，即要追求经济多元化、生态的完整性及文化传承度，从而达到这三方面的韧性，最终获得整体的韧性。

3. 预景分析

在项目开始的两年，团队做了很多基础研究和数据收集。一方面，从最基础的历史文化做起，与当地老年居民交流，了解900年前部落迁徙到这里定居、发展部落、建立各种禁忌、保护资源和英国殖民者的故事等。另一方面，团队收集经济文化数据，并将其进行空间数据化处理。以这些数据和资料为基础，团队完成了许多用来分析不同自然与人文系统之间的联系和演变的地图，如土地利用与水质的关系图、垃圾堆积点与地表径流的关系图、节日庆祝所用材料与植被分布的关系图、交通与居住区的关系图等。

在项目初期，团队利用地理信息系统开发了一个比较增长模拟模型，以预景分析的方法描绘不同干预情景下的未来土地覆被变化（图7.1）。假设条件如下：在今后30年里，城市人口以3%的速度持续增长；农业用地以1%的速度增长；新的建设用地随着现有城市扩展。

预景一：无干预措施，按照现在的模式发展。模拟结果显示，在15年后，潟湖上游的农田将取代现有的森林和灌木，Manku山现有的原生植被的完整性将会被破坏，出现农业开发的斑块。再过15年，城市面积不断扩张至翻番，潟湖旁边出现大片建成区，城市极易在雨季遭受洪涝灾害，并且出现次生瘟疫等公共卫生危机。

预景二：缓慢实施干预措施，例如，提高城市密度，减缓建成区的扩张，划定城市与潟湖保护区的边界为城市发展边界，在潟湖周围划定保护区禁止农业开发，同时在城市一侧开始建设人工湿地。假设这些措施不会立刻实施，而是要等到2035年开始，模拟结果显示，在此预景下，将无法扭转潟湖上游的农业扩张，但对比预景一，潟湖西面和曼库山的生态破坏得到了一定的遏制，现有城市附近的一片保留森林可能会承受较大的砍伐和农业开发压力。

预景三：假设预景二中的干预措施可以立刻实施。模拟结果显示，措施的作用较大，但对于潟湖上游农业扩张的遏制有限。另外该处小镇的建成区将会迅速扩张。

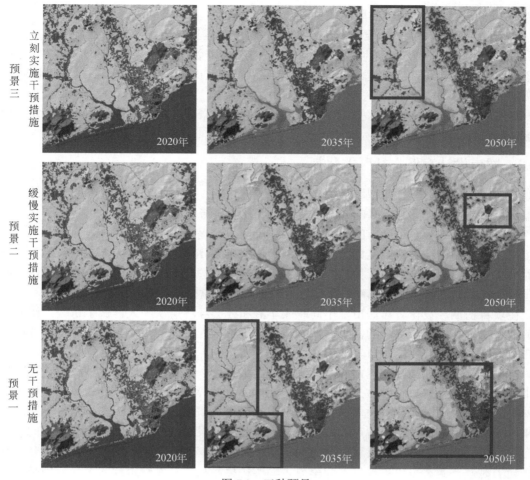

图 7.1　三种预景

4. 协同合作

在研究过程中，团队与当地各类群体协同合作，包括行政官员、规划师、森林保育员、大学教授、欧盟驻非洲的官员、非政府组织成员、教会领袖、酋长、渔民等。在与当地酋长交流的过程中，成功获得其支持，并让其说服部落里的族人渔民们遵守新的每年五月禁止捕鱼的举措、支持环境保护的立法和执法等。

2018 年，团队邀请了一部分专家及英国德比大学的合作伙伴在美国举办了一个为期一周的工作坊。其间，团队汇报了过去三四年所收集制作的数据和一些初步的研究成果，整体韧性的工作方法得到了肯定，并决定把这个长期合作项目集中在四个主题：经济发展、生态保育、基础设施和环境教育，这是当地最需要也是最关切的问题。

工作坊随后采用了一种规划决策方法——空间德尔菲法，来选定主要工作对象，将之前战略层面的愿景转变为战术层面的项目。传统的德尔菲法是美国兰德智库在冷战时期发展起来的一个专家决策体系，通过把每个专家独立评估的结果做汇总统计分析，再反馈给专家，在重复几个轮次后，做出对复杂情况的决策。空间德尔菲法与其相类似，只是把决策内容空间化。团队邀请不同利益相关者在四份地图上分别画出他们所认为的经济发展、基础设施、生态保育和环境教育四个主题中最重要的空间区域和节点，然后把每个人的图汇总，做空间分析，以获得大家意向集中的区域和主要矛盾的区域。

工作坊随后通过头脑风暴，选出了分布在这些关键区域的 28 个潜在项目作为干预项目。最后每个项目按照可行性、影响力和有效性打分、汇总、排序。最重要的项目包括建设沼气公厕、划定城市发展边界、增加城市绿色空间、改造废弃的盐田、投资建设潟湖研究所等。

随后的一年，团队围绕这些项目，开设了包含来自景观、建筑和规划的研究生设计课，把这些项目转化成设计方案。

7.3.2　城市设计案例：社区催化剂

该案例设想塑造一种新型城市公园作为社区催化剂，号召不同社区、不同背景的人群共同保护生态环境，提升城市基础设施，从而实现社会和谐。

案例分析研判了整个城市的历史文化和环境问题，提出了一个疑问——为什么城市中被赋予文化意义的树林能得到良好的保护，而其他地方的环境被破坏却无人在乎？例如，每年猎鹿节举办的场地旁边有一片树林，甚至将场地包围保护起来。由此得出，城市绿色空间的建设要让社区居民产生所有感和归属感，并与他们的日常生活息息相关。

在项目初期，设计者对城市里不同职业年龄和社会经济层次的人群做了访谈，研究了他们的活动空间和对城市环境的需求，在城市找到了不同人群能产生交集的地方，并分析这些所在地方需要解决的环境问题。

案例建议由当地社区发起，由森林管理局提供支持，选择一些经济树种种植在社区的空置土地上。如杧果树，结合杧果树的生长周期，由森林管理局和城市政府传授相关知识，并帮助社区种树。同时在这些树周围修建雨水花园来收集雨水，并在附近建设沼气厕所。如此一来，三五年后，这片空地就可以成为一个社区公园兼果园，内有公厕、沼气烧开的饮用水供应和垃圾回收站。本地妇女可以学习种植杧果、制作其他杧果制品的技术。在平时或有节庆活动的时候，游客可以来这里参观学习，购买杧果制品，从而给本地居民（特别是妇女）带来收入。

如果整个城市有若干个社区能做类似的事情，不久以后，城市里将形成绿色空间网络，在雨洪季节大大减少地表径流，同时为妇女提供额外经济来源，增强她们的独立性，并为城市提供一些卫生基础设施。更重要的是，这些公园由社区亲手创造，所有的杧果销售收入及沼气、饮用水都成为社区的资源，促进社区维护。

7.3.3　景观设计案例：盐田改造

7.3.1 小节提到，在温尼巴城市与潟湖之间有大片盐田曾经用来制作海盐销往各地，自从2009 年遭受洪水破坏后，此地一直闲置至今。

该设计对水体本身的各种环境指标、水量水位及季节变化等进行深入分析，建议把该区域按照场地特殊性，分别改造为鱼塘、海藻塘、牡蛎湿地或者自然恢复成红树林，从而为社区贡献新的经济、文化、生态和教育价值。

设计使用了一些新的技术手段。例如，用无人机来精确测绘三维地形，了解每个盐田的深度、堤坝的损毁情况，并以此比较各种养殖生产所需的深度等环境要求，做到因地制宜。如较深的盐田可以养殖非洲鲫鱼，盐度较高的地方可以恢复盐碱湿地并养殖牡蛎，在堤坝部分垮塌且盐度变化稳定的地方可以种植红树林恢复自然环境等。

　　在整个系统运行过程中，水和营养物得到充分的循环利用。在大洪灾来临时，一方面，红树林可以减少冲击，另一方面，即使水产品被洪水冲到潟湖中，由当地物种构成的水产品仍可存活，并被当地渔民捕捞挽救。此类措施为现有的渔村上了保险，大大提高了渔民今后对灾害的自我恢复能力与韧性。

　　除上述两个案例之外，项目组还为当地设计了新的游客信息、教育中心、潟湖研究中心等。

7.3.4　经验总结与思考

　　温尼巴整体韧性规划项目至今取得的成果如下。

　　在整个项目管理方面，在项目组的推动下，温尼巴在三年前自发成立了穆尼潟湖委员会，组成成员包括当地政府、加纳师范大学、林业保育部门、部落领袖等。这也符合项目最初的参与和赋权战略，即积极参与到当地社区中去，并赋予他们改变自我的力量，而不是作为设计者去介入和改变他们。

　　在基础设施方面，当地政府开始推广沼气公厕，有两个已经在旧城落成。这项工作在前年赢得了加纳环境卫生挑战奖。新的城市规划将预留土地供今后建立社区公园，社区公园不仅提供社会经济功能，也会提供环境保护功能，如公厕、供水和回收垃圾等。

　　在生态保护方面，当地开始在每年五月禁止潟湖捕鱼，并用无人机进行监测，加大执法力度。当地还设立了城市发展与潟湖保护区之间的边界，并着手拆除靠近潟湖的违章建筑。该边界将会种植多排椰子树，起到标记的作用，也为当地妇女提供工作机会。同时，红树林播种恢复计划也在持续进行中。

　　在经济方面，当地森林管理部门不仅继续致力于恢复自然植被，也开始帮助社区种植椰子、杧果等经济树种。盐田再利用为鱼塘的计划也在寻找投资商。随着城市发展边界的确立，潟湖周边将被预留为未来旅游发展用地。

　　在教育方面，项目组与加纳师范大学地理系合作编写本地地理教材，未来将用于大中小学的环境教育。团队与教会附属的环保组织、森林管理部门合作，普及课外环境监测，以获取更为详细的水质数据。

　　虽然很多工作只是在起步阶段，但是该规划撬动了一个系统，使得从民间到政府都开始产生危机感，设法改变，转向韧性和可持续性发展。

　　学习完这个案例，也许有人会产生"加纳那么远，这个案例与大家有什么关系"的疑问。首先，韧性规划中牵涉的环境、社会和经济问题总是相互交织的，这个案例中所走的整体韧性路线其实为很多其他项目（特别是涉及不同文化的背景的项目）提供了一个可选择的方向和工作方法。其次，和西方规划设计师在过去四十年里在中国从事了大量规划设计项目一样，随着国力的提高，中国的规划设计师在今后的四十年里也将在全球展开业务，特别是在欠发达的地区，如非洲。这个案例可能就会是大家今后遇到的挑战。从一个更高的角度来看，西方文明给人类发展带来了科学技术和健康，也带来了消费主义和环境危机，那么正在崛起的东方文明能给世界带来什么？作者希望答案是一种新的、具有可持续韧性的发展观，来解决人类面临的全球性危机。在全球化时代，没有人能独善其身。

　　最后回顾这个项目，规划设计师在从事关于韧性规划的工作时，本身也要提高韧性。在整个规划过程期间会遇到各种困难和挫折，规划设计师也应该学会坚持，把韧性理念也带到实践工作中去。

7.4　韧性视角下的低碳城市建设

7.4.1　国外城市碳中和的经验借鉴

从美国纽约、英国伦敦、法国巴黎、日本等地应对气候变化、加快实现碳中和目标的规划实践中，可在规划体系、策略落实、技术方法等方面提炼总结出值得借鉴的经验（熊健等，2021）。

1. 美国纽约：全面纳入气候变化核心目标并构建"目标-策略-行动-指标"内容框架

纽约政府很早就意识到气候变化与城市未来紧密相关，并为应对气候变化和实现制定实施了详细的路线图计划。2007 版《纽约规划：更绿色、更繁荣的纽约》（*PlaNYC：A Greener，Greater New York*）、2015 版《一个纽约：规划强大而公正的城市》（*OneNYC：The Plan For A Strong And Just City*）和 2019 版《一个纽约 2050：建立强大而公平的城市》（*One NYC 2050：Building A Strong And Fair City*）总体规划均将气候变化作为规划的核心目标，其中，2015 版总规提出成为世界上最大的可持续发展城市及气候变化的全球领导者。2016 年美国签署《巴黎协定》，纽约制定减碳路线图并于 2017 年宣布 2050 年实现碳中和。围绕减碳路线图，纽约编制了建筑、能源、交通、废弃物等领域的减碳规划，依据减碳规划开展监测并发布年度减碳报告。2019 版总规纳入碳中和目标及适应气候变化、减碳路线图的核心内容，构建了"目标-策略-行动-指标"这一清晰的内容框架，并通过建立多情景模型对碳中和路径进行预测。

2. 英国伦敦：构建"总体规划+实施导则+监测报告"的规划减碳政策策略体系

2018 年，伦敦市政府在《伦敦环境战略》（*London Environment Strategy*）中提出 2050 年建成零碳城市，《大伦敦规划 2021》（*The London Plan* 2021）将此作为城市发展目标之一，提出系列政策和策略，并通过制定《"可见"能源监测导则》（*'Be Seen' Energy Monitoring Guidance*）、《全生命周期碳评估导则》（*Whole Life-Cycle Carbon Assessments Guidance*）、《循环经济声明导则》（*Circular Economy Statement Guidance*）、《绿化评估导则》（*Urban Greening Factor Guidance*）等补充规划导则落实规划减碳策略，并指导具体规划实施。规划围绕"减缓、适应、循环经济"三个维度构建了涉及建筑物、能源、环境、循环经济等领域的目标、政策和指标体系，同步开展年度动态监测并以《伦敦规划年度监测报告》（*London Plan Annual Monitoring Report*）的形式反馈规划实施效果，其中重点通过对开发项目能源需求和碳排放进行全面监测，以实现最小化温室气体排放。

3. 法国巴黎：建立低碳战略的"多规"传导机制

2016 年，法国正式签署《巴黎协定》并提交《国家低碳战略》（*National Low Carbon Strategy*），承诺于 2050 年实现碳中和。2018 年，巴黎大区议会批准颁布《法兰西岛区域气候与能源战略》（*The Regional Climate and Energy Strategies of Île-de-France*），其目标为 2050 年全面迈向 100%可再生能源和零碳地区。

法国《国家低碳战略》建立了"多规"传导机制，国家低碳战略纵向传导至大区级、省级气候专项规划，横向传导至大区总体规划（市级总规层面）、省级区域协调规划（区级总规层面）和地方级城市规划（控规层面）。2018 年，巴黎大区及巴黎省的气候专项规划相继编制出台，明确了对各层级空间规划应对气候变化的政策要求。总体规划层面，气候专项规划要求《法兰西岛区域总体规划》（*The Master Plan of The Île-de-France Region*）在修订中纳入专项规划的目标策略,探索建立巴黎 3D GIS 平台用于能源、资源和碳排放的监测评估;详细规划层面继续开发优化地方空间规划碳排放测算工具;探索规划实施监管改革,自 2018 年起在规划许可证审批要求中纳入相关要求,2030 年实现巴黎所有新城市开发项目全生命周期碳中和。

4. 日本:建立"法律条例–编制导则–规划实施"低碳城市框架体系

全球首份气候协定《京都议定书》体现了日本积极应对气候变化的决心,尽管其在 2020 年 10 月才宣布于 2050 年实现碳中和,但是在应对气候变化方面始终坚持依法推进。日本分别于 1998 年和 2019 年通过了《全球气候变暖对策推进法》和《气候变化适应法》,从"适应"和"减缓"两个维度应对气候变化。

日本国土交通省很早就开始探索国土空间结构对"减碳排、增碳汇"的积极作用,建立"法律条例–编制导则–规划实施"的低碳城市建设框架体系。法律层面,2012 年出台《促进城市低碳化法律实施条例》明确低碳规划与既有规划体系的协同关系;导则层面,2013 年发布《低碳城市建设规划编制手册》和《低碳城市建设规划实践手册》,指导全国低碳城市建设规划的编制;规划实施层面,已有 26 个城市编制了低碳城市建设规划并落实到具体举措。同时,围绕低碳城市规划建设,手册构建"目标–策略–指标"传导体系,从集约城市结构和交通、能源、绿化三大领域提出规划策略,并落实到具体策略方针和指标;充分利用交通普查、能源、林业等行业统计数据,建立规划策略与"减碳排、增碳汇"之间的逻辑关系,明确核算方法,并对现状(基准年)、未采取措施时(business as usual,BAU)目标年及采取措施时目标年的碳排放削减和吸收量进行多情景预测。

5. 小结

总体来看,国际城市应对气候变化的空间规划体现了以下可借鉴的要点:①将应对气候变化目标全面纳入空间规划全过程和各层级;②构建应对气候变化的目标、策略、指标和行动体系,明确总目标和分目标,并落实为具体策略、指标和行动;③关注建筑物、交通、能源、资源循环利用等领域的减排增汇;④注重规划多级传导,强调从规划编制、实施监测到评估的全过程管理;⑤采用多情景模拟分析、碳排放核算、动态循环修正等技术方法。

7.4.2　韧性视角下推动低碳城市建设的对策建议

1. 加强前瞻性研究,纳入国家战略

低碳韧性协同治理是多目标决策过程,需要采用适应性管理理念,改进城市治理方式,从而提高后疫情时期迈向碳中和的城市治理能力和整体功能。因此,要将低碳、韧性理念融入国家治理体系,坚持问题导向、目标导向和结果导向相结合,完善我国国民经济规划、国土空间规划等相关规划和顶层设计,建立评价标准和量化指标体系,推广创新试点。发展目标应突破偏重于防灾减灾、公共安全等狭义范畴上的低碳韧性理解。由于城市的低碳韧性程度受到基础设施建设水平、生态环境质量、经济发展水平、政府组织管理和社会保障水平等多重因素的影响,任何一个方面的漏洞和短板都有可能给城市公共安全造成巨大威胁,必须借鉴国内外相关研究,尽可能地综合考虑多种发展目标,发挥多种协同效应。低碳韧性协同治理的前提是树立广义韧性城市理念和确立以低碳城市、韧性城市为重点的任务指引,要将理念与指引细化为发展指标,完善城市体检、美丽城市建设指标体系,从而为实施层面提供更具战略性的可操作指南。

在碳达峰、碳中和目标下,国土空间规划"五级三类四体系"也应将绿色低碳目标和理念全面纳入，从目标设定、基础性技术、内容框架和政策体系等方面进一步研究完善，加快推动城市绿色低碳发展（图7.2）。

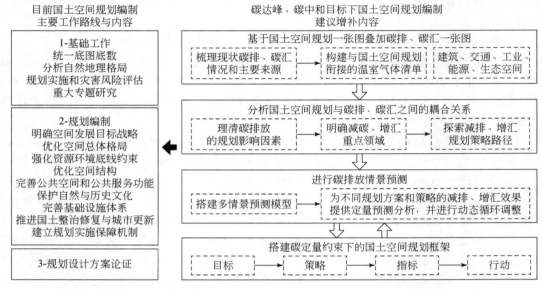

图 7.2　碳达峰、碳中和目标下国土空间规划编制技术框架示意图（熊健等，2021）

2. 增强经济韧性，提高产业链低碳和韧性能力

产业多样性集聚有利于不同产业的跨界交流合作，提高技术溢出水平和生产工艺，形成学习示范效应，降低污染排放。过于单一的产业结构容易受到外部冲击的负面影响，较难进行适应性调整，其灵活性有所不足。要实现碳达峰、碳中和目标，传统能源行业将受到一定影响，节能环保产业迎来发展机遇。而新冠疫情冲击全球经济，全球产业链供应链遭受冲击，加速重构。因此，应发挥多样性集聚的污染减排效应和风险应对能力，促进经济结构的多元化，完善产业链建设，促进低碳经济发展，增强就业弹性，有效防范未来的不确定性风险。要优化投资和营商环境，打破区域保护主义，促进资本自由流动。同时努力提高产业间的关联程度，根据区域禀赋因地制宜发展节能环保、信息含量大、价值含量大的多样化经济活动，加大对具有带动引领作用的主导产业的支持，培育具有前后向联系的配套产业、延伸产业链，促进产业联动发展，促进技术外溢，转变发展方式，实现城市可持续发展。

3. 构筑跨政区协同治理体系，塑造美丽城市共同体

城市在面对自然灾害、城市恐怖主义和重大公共卫生事件时，需要以更大的韧性来应对挑战范围和规模的不断扩大。全球超大城市的发展规律表明，随着交通技术革新和城市扩张蔓延，以传统行政边界为限的超大城市已经演变为功能性的全球城市区域，人口的跨界通勤流动、服务同城化、经济一体化发展成为不以人的意志为转移的大趋势。因此，必须打破守好"一亩三分地"思维，克服行政区划对基础设施、要素流动、公共服务、环境保护、公共安全等领域的刚性约束，并适时探索跨政区低碳韧性协同治理新平台，促进跨部门和跨区域合作。对重点任务和项目做出一体化的规划，促进多元主体参与，以尽可能实现和达成多元目标和综合效益。

7.5　韧性视角下的社区建设

7.5.1　韧性社区建设理论基础

20 世纪 70 年代，加拿大生物学家 Holling 将"韧性"概念引入生态学，用来表示自然系统在遭受自然及人为破坏后仍能维持稳定状态的性质。

自 Mileti（1999）首次提出"灾害韧性社区"概念后，"韧性社区"的内涵和外延不断丰富。2002 年，倡导地区可持续发展国际理事会在联合国全球峰会上将韧性理念融入了社会要素，引入城市系统的研究，即以防疫防灾为主要功能的城市规划建设与管理领域，增加了韧性的社会范畴，备受各国关注（李彤玥，2017）。在此基础上，韧性概念逐步延伸到政治、经济、文化领域，成为跨学科的综合发展理念。

随着城市系统中韧性概念的扩展，韧性理念也出现了空间尺度的不同，形成社区、城市、区域等层面分类，其中，韧性社区（resilient community）作为最具有实践意义的典型代表，成为发达国家城市韧性研究的新热点。在联合国于 2016 年召开的第三次人类居住会议中，也着重提出韧性社区理念，将其作为可持续发展的重要目标，强调了韧性社区在城市发展中发挥的作用。

对于韧性社区概念，英国将其定义为"社区和居民在紧急事件发生时，充分利用当地资源和自身特长自救，以补充城市应急服务"；澳大利亚联邦政府的社会包容委员会将其定义为"社区对危机做出积极响应的能力，适应社会压力和改造自身的能力，以及使其在未来更具可持续性的能力"；在新西兰，韧性社区概念包含个人模式、社区模式与公共机构模式。个人模式即通过调整改善社区内微环境增强居民的韧性；社区模式即通过社区居民积极参与社区决策，群策群力，增强社区社会韧性，而公共机构对社区的授权与支持同样对增强社区韧性产生积极作用。由此可见，韧性社区是指能够凭自身力量在抵御灾害时快速调配资源并恢复正常，且拥有通过应灾学习而主动创新的综合能力的社区。从规划内容上看，韧性社区涉及社会、经济、生态等多方面目标；从规划目标上看，韧性社区追求动态平衡，对于未知的灾害与紧急事件需要变化和适应的过程；从规划期限上看，韧性社区不仅为了抵御紧急事件，也包含了近期、中期、远期的全面安排（范胡月和李铁鹏，2020）。

7.5.2　社区韧性评估体系

1. 社区韧性评估方法研究进展

1）评估对象

既有的社区韧性评估基本从韧性内涵出发，围绕能力、过程和目标三个维度进行。能力评估包括社区和个体两个层面：社区层面上，评估整个社区的稳定、恢复、适应能力，通过评估社区能力集合的支撑领域实现；不同评估体系从不同角度诠释领域，主要包括资本、韧性类型和社区构成三种，集中在工程、经济、社会、生态等领域。个体层面上，评估个体学习、准备、应对和恢复等能力。过程评估即评估影响社区能力动态提升的外部因素，如管理、意识和教育、社会发展、自然环境、建成环境和经济发展。目标评估即评估社区应对目标的实现情况，通过评估社区遭遇灾害后的运转水平实现（彭翀等，2017）。

2）评估内容

社区韧性评估内容是针对评估对象制定具体化的要素或指标。能力评估上，有的从资本或韧性类型的角度出发，资本或韧性类型即评估内容，如社区基线韧性指数（baseline resilience indicator for communities，BRIC）、社区灾害韧性指数（community disaster resilience index，CDRI）；有的从社区构成的角度出发，构成要素即评估内容，如"PEOPLES"韧性框架（the PEOPLES resilience framework）：人口和人口普查、环境与生态系统、有序的政府服务、有形基础设施、生活方式和社区能力、经济发展、社会文化资本，地方化灾害韧性指数，联合社区韧性评估（conjoint community resilience assessment measurement，CCRAM），主要包括社会、经济、生态、工程等领域；有的仅评估某些能力，例如，罗（Roe）和舒尔曼（Schulman）评估基础设施控制中心/者在灾害发生时的应对能力，RI 评估基础设施和关键资源灾后恢复到正常运行的能力，诺里斯社区韧性模型（Norris community resilience model）从经济发展、社会资本充盈度的角度评估适应能力。过程评估上，主要对管理体制、政策、教育等外部政策进行评估，一般包含在评估体系的社会性指标中。目标评估上，主要对社区的表现进行评估，韧性矩阵框架（resilience index［RM］framework）评估社区准备、吸收、恢复、适应四个阶段的表现。尽管表达方式各异，但评估内容主要集中在社会、经济、制度、工程、生态等领域（彭翀等，2017）。

3）评估方法

目前社区韧性的评估方法主要有定量和定性两种。定性评估又称为描述性评估，常与定量评估配套使用，即评估社区是否具有某种特征或能力，一般通过高、中、低描述韧性大小。评估方式上，主要包括自上而下和自下而上两种：自上而下即社区外部学术团体或组织对社区进行评估；自下而上即社区内部自组织评估。定量评估是韧性评估的主要方法，即通过赋值的方式量化指标，经过数理叠加，最终通过数值表示韧性大小。定量评估中，常将问卷调查，层次分析法、熵权法、文献综述法、深度访谈法、文本分析法、GIS 等方法单独或者配合使用，确定评估指标以及权重。表 7.2 中列举了目前国内外较为成熟的社区韧性评估体系。

表 7.2　社区韧性评估体系（彭翀等，2017，作者有修改）

名称	评估内容	评估方法
社区灾害韧性指数	社会资本；经济资本；实物资本；人力资本	（1）定量评估 （2）数据来源：美国人口普查、郡域商业格局资料和相关部门信息、城市和郡网站 （3）评估方式：自上而下
社区基线韧性指数	住房/基础设施；生态系统；机构；经济；社会；社区资本	（1）定量评估 （2）数据来源：公开的免费信息 （3）评估方式：自上而下
地方化的灾害韧性指数	环境和自然资源管理；居民健康和幸福；可持续生计；社会保护；金融工具；实体防护与结构和技术措施；规划制度	（1）定量评估 （2）数据来源：没有提及 （3）评估方式：自上而下
诺里斯社区韧性模型	经济发展；社会资本	（1）定量评估 （2）数据来源：国家、州、当地政府部门和机构，学术研究，非营利组织，互联网检索，相关领域专家 （3）评估方式：自上而下

续表

名称	评估内容	评估方法
韧性矩阵框架	基础设施；通信；认知；社会	（1）定性、定量评估 （2）数据来源：现存资料、机构官员提供、规划、谷歌地球 （3）评估方式：自下而上
韧性指数	重大基础设施和关键资源	（1）定量评估 （2）数据来源：专业人员调查 （3）评估方式：自上而下
人口-生态-政府服务-基础设施-社区竞争力-经济-社会韧性框架	人口及其结构；生态；政府服务；基础设施；生活方式和社区竞争力；经济发展；社会文化资本	（1）定性、定量评估 （2）数据来源：学术研究 （3）评估方式：自上而下
联合社区韧性评估	领导力；集体效能；准备；场所依赖；社会信任；社会关系	（1）定量评估 （2）数据来源：调查问卷 （3）评估方式：自上而下
城市既有社区韧性评价标准 T/CECS1269—2023	生态环境；建成空间；基础设施；产业经济；治理体系	（1）定量评估 （2）数据来源：当地政府部门和机构、学术研究、相关领域专家 （3）评估方式：自上而下

2. 社区韧性评估实践案例

1）大型易地搬迁社区韧性评估体系构建——湖北省十堰市青龙泉社区韧性评估

"十三五"期间，也就是 2016～2020 年的五年间，我国通过易地搬迁安置解决了 960 余万群众的脱贫问题。但尽管易地搬迁城镇集中安置的大型社区已经解决"搬得出"的问题，却普遍面临"搬后怎么办"的治理困境。简而言之，这类社区在政府统筹下循着用城市生活取代传统乡土生活的逻辑，利用行政力量对贫困地区进行跨越式城镇化，基于政府主导的搬迁过程本质上呈现一种典型的建设逻辑优先于治理逻辑，在治理过程中不仅容易忽视搬迁群众空间变迁所引致的生活方式转变、社会融入困境、文化系统重组及人口异质性等问题带来的不良后果，而且使这类过渡型社区容易成为基层社会治理中较为薄弱和易受到风险冲击的基础单元。探讨易地扶贫搬迁社区能否有效应对各类风险的挑战及化解治理困境的途径手段与应因之策具有重要的现实意义（黄六招和文姿淇，2022）。在此背景下，湖北省最大的易地扶贫搬迁安置区——十堰市青龙泉社区于 2023 年启动了社区韧性评估工作。

易地扶贫搬迁安置社区的韧性评估与建设规划需要基于一套"韧性指标体系"。该体系首先需具备全面、共同的韧性原则与属性基础，并能够适用于大部分易地扶贫搬迁安置社区，而非个别社区中的某个系统；此外，该体系需包含一系列可衡量、可循证、易于获取的指标，便于对大型易迁安置点进行系统的定性与定量评价和规划建设。在国际上，洛克菲勒基金会 2014 年与奥雅纳（Arup）集团联合开发了一种可访问、可循证的城市韧性指数（city resilient index，CRI）和城市韧性框架（city resilient framework，CRF），旨在帮助城市了解、衡量并提升其面对冲击时承受、适应和转变的能力。

在此基础上，从经济、治理、文化、社会、生态五大维度构建的大型易迁安置点建设韧性社区指标体系（图 7.3）被提出，并运用于青龙泉社区韧性评估。该指标体系构建时将社区视作复杂系统，摒弃原有大型易地搬迁区各类建设"头痛医头，脚痛医脚"的倾向，以及碎片化治理模式。基于对我国"五位一体"战略目标的积极响应，从多个维度系统化评估社区的经济韧性、治理韧性、文化韧性、社会韧性和生态韧性等，将其融合于兼具危机意识、协同机制和动态维护的结构化框架中。

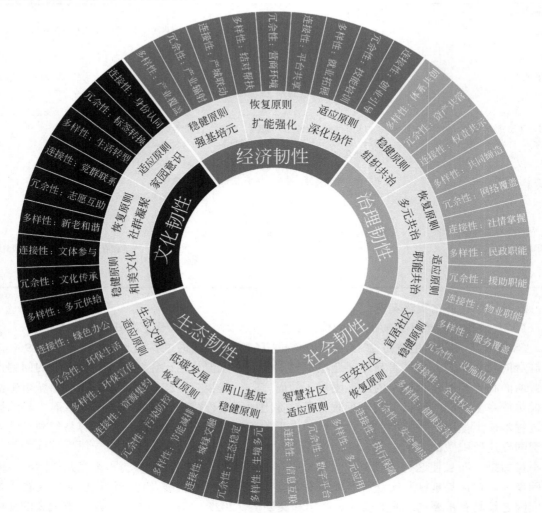

图 7.3　大型易迁安置点建设韧性社区指标体系

2）基于 CAS 理论的社区韧性评估模型构建——河北雄安新区既有社区韧性评估

雄安新区的设立是中国推进京津冀城市群协同发展的重要举措。但雄安新区在短时间内从农村到现代化城市的巨变中，存在既有城乡社区与外来产业及人群在文化、组织等多层面能否快速融合的风险。现有城市科学研究中，CAS 理论多应用于对城市、城市群复杂系统的认知和规划等。而将 CAS 理论应用于社区这一空间尺度，探索韧性社区的本质特征、建构韧性资源要素，深入剖析雄安未来城市社区韧性资源特征及发展策略，对于推动 CAS 与韧性理论的交叉融合，构建符合国情的、有雄安特色的韧性社区理论和实践体系极为必要。据此，构建了包含社会网络韧性、社区成员韧性、基础设施韧性、防灾应急韧性 4 个维度的雄安既有社区韧性资源结构模型。

其中，社会网络韧性指标主要用来评估整个社区系统在遭到破坏时的自适应能力和恢复能力。社区的社会网络韧性主要体现在邻里关系、组织关系及网络状态 3 个方面。邻里关系韧性通过社区居民间的亲密度、居民之间的信任感、居民对社区的归属感来进行评估；组织关系韧性通过社区党组织、社区居委会等自组织和公益志愿团体等服务组织的建设情况来进行评估；网络状态韧性通过社区居民个体的社会网络连接多重性、社区关系网中居民与其他成员的关系有效性来进行评估。

社区成员韧性指标主要用来评估社区的自适应能力，主要体现在人力保障、生活物资、经济状况、知识能力、住宅保障 5 个方面。其中人力保障韧性通过脆弱人口比例、救灾劳动力比例进行评估；生活物资韧性通过每个居民家庭所拥有的减灾器材、救生工具等救生物资、常用的医药物资及水和基本食物等生活物资的情况进行评估；经济状况韧性通过社区成员年平均收入水平、就业成员比例进行评估；知识能力韧性通过知识型人员比例、能力型人员比例进行评估；住宅保障韧性通过社区居民所居住的住宅类型和住宅质量来进行评估。

基础设施韧性指标主要用来评估社区吸收和抵御外来冲击的能力，它与社区成员相结合还能呈现出一定的自适应能力，包括生态设施、防灾设施及公共服务设施 3 个方面。其中生态设施韧性通过社区绿地覆盖率、社区水体覆盖率、生物种类的多样性进行评估；防灾设施韧性通过应急避难场所的数量、安全应急标识的数量、应急物资储备空间是否足够进行评估；公共服务设施韧性通过社区医疗卫生设施、社区卫生站、社区服务中心、教育设施及福利设施的数量进行评估。

防灾应急韧性指标主要用来评估社区的恢复能力，包括救助模式、防灾教育、应急响应 3 个方面的风险应对机制。救助模式韧性通过社区自救互救、政府救助、志愿者救助的情况进行评估；防灾教育韧性通过社区是否定期借助宣传栏、橱窗及一些媒体途径等组织宣传防灾减灾教育、是否定期开展防灾演练（包括组织指挥、灾害隐患排查、灾害预警及灾害自救和互救逃生、灾情上报等内容）、是否定期邀请有关专家对社区管理人员和居民进行防灾减灾培训等进行评估；应急响应韧性通过社区是否对灾害风险隐患进行日常监测工作，是否定期开展社区间减灾工作的经验交流并制定可操作性的应急预案、社区内各应急部门在应急反应过程中的职责分工是否明确等进行评估（周霞等，2022）。

3）关注"社区认知"和"社会资本"的评估体系——新加坡剑桥路社区韧性评估

作为一个人口密集、自然资源有限的岛屿城市，新加坡面临着经济、社会、环境等多方面的压力，因此很早就认识到建立韧性城市的重要性，同时也付出了很多努力。例如，2021年推出了《2030 年绿色计划》，提出培育绿色经济、制定应对海平面上升规划等一系列举措，目前已经初显成效。然而，通向"韧性"的路径需要采取综合系统的方法，既关系到宏观规划和基础设施建设，也关系到不同利益相关者的积极参与。新加坡将这两个层面作为城市的"硬件"和"软件"，即基础设施与社会资本。基础设施的建设能够通过自上而下的行政力量和资金构筑大型风险的防范底线，但由于城市风险事件的整体影响难以被完全预测和防范，还需要通过建立完善的社会资本、提升社区中的韧性来应对。没有韧性的社区，就不会有韧性的新加坡。近年来，新加坡陆续发布了一系列韧性社区建设的行动和倡议，让市民能够更深入地参与到韧性城市建设中，同时大力支持社区主导的行动，让居民自主塑造社区环境。

为了给韧性社区的建设提供一个有效的监测工具，新加坡制定了一套指标体系（表 7.3），旨在评估社区应对冲击和压力的能力，该指标目前已经运用于剑桥路韧性社区的评估与建设。指标有两个方面的重点：一是社区对风险的理解和认知，体现了社区对其脆弱性的评估和处理程度，社区的认知水平越高，行动的积极性就越高，在面对危机时就更有能力解决；二是社区的社会资本和凝聚力，体现了社区成员之间关系的强度和黏性，社会资本和凝聚力的建立能够提升社区的适应能力，在冲击和压力发生之前、之中和之后随时发挥作用，有助于增强社区成员应对危机和生存发展的能力。

表 7.3　剑桥路韧性社区评估指标体系

韧性社区属性	指标	定义
对风险的理解和认知	信息性知识	对风险的认识和理解程度
	操作性知识	关于应对风险相关行动的知识水平
	行动的意愿	应对风险的行动力水平
社会资本和凝聚力	社区纽带	社区成员相互帮助和共同工作的水平
	社区信任	社区内的信任程度
	社区意识	对社区的归属感和依恋感
	社区参与	社区中的参与感、合作感和赋能感
	集体效率	社区集体成果的合作水平
	危机准备	关于在危机情况下如何行动的认知水平

这套衡量社区韧性的指标提供了一套可使用的韧性绩效数据，为整合跨领域和跨部门的韧性实践创造了可能性，能够更好地协调不同群体在不同环节的行动策略和参与方法，有助于不同相关方进行更具有针对性的努力。

4）其他社区韧性评估方法

国际人道主义救援组织（Global Outreach and Love，GOAL）开发出社区灾害韧性分析（analysis of resilience of communities to disasters，ARC-D）工具包，提出灾害对社区的影响程度取决于以下 8 个部分：教育、经济、环境、政策和治理、卫生、基础设施、社会和文化、灾害风险管理。美国国家儿童创伤应激网络恐怖主义和灾难中心开发的社区韧性提升工具包（communities advancing resilience toolkit，CART）把社区韧性评估分为评估、反馈、规划和行动 4 个阶段，采取实地调查、关键知情人访谈、社区对话等方式获取评估信息，便于各类利益相关者参与解决社区问题。联合国开发计划署旱地发展中心开发的基于社区的韧性评估（community based resilience analysis，CoBRA）工具包，认为韧性不仅与资本有关，还与能力有关。资本倾向于描述家庭和社区拥有的资产、技能和服务，即静态因素；能力指标则倾向于描述动态因素，如家庭和社区扩大和减少资本以应对压力或变化的能力、依赖技能和家庭间的联系积极适应压力和变化的能力。该工具包把韧性评估划分为 3 个阶段 7 个步骤，3 个阶段分别为准备、实地考察、数据分析与报告，每个阶段对应 2~3 个具体实施步骤。该系统与其他框架方法的主要区别在于该系统可以对社区韧性进行长期跟踪评估。澳大利亚托伦斯韧性研究所则把社区资源和能力分为社区关系、风险和脆弱性水平、应急程序和社区资源的可用性 4 个部分，开发出社区灾害韧性计分卡（community disaster resilience scorecard，CDRS）（唐彦东等，2023）。

7.5.3　社区韧性提升策略

1. 社区韧性提升方法研究进展

对应社区韧性内涵，社区韧性提升可归纳为 3 个领域。①能力提升，包括两种方法，一种是经济水平、工程设施、生态系统等硬实力；另一种是经验学习、决策水平、社区参与等软实力。②过程提升，即介入韧性循环过程，通过改善影响因子（管理、意识和教育、社会发展、自然环境、建成环境、经济发展）提升韧性。③目标提升，即通过设定应对愿景或评估应对表现提升韧性。能力提升方面，社区韧性评估框架研讨会提出通过社会网络分析（social network analysis，SNA）提升社区韧性，即在了解社会网络运行机制（如信息的产生、传播和交换机制）的基础上，指导决策者构建新的社会网络或对现状社会网络进行强化；卡彭特提出通过建成环境对社会网络的支撑作用，间接提升社区适应能力；伯杰欧提出韧性提升框架，即通过社会、自然、经济、建成环境促进社会资本提升、经济发展、信息交流、竞争力。过程提升方面，威尔逊提出社会记忆力的概念，着重介绍了仪式、习俗、社会学习对社区韧性的影响；《美好生活倡议》（*Good Life Initiative*）在社区资本、转变、临界点等理论的基础上，提出通过创造交流机会、改善网络和交流技巧等措施增强居民相互联系；威士曼从灾害知识对居民韧性影响的角度，提出通过接触、理解、合理应用三个阶段提升社区韧性；美国国家研究委员会（National Research Council，NRC）制定社区决策框架提升灾害应对能力；菲弗白姆等制定的社区韧性提升工具包（community advancement resilience tookit，CART）提出通过评估、反馈、规划和实施提升韧性。目标提升方面，社区和区域韧性研究协会（Community and Regional Resilience Institute，CARRI）、联邦应急管理局软件包项目（FEMA's Hazus Program）提出建立惠及各利益相关者的共同愿景，在愿景带动下促进各部门合作和居民积极参与（彭翀等，2017）。

2. 社区韧性提升实践

1）纽约市韧性社区建设

纽约作为世界级的大都会区，素来以其多样化的邻里社区构成而著称，多元族裔、文化包容、平等共享的诉求使得参与式社区规划较早被纳入法规。但随着气候风险的增加、城市人口的扩张和社会不平等的加剧，纽约的城市社区也面临着来自经济、政治、社会、生态等诸多方面的挑战，社区脆弱性逐渐得到重视，开展了一系列韧性社区规划实践。

纽约的参与式社区规划传统，在参与主体、内容、机制和过程等方面深刻影响着纽约韧性社区规划的实现。1961 年纽约市出现了第一份基于社区的规划——库帕广场社区规划（Cooper Square Community Plan）。该规划由民间组织发起，并在 1970 年得到官方认可。到了 20 世纪 70 年代中期，公民已成为土地利用决策的公认参与者，城市法律中也写入了公民参与规划的正式程序。1989 年，《城市宪章》赋予社区规划以合法性，因所在法条在宪章中的编号为 197-a，故称为"197-a 规划"。具有法定效力的综合型发展规划和专项规划充分体现了社区需求，保障了地区在面临再开发项目时社区成员的诉求表达权和参与权，同时培育了一批有理念、有专业、有能力的理性参与行动者，如社区委员会、社区组织和所在地社区规划师，由社区领袖、核心团队扩展到社区整体参与，从而可以在韧性社区规划中充分发挥主体能动性。

进入 21 世纪，纽约市频受极端天气、人为事故、恐怖袭击等外部风险干预影响，连续三版城市规划均提出了韧性城市的建设目标。2015 年，在飓风"桑迪"灾后重建两年后，市环境法委员会又牵头制定了《一个纽约：规划强大而公正的城市》，强调韧性城市建设中土地利用政策的重要性和社区作用。并且成立了由城市规划师、建筑师、工程师、律师和政策专家组成的市长韧性办公室（The Mayor's Office of Resiliency），通过引智和转译前沿气候科学和数据，引领政策制定、资本投入和公众参与，并创建相关工具领导跨部门合作，增强公共机构、企业、社会组织和个人的应对能力。纽约市规划局则通过制定交通增长计划、设计可步行街景和促进节能建筑设计,努力减少纽约市的能源消耗,并通过与社区合作,增强其灾害识别、应对和恢复能力。

在上述基于《城市宪章》的社区规划机制保障之外,还有一些特殊的规划工具用以实现特定社区的韧性建设目标。这些特殊规划工具是指在住宅区、商业区和制造业区三大分区之外,为了应对生态保护、住房保障、社区发展等需求而设定的针对特定开发类型或公共空间设计和质量的补充性规则。如普惠性住房计划（Inclusionary Housing Program）、私有公共空间（Privately Owned Public Spaces）计划和生鲜食品店（Food Retail Expansion to Support Health,FRESH）计划等举措。这些举措都提供了区划激励,以鼓励生态韧性、可负担住房、公共空间、服务型业态等公共要素的开发。此外,纽约还实施了一系列针对滨水社区的特殊规划方案,如"韧性邻里倡议"（Resilient Neighborhoods Initiative）。

经过灾害应对、灾后重建等应急过程,纽约作为移民城市的多样性和民主社区规划传统逐渐融入了韧性社区建设目标。主张让所有纽约人都能应对风险冲击、共享发展成果的社会韧性,成为可持续社区规划的主要目标之一。2014 年,彼时的纽约市长白思豪制定了具有里程碑意义的《纽约住房十年五区计划》（Housing New York：A 10-Year,5-Borough Plan）。该计划的核心战略是以住房、经济发展和社区资源为重点,创建负担得起、宜居和健康的社区,探讨社区如何为创建一个公正、公平、包容和繁荣的城市作出贡献。市长提出了 10 年内增加 20 万套保障性住房的愿景,并提出基于《城市宪章》的、更为深入的参与式社区规划要求（钟晓华,2021）。

2）美国社区韧性系统（community rating system,CRS）试点项目

为了帮助社区提升韧性,社区和 CARRI 开发了 CRS；2011 年 9 月美国联邦应急管理局（Federal Emergency Monagement Agency,FEMA）和 CARRI 启动了 CRS 试点项目,先后确定 8 个试点社区,均制定了社区韧性规划,并取得了阶段性成果。

CRS 主要为社区提供 6 个阶段的帮助：①决策团队组织,包括确定组织和领导的决策团队和制定韧性提升战略；②表现评估,通过社区识别、潜在危害解读、应对表现分析、脆弱领域界定、确定所需资源最终形成准备报告；③愿景和目标的制定；④行动规划制定,基于第二阶段的表现评估,使用行动规划模型识别实现目标能力的资源和障碍；⑤建立行动规划实施的保障机制,通过提供实施的标准和问题列表帮助社区确定实施战略；⑥规划的维持和监督。

3）中国"2022 年城市更新十大韧性社区营造案例"

第五届中国城市更新论坛围绕"韧性社区,活力城市"主题,颁布了"2022 年城市更新十大韧性社区营造案例",涉及社区商业、文化及治理韧性等多个方面。下面列举几个典型案例。

武林里口袋公园位于杭州市孝丰路 5 号,毗邻西湖北线,总建筑面积 2800m^2,引进了商业有限公司投资改造并进行运营,为城市老旧片区社区韧性提升提供了新模式。项目以"在地性、多样性和包容性"原则进行改造。首先,在地性提供了韧性发展的原动力,希望在利益的在地性、业态的在地性、互动和连接的在地性这三方面达成一致。其次,在具有挑战的环境下,多元化的物种比单一物种更具有韧性,具有更好的自我调节的能力,所以韧性的加强势必要求项目在业态、服务、内容、组织等方面具有多样性。再次,适度的包容性又提供了适合迭代、创新的土壤,为韧性社区的可持续发展带来源源不断的创新可能。

新华路街区位于上海市长宁区，是一个由新华路、番禺路、法华镇路、定西路等道路编织而成的复合街区，其所属新华路街道面积 2.3km²，人口 6.7 万人，范围内包含历史街区、历史建筑，也包含住宅和文化、办公园区。2017 年开始，由几名新华在地社区居民、创业者自发组织开展探讨街区发展可能性的设计活动，后逐渐形成社会组织，并在新华路街道的支持下持续开展包括社区共创、社区微更新、在地刊物、街区节庆等通过社区参与、激发在地内生活力的持续营造行动。2022 年，由新华路街道搭台引领，社会组织负责筹建、运营，成立新华·社区营造中心，更进一步构建起了持续营造街区的支持系统。这一多元主体联协共建共益街区的模式，呈现自上而下与自下而上紧密合作，充分提高了公众参与度，提升了社区的治理韧性。

7.6　韧性城市规划之中国经验

7.6.1　北京市的韧性城市实践

1. 韧性规划背景

北京是我国的首都，是我国的政治中心、文化中心、国际交往中心与科技创新中心。截至 2023 年，北京市总面积 16410.54km²，常住人口 2185.8 万人，属于我国超大城市的范畴。

北京位于华北平原的北部，北依燕山，西拥太行，南控平原，东濒渤海，地理位置在 39°26′N～41°3′N，115°25′E～117°30′E，处于华北主要地震区阴山—燕山地震带的中段。对于北京而言，威胁最大的是市域内分布的顺义—前门—良乡、南苑—通州、黄庄—高丽营、来广营—平房、南口—孙河、小汤山—东北旺等主要断裂带，带长大多在 10～20km。根据有关地震史书记载，震源在北京地区的、震级大于 4 级的地震共计近 200 次，大于 5 级的地震 10 余次。北京历史上发生过的最大地震出现在 1679 年，即清代康熙年间，地点在三河—平谷一带，最高震级为 8 级、烈度为 11 度。据有关地震周期估测：6 级地震（强震）最长间隔大约 280～300 年左右发生一次。上一次这样的地震发生在 1730 年，即清代雍正年间，地点在北京的西北郊地区。北京地区存在发生中强级别破坏性地震的背景。由此可见，北京市面临的防震减灾形势非常严峻。

城市规模越大、人口越密集、财富越聚集、功能越复杂，城市的脆弱性就越高，如果不提前降低脆弱性、做好风险防范，一旦发生大的灾害，后果就会很严重。尤其对北京这样的超大城市来说，其灾害风险更是不容忽视。这也是北京大力推进北京韧性城市建设的重要意义所在。同时鉴于地震灾害是群灾之首的特性，呈现出链式效应、蝴蝶效应、放大效应，北京的韧性城市建设，主要考虑的是地震风险下的韧性城市建设，也就是地震安全韧性城市建设。

在这样的背景下，《北京市 2016 年—2035 年城市总体规划》首次明确了建设地震安全韧性城市的概念（北京市规划和自然资源委员会，2018），北京也成为我国第一个把韧性城市建设任务纳入城市总体规划的城市。其中，在《北京市 2016 年—2035 年城市总体规划》的第六节，重点强调了公共安全体系和城市安全保障能力的重要性，指出要通过加强城市防灾减灾能力，以及建设综合应急体系，提高城市应急救灾水平，共同规划提升城市韧性。地震韧性城市的规划在这样总体韧性建设思想的指导下逐步细化、展开和推进。

2. 韧性规划措施

北京市地震安全韧性城市建设目标主要分为三个阶段，时间节点上与北京城市总体规划对标：①到 2020 年，围绕"建设国际一流的和谐宜居之都取得重大进展"发展目标，建立健全地震灾害风险治理体系，城乡抗震隐患全面消减，新生风险严格控制，重大风险有效防范。建立目标可量化、风险可评估、措施可操作、结果可考核的地震安全韧性城市评价指标体系和评估制度，韧性城市建设行动全面展开，取得阶段成效；②到 2035 年，围绕"初步建成国际一流的和谐宜居之都"发展目标，北京地震安全城市韧性大幅度提升，城市建筑抗倒塌能力和城市功能快速恢复能力与同等地震风险的发达国家大城市同步；③到 2050 年，围绕"全面建成更高水平的国际一流的和谐宜居之都"发展目标，北京地震安全城市韧性度与同等地震风险的发达国家大城市并跑，灾害快速恢复能力和适应能力位居前列（北京市人民政府新闻办公室，2019）。

北京地震安全韧性城市建设主要包括地震环境与影响认知提升、工程韧性提升、社会韧性提升、制度韧性提升和地震韧性水平评估等五大方面，几乎涵盖了整个防震减灾业务体系的内容，涉及大震风险源探测与评估、地震监测预测预警、地震动精细区划、抗震隐患排查与加固改造、抗震新技术应用、地震应急准备、地震地质灾害评估、韧性评价指标体系构建以及公众防震减灾意识与技能提升等。截至 2019 年底，这 5 个方面都取得了很大的进展。通过以上 5 个步骤，落实推进北京的地震韧性建设进程，完成所设定的 3 个目标，最终将北京建设成为应对地震这样的灾害时更具有韧性的城市。

7.6.2　上海市的韧性城市实践

1. 韧性规划背景

上海，是我国的国际经济、金融、贸易、航运、科技创新中心。总面积约 6340.5km^2，2023 年常住人口达到 2487.45 万人，同样也属于我国超大城市的范畴。上海位于长江三角洲地区，地处中国东部，长江入海口，东临中国东海。上海一直致力于打造中国的全球城市，因此其规划建设更加注重生态、气候变化、海平面上升等全球性问题。

上海地处长江河口，滨江临海，地势低平。长期以来，地面沉降问题作为主要的地质灾害直接影响着上海的下垫面形态，严重威胁着上海的城市发展，经过半个多世纪的不断努力，上海目前地面沉降达到微量沉降阶段。但在微量沉降现状和城市安全设防要求极高的前提下，全球气候变化引起的海平面上升是研究未来上海地面沉降防治策略必须考虑的问题。

2. 韧性规划措施

在上海市发布的《上海市城市总体规划（2017—2035 年）》报告当中，首次提出了建设生态韧性城市的概念，并强调要致力于打造以生态和韧性为基础的迈向全球化的城市。在《上海市城市总体规划（2017—2035 年）》报告中的第七章"更可持续的韧性生态之城"，比较全面地提出了生态建设和韧性要求相关的核心指标、具体愿景等。

应对全球气候变暖、极端气候频发等趋势，针对当前生态空间被逐步蚕食，城市游憩空间相对匮乏，环境质量下降等问题，上海市提出要建设的"生态韧性"主要包括以下 4 个方面：应对全球气候变化、全面提升生态品质、显著改善环境质量、完善城市安全保障。在坚持节约优先、保护优先、自然恢复为主这样的方针下，致力于转变生产生活方式，推进绿色低碳发展。

1）应对全球气候变化

主要是从推进绿色低碳发展、应对海平面上升、缓解极端气候影响和城市热岛效应三个方面展开。将主动干预式的"海绵城市"、通风廊道等的建设，与完善防汛除涝保障体系、海平面变化监测体系等灾害预防措施结合，建设城市气候韧性。

2）全面提升生态品质

建设四大生态区域、完善城市内部生态环廊、建设城乡公园体系、健全生态保护机制等，通过核心指标的建设，基本完成生态品质韧性的建设，形成高效率、多样化的生态环境管治模式。

3）显著改善环境质量

生态环境的提升则是从水环境、土壤环境、大气环境保护等方面出发，巩固原有的生态基底。参考核心建设指标，有针对性地处理污染治理和固体废弃物综合治理等问题。

4）完善城市安全保障

保障城市能源供应，确保水资源供给的安全，构建城市防灾减灾体系，从而保障城市安全运行。全面提升的防灾减灾标准配合与上游流域及周边省市综合建立的防灾协调机制能够较好地保障上海这样的超大城市在遭遇区域性灾害时，充分发挥综合防灾中心的作用，提升整个长三角地区的区域韧性。

7.6.3　雄安新区的韧性城市实践

1. 韧性规划背景

雄安新区，为河北省管辖的国家级新区，位于河北省中部，是我国于 2017 年设立的国家级新区，主要功能是疏解北京的非首都功能。起步区面积约 100km²，中期发展区面积约 200km²，远期控制区面积约 2000km²。

雄安新区地处北京、天津、保定腹地，同样受到地震断裂带的影响。因此在雄安新区规划建设初期，就已经将抗震韧性纳入考虑范畴。在 2018 年发布的《河北雄安新区规划纲要》当中提出，要构筑现代化的城市安全体系，打造韧性之城，高起点规划、高标准建设雄安新区（新华社，2018）。

2. 韧性规划措施

雄安新区对于韧性城市的建设提出了"三个能力"的标准：能力一是维持运转，即城市各系统能够吸收灾害并且维持基本的运转；能力二是自我适应，即城市系统自我适应并且能够抵御灾害；能力三是提升抵御，要求城市能够及时从灾害当中恢复并且提升抵御更严重的灾害。

为此，在《河北雄安新区规划纲要》的第九章，对于构筑现代化的城市安全体系提出了具体的建设要求。其中第三节将"增强城市抗震能力"单独列出，因为雄安新区毗邻北京的特殊位置，一样处于地震断裂带较多的地区，因此，前期建设就关注抗震韧性，提高构筑物等的抗震基本防裂度能够防患于未然。在构建城市安全和应急防灾体系方面，从安全运行、灾害预防、公共安全、防灾水平等对于新城的建设标准进行了规定，按照防空防灾一体化、平战结合、平灾结合的原则，完善应急指挥救援系统，建立安全生产、消防安全、道路交通等部门公共数据资源共享机制。并且利用信息智能等技术，构建全时全域、多维数据融合的城市安全监控体系，形成人机结合的智能研判决策和响应能力。这样的高标准提升能够为即将建成的雄安新区提供强有力的"韧性支撑"。

雄安新区的建设不仅体现在其高标准的城市建筑和设施上，更在城市的灾害适应与恢复能力方面进行了全面的强化与提升。具体而言，雄安在地震监测预警、风险评估与防范、次生灾害防范以及全社会地震应急体系与能力构建等方面都进行了深入加强的同时，雄安还注重提高全民的防震减灾意识和能力，为打造中国新兴韧性城市提供了宝贵的经验和思路。

主要参考文献

范胡月，李铁鹏. 2020. 韧性社区理论下的疫后社区规划与治理. 城乡建设, (11): 49-51

黄六招，文姿淇. 2022. 双重韧性何以化解易地扶贫搬迁社区的结构性风险？基于桂南 A 县的案例研究. 中共天津市委党校学报, 24(4): 84-95

李彤玥. 2017. 韧性城市研究新进展. 国际城市规划, 32(5): 15-25

彭翀，郭祖源，彭仲仁. 2017. 国外社区韧性的理论与实践进展. 国际城市规划, 32(4): 60-66

唐彦东，张青霞，于汐. 2023. 国外社区韧性评估维度和方法综述. 灾害学, 38(1): 141-147

吴昊. 2022. 社区韧性综合评价指标体系研究. 大连: 大连理工大学硕士学位论文

新华社. 2018. 河北雄安新区规划纲要. (2018-04-21)[2022-12-21]. https://www.gov.cn/xinwen/2018-04/21/content_5284800.htm

新华社. 2019. 北京推进地震安全韧性城市建设. (2019-11-14)[2022-12-21]. https://www.gov.cn/xinwen/2019-11/14/content_5452111.htm

熊健，卢柯，姜紫莹，等. 2021. "碳达峰、碳中和"目标下国土空间规划编制研究与思考. 城市规划学刊, (4): 74-80

钟晓华. 2021. 纽约的韧性社区规划实践及若干讨论. 国际城市规划, 36(6): 32-39

周霞，石宇，靖常峰，等. 2022. 基于 CAS 理论的雄安新区既有社区韧性评估与提升策略研究. 北京建筑大学学报, 38(4): 54-63

Mileti D. 1999. Disasters by Design: A Reassessment of Natural Hazards in the United States. Washington D. C.: Joseph Henry Press

第8章　面向未来的韧性城市生态规划

8.1　韧性城市生态规划的发展回顾

8.1.1　韧性概念的演进

"韧性"概念自从进入生态学研究以来，经过两次概念完善：先后从工程韧性发展至生态韧性，并进一步到演进韧性。历次的概念修正都使得韧性的外延更外广阔，内涵更加丰富。

工程韧性、生态韧性和演进韧性所代表的韧性观点体现了学界对系统运行机制认知的飞跃，为进一步理解城市韧性做好了铺垫。表8.1从平衡状态、本质目标、理论支撑、系统特征和韧性定义等方面总结比较了三种观点。

表8.1　三种不同城市韧性观点的总结比较（邵亦文和徐江，2015）

韧性观点	平衡状态	本质目标	理论支撑	系统特征	韧性定义
工程韧性	单一稳态	恢复初始稳态	工程思维	有序的，线性的	韧性是系统受到扰动偏离既定稳态后，恢复到初始状态的速度
生态韧性	两个或多个稳态	塑造新的稳态，强调缓冲能力	生态学思维	复杂的，非线性的	韧性是系统改变自身结构之前所能够吸收的扰动的量级
演进韧性	抛弃了对平衡状态的追求	持续不断地适应，强调学习力和创新性	系统论思维，适应性循环和跨尺度的动态交流效应性	混沌的	韧性是和持续不断的调整能力紧密相关的一种动态的系统属性

8.1.2　城市生态规划理论的演进

1. 生态观念的自发阶段（19世纪50年代之前）

农耕时代，人类本能地遵从与顺应自然，形成朴素的生态观念，与自然和谐共处。城市聚落在布局上自发地遵循生态平衡原则，与当时社会条件相适应。中国古代的"风水学说"和建筑风格都体现了追求人与自然和谐的思想。

2. 生态规划理论的萌芽阶段（19世纪60年代~20世纪初）

工业革命后，城市布局混乱，环境受损，人与自然关系紧张，促使西方开始关注城市生态。此阶段生态规划的基本价值与信条形成，但认识尚停留在表面，以景观美化为主。

3. 生态规划理论的发展阶段（20世纪初~20世纪60年代）

随着城市化进程加速和生态破坏加剧，生态学及环境科学得到大力发展。生态学家深入研究生物-环境互动关系，提出生态系统概念。城市生态规划从理论研究深入到实践探索，生态学和环境科学理论广泛应用于城市规划，推动生态规划理论的进一步发展。

4. 生态规划理论的成熟阶段（20 世纪 60 年代～20 世纪 80 年代）

进入 20 世纪 60 年代，生态环境问题日益凸显，人们对城市发展与生态的关系有了更深的认识。城市生态规划研究变得系统化，更强调与实践结合。众多学者关注环境意识，推动环境运动的发展。生态规划方法逐渐成熟，从传统的资源保护转向系统性思考，并扩展了质化分析的应用。城市生态规划的研究重点转向技术与方法研究的深入及生态建设实践的拓展，城市空间结构研究也趋向多元化和生态化。生态发展理念得到全球重视，我国生态城市建设也逐渐起步，如宜春市和长沙市等城市的生态规划和建设实践，进一步推动了我国生态城市的发展。

5. 城市生态规划理论的多元发展阶段（20 世纪 90 年代至今）

20 世纪 90 年代后的生态规划设计理论，需应对大都市发展引发的生态环境问题，而非单一的自然生态问题，理论焦点从生态学转向"城市化的生态学"。近年来，"生态城市""可持续"等概念成为城市规划领域的热点，学者从多个角度对城市生态规划进行研究。代表性理论包括环境容量与总量管制、生态科技与自然环境复育、可持续性城市环境指标、大都市区生态网与土地嵌合概念、紧缩城市以及公共交通导向开发与新城市主义。我国生态城市建设在 21 世纪得到了快速发展，成为各地城市建设的主要目标，生态文明建设也得到国家层面的重视，设立了多个生态文明试验区。

8.1.3 城市韧性研究框架的演进

1. 单一系统的简单框架研究

韧性联盟作为国际上较早进行城市韧性研究的机构，提出城市韧性研究的 4 个优先主题：代谢流、管理网络、建成环境、社会动力学，从生态学、社会学角度形成了较为系统的理论框架（Lu and Stead，2013）。Foster（2007）以解读韧性属性为基础，将坚固性和快速性称为表现韧性，冗余性和多样性称为准备韧性，将区域韧性分为评估、准备、响应和恢复 4 个阶段，提出评价区域韧性的框架，进一步阐述了各阶段韧性评价的要素和评价重点。2014 年，美国洛克菲勒基金会在举行全球"100 韧性城市"挑战赛的基础上，提出城市韧性框架（city resilience framework，CRF），该框架包括健康和幸福、经济和社会、基础设施和环境、领导和策略等 4 个基本维度，每个主题包括 3 个驱动程序。这一框架不仅有力地促进了城市韧性的持续研究，也在世界范围内为韧性的研究扩大了影响力（臧鑫宇和王峤，2019）。

2. 多系统的复杂框架研究

城市韧性复杂框架的研究不仅细分了城市韧性所涉及的主题，也总结了韧性在城市系统中的作用过程和影响，例如，基于承灾过程构建了城市韧性系统的基本网络化构架。大部分研究以城市为研究对象，包含经济、社会、空间、物质等要素，形成宏观的城市韧性规划框架；部分研究基于地域空间范围，明确提出区域、城市或社区等研究层次，或基于健康、环境、经济社会、管理等维度进行韧性研究（Meerow et al.，2016）。已有研究多为概念框架，虽基于韧性发生过程指出了相关影响因素，但尚未明晰影响因素与概念框架之间的复杂关系，且多为理论层面的研究，实际操作性较弱。然而，已有的概念框架为城市韧性研究的多学科协作指明了方向，同时部分研究梳理了扰动与韧性的相互作用过程，为提出具有针对性的实践策略奠定了基础（臧鑫宇和王峤，2019）。

8.1.4　韧性城市评估

1. 城市韧性评估领域

依据评估领域划分，目前韧性城市评估主要分为单领域评估和综合领域评估。单领域评估是指仅对城市中某单一要素进行评估，主要集中在基础设施、灾害、能源、网络、心理、社区、社会生态系统等方面。综合领域评估通常结合社会、经济、生态、制度、物质等多要素对城市整体韧性状况进行测评，反映城市的综合适应变化能力。由于综合领域包含的要素冗杂且范围广泛、因果链条不易挖掘、完整的数据获取难度大（郑艳和林陈贞，2017），现有的城市韧性评估学者更多针对单领域，强调城市如何应对单一的干扰。城市是综合社会、经济和生态等多个子环境的复合系统，时刻面临着多源干扰的挑战，因而城市韧性评估急需注重城市的整体性、综合性和系统性，尽可能整合城市所有要素使其效能达最大化，以缓解多源干扰带来的冲击，提升城市韧性（石龙宇等，2022）。

2. 城市韧性评估指标体系

建设韧性城市和衡量其韧性都需要构建一套评价的指标体系，建立一套评价方法。评价韧性城市的指标既是衡量一个城市韧性的尺度，也是建设韧性城市的标准，评价方法是实现城市韧性评价的重要途径（薄景山等，2022）。目前虽还没有公认的评估方法，但已有学者开始尝试构建韧性城市的评估体系。韧性城市评估主要通过设计指标体系来进行，分三种尺度，包括宏观的大都市区、中观的单个城市及微观的社区。

8.2　韧性城市生态规划的未来展望

8.2.1　拥抱不确定性

当今世界百年未有之大变局加速演进，正在经历一场更大范围、更深层次的科技革命和产业变革，大数据、人工智能等前沿技术不断取得突破，新技术、新业态、新产业层出不穷，公共卫生秩序正在重构，国际关系动荡变革，不确定性成为世界的新常态。对于城市系统而言，快速城镇化导致的土地资源的短缺和生态环境恶化、全球气候变化引发的海平面上升和极端天气频发、全球化对公共卫生系统和社会经济系统等带来的巨大挑战，都进一步加剧了其不确定性。同时，"黑天鹅"与"灰犀牛"轮番在社会各个领域不断上演，新冠疫情某种程度上与"黑天鹅"相似，而气候变化、生态退化、土地资源短缺等危机更像巨大的"灰犀牛"风险。面对这些风险，要拥抱不确定性，积极应对，顺势而为，变"对抗状态"为"共舞状态"，才能保持可持续发展的态势。

8.2.2　巧妙运用至适应性规划

韧性不应该仅仅被视为系统对初始状态的一种恢复，它同样适用于描述复杂的社会生态系统为了回应压力和限制条件而激发的一种变化、适应、改变的能力，分别对应社会生态系统的持续性韧性、适应性和转变性。这种韧性称为演进韧性。

适应性循环理论是演进韧性的核心理论。它摒弃了对平衡态的追求，取而代之的是持续不断的适应过程，强调学习能力和创新性。这也体现了韧性城市生态规划的辩证思维，即把干扰看作创造新事物和创新发展的机会。传统"安全防御"的管理模式，在应对气候变化、洪水危机、不可抗性的突发事件等方面的干扰时，规划应对往往存在被动性与滞后性，而以往城市建成环境的设计过程又因对自然空间生态保护的忽视与缺失，使得城市空间缺乏可持续性和韧性，一旦遭遇非常规性的破坏，城市系统将面临难以修复的危机。当前提出的适应性规划战略，是"设计结合自然"（design with nature）思想的进一步延伸，即将生态系统的保护与建构同城市空间的规划与设计相融合。自然生态系统本身的生物多样性和自我恢复力，能够在变化、干扰、不确定性等外部因素的作用下通过自组织调节而得以适应。适应性规划过程通过主动性与预判性的实验设计，对城市空间进行生态化的营造，使其具备"安全无忧"的应对能力。

8.2.3　越来越融入国土空间规划

2019年5月23日《中共中央 国务院关于建立国土空间规划体系并监督实施的若干意见》正式发布，其相关解读中明确：注重风险防范，积极应对未来发展不确定性，提高规划韧性。韧性城市作为未来城市应对灾害的主要手段，其规划理念已经得到人们的广泛认可。但在当前重构国土空间体系的背景下，如何将韧性城市理念与我国国土空间规划融合仍需探索。

空间规划作为国土空间开发与保护的整体性安排，是韧性城市落地实践的直接抓手，因而有必要结合新时期国家空间规划及空间治理体系变革下的需求调整与价值转变，进一步理解和明确韧性规划的内涵与定位。从广义角度而言，韧性规划的概念内涵大致可以总结为城市系统及其所组成的社会经济网络、空间利用格局与组织管理体系在受到冲击扰动时，通过设计保障城市功能多元叠加、基础设施冗余缓冲、要素传导稳定迅捷、治理组织高效抗压等特征属性，从而有效抵御外界风险侵袭并快速适应恢复，最终保障城市基础功能存续、社会秩序稳定、人民财产安全的一种空间规划形式（吕悦风等，2021）。

8.2.4　更加注重社会人文视角

相较过去以经济效益、规模扩张和物质主义为导向的规划理念，本轮空间规划强调生态文明优先，更关注空间要素的均等供给、公平正义及生态和文化价值的守护与制造。韧性规划作为一类以社会高质量发展与人民高水平生活为目标的综合规划，满足了人民对于日益增长的空间安全及美好生活需求的期待（陈明星等，2020），正是新时代国土空间规划体系下对空间价值转换及规划理念更新的一种深度诠释。城市总体上是复杂的、不确定的，物质空间只是影响城市生活的一个变量，城市中人与人之间的相互关系，即人类的群体文化、社会交往模式和政治结构等对城市更为重要。城市也如生态系统，结构越复杂越稳定：即城市的产业、文化与价值观越多元，就越有活力，越安全。因此，韧性城市生态规划不应只关注物质空间，还应关注社会人文。

在金融危机、国际冲突、气候变化、新冠疫情等各种不确定性冲击的挑战下，要思考如何让社会做好准备，以更好地应对未来的冲击。

主要参考文献

薄景山, 王玉婷, 薄涛, 等. 2022. 韧性城市的研究进展和韧性城乡建设的建议. 世界地震工程, 38(3): 90-100

陈利, 朱喜钢, 孙洁. 2017. 韧性城市的基本理念、作用机制及规划愿景. 现代城市研究, (9): 18-24

陈明星, 周园, 汤青, 等. 2020. 新型城镇化、居民福祉与国土空间规划应对. 自然资源学报, 35(6): 1273-1287

杜力. 2022. 何谓城市韧性? 对韧性城市基本概念的分析. 天津行政学院学报, 24(3): 46-56

侯晓蕾. 2008. 生态思想在美国景观规划发展中的演进历程. 风景园林, (2): 84-87

霍华德. 2010. 明日的田园城市. 金经元, 译. 北京: 商务印书馆

李国庆. 2021. 韧性城市的建设理念与实践路径. 人民论坛, (25): 86-89

李荷. 2020. 韧性营建: 高密度建成环境内生态空间优化研究. 重庆: 重庆大学博士学位论文

刘诗雨. 2022. 高密度城市背景下韧性社区研究——以百子湾公租房社区为例. 中国建筑装饰装修, (5): 48-50

刘志敏. 2019. 社会生态视角的城市韧性研究. 长春: 东北师范大学博士学位论文

吕悦风, 项铭涛, 王梦婧, 等. 2021. 从安全防灾到韧性建设——国土空间治理背景下韧性规划的探索与展望.
自然资源学报, 36(9): 2281-2293

邵亦文, 徐江. 2015. 城市韧性:基于国际文献综述的概念解析. 国际城市规划, 30(2): 48-54.

石龙宇, 郑巧雅, 杨萌, 等. 2022. 城市韧性概念、影响因素及其评估研究进展. 生态学报, 42(14): 6016-6029

谭春华. 2007. 生态城市规划理论回溯. 城市问题, (11): 84-90

王胤, 孙闻策, 孙亚南. 2022. 城市韧性的国际研究脉络、热点主题与发展趋势. 城市观察, (4): 107-124, 163

杨沛儒. 2005. 国外生态城市的规划历程 1900-1990. 现代城市研究, (Z1): 27-37

叶玉瑶, 张虹鸥, 周春山, 等. 2008. "生态导向"的城市空间结构研究综述. 城市规划, (5): 69-74, 82

伊恩·伦诺克斯·麦克哈格. 2006. 设计结合自然. 芮经纬, 译. 天津: 天津大学出版社

伊利尔·沙里宁. 1986. 城市: 它的发展、衰败与未来. 顾启源, 译. 北京: 中国建筑工业出版社

臧鑫宇, 王峤. 2019. 城市韧性的概念演进、研究内容与发展趋势. 科技导报, 37(22): 94-104

张泉, 叶兴平. 2009. 城市生态规划研究动态与展望. 城市规划, 33(7): 51-58

赵文程. 2022. 生态城市规划的法律进路. 兰州: 甘肃政法大学硕士学位论文

郑艳, 林陈贞. 2017. 韧性城市的理论基础与评估方法. 城市, (6): 22-28

Ahern J. 2011. From fail-safe to safe-to-fail: sustainability and resilience in the new urban world. Landscape and
Urban Planning, 100(4): 341-343

Demuzere M, Orru K, Heidrich O, et al. 2014. Mitigating and adapting to climate change: multi-functional and
multi-scale assessment of green urban infrastructure. Journal of Environmental Management, 146: 107-115

Desouza K C, Flanery T H. 2013. Designing planning and managing resilient cities: a conceptual framework. Cities,
35: 89-99

Eraydin A. 2016. Attributes and characteristics of regional resilience: defining and measuring the resilience of
Turkish regions. Regional Studies, 50(4): 600-614.

Foster K A. 2007. A Case Study Approach to Understanding Regional Resilience. Berkeley: University of California

Gunderson L H. 2000. Ecological resilience: in theory and application. Annual Review of Ecology and Systematics,
31(1): 425-439

Holling C S. 1973. Resilience and stability of ecological systems. Annual Review of Ecology and Systematics, 4:
1-23

Jabareen Y. 2013. Planning the resilient city: concepts and strategies for coping with climate change and
environmental risk. Cities, 31: 220-229

Lu P, Stead D. 2013. Understanding the notion of resilience in spatial planning: a case study of Rotterdam, The
Netherlands. Cities, 35: 200-212

Meerow S, Newell J P, Stults J M. 2016. Defining urban resilience: a review. Landscape and Urban Planning, 147:
38-49

后　记

　　本书是中国大学慕课课程"韧性城市生态规划"配套教材，被列为工业和信息化部"十四五"规划教材，同时受国家自然科学基金面上项目、浙江大学平衡建筑研究中心资助。在研究期间，来自各方不同形式的帮助和支持使本书得以顺利完成。

　　自慕课课程构思、拍摄、上线，经几个学期的线下翻转式课堂创新尝试，本书终于付梓，过程虽曲折艰难，却也收获了许多有趣的插曲、善意的鼓励和坚定的支持。疫情期间的拍摄尤其艰难，黄国平老师在大洋彼岸翻出学生时代的摄影设备，在地下室搭设了迷你摄影棚，家中的少年们担任摄影、灯光、音响等要职，共同协作完成部分章节，黄老师也经历了美国弗吉尼亚大学、里士满学院、南加利福尼亚大学的任职，一路追求自我价值和专业理想的跃升；兄弟院校的教授们积极推广我们的慕课，转达同行们对课程的喜爱和建议；翻转课堂的同学们组织了多次热烈的讨论，为本书编写开拓思路；这些宝贵的经历融入我们的生命中，成就了我们每个人的成长和更具韧性的人生。

　　本书的顺利出版离不开科学出版社的帮助和支持。此外，衷心感谢浙江大学建筑工程学院韧性城市研究中心王乃玉特聘研究员的鼎力支持。同时，本书也得到自然资源部国土整治中心刘新卫处长，生态环境部信息中心张波副总工程师，浙江大学城乡规划设计研究院有限公司的张远景院长、许建伟总规划师、创新分院的章俊屾副院长等专家的指导；浙江大学区域与城市规划系系主任沈国强教授、王纪武教授、马爽特聘研究员、葛丹东副教授、曹康副教授和董文丽副教授等对慕课和教材均提出宝贵的建议；几百位国内外参考文献的作者，为本书的撰写提供了宝贵的理论、技术方法和案例支撑，在此一并表示真诚感谢。特别鸣谢湖北省十堰市郧阳区委任杰部长、区人大肖安长副主任等，与课题组共议提升大型易地搬迁社区的韧性，共建共同缔造示范区青龙泉韧性社区案例。

　　谨以此书献给我的家人，亲情的温暖是我前进的动力，家庭是我永远的港湾。母亲用自己的人生写就了柔如溪水、韧如蒲苇、坚如磐石的篇章。爱子子涵用少年独特的方式爱着我，温暖着我，照亮着我。我愿将此书作为他的 18 岁成人礼，愿我和他都被这世界温柔以待。这是一本最珍贵的教科书，我将永远在学习的路上。

李咏华

2023 年 11 月于杭州